Jarbas Milititsky
Nilo Cesar Consoli
Fernando Schnaid

Patologia das Fundações

2ª edição | revista e ampliada

©Copyright 2005 Oficina de Textos
1ª reimpressão – 2008 | 2ª reimpressão – 2013
2ª edição – 2015 | 1ª reimpressão – 2018 | 2ª reimpressão – 2021

Grafia atualizada conforme o Acordo Ortográfico da Língua Portuguesa de 1990, em vigor no Brasil desde 2009.

Conselho Editorial Cylon Gonçalves da Silva; Doris C. C. K. Kowaltowski; José Galizia Tundisi; Luis Enrique Sánchez; Paulo Helene; Rozely Ferreira dos Santos; Teresa Gallotti Florenzano

Capa Malu Vallim
Ilustrações Flávia Ataide Pithan
Projeto Gráfico e Diagramação Malu Vallim
Revisão Jonathan Busato e Carolina Messias

Dados Internacionais de Catalogação na Publicação (CIP)
(Câmara Brasileira do Livro, SP, Brasil)

Milititsky, Jarbas
Patologia das fundações / Jarbas Milititsky,
Nilo Cesar Consoli, Fernando Schnaid. -- 2. ed.
rev. e ampl. -- São Paulo : Oficina de Textos, 2015.
Bibliografia.
ISBN 978-85-7975-183-7

1. Fundações (Engenharia) I. Consoli, Nilo
Cesar. II. Schnaid, Fernando. III. Título.

15-04723   CDD-624.176

Índices para catálogo sistemático:
1. Fundações : Patologia : Engenharia 624.176
2. Patologia das fundações : Engenharia 624.176

Todos os direitos reservados à
Oficina de Textos
Rua Cubatão, 798
CEP 04013-003 São Paulo SP
tel. (11) 3085-7933
www.ofitexto.com.br
atend@ofitexto.com.br

PREFÁCIO à 2ª edição

A primeira edição desta publicação em 2006 foi bem recebida pelos profissionais da área, preenchendo um espaço carente de material técnico mais abrangente e atualizado da prática de engenharia brasileira. Nas diversas participações dos autores em eventos técnicos, foram inúmeras as manifestações positivas quanto à contribuição da publicação para a prática profissional, sem contar os cursos e treinamentos solicitados por empresas e entidades profissionais.

Após o lançamento da primeira edição do livro, recebemos incontáveis comentários e contribuições, com informações e fotos de problemas e acidentes que estarão presentes nesta revisão geral. Nosso agradecimento especial aos colegas Augusto Tozzi, Plínio Boldo, Claudio Gonçalves, George Bernardes, Luis Fernando de Seixas Neves, Edgar Odebrecht, Wilson Borges e Sérgio Paraíso, que deram especial contribuição para que os problemas de patologias fossem ilustrados de forma rica e elucidativa.

A atualização se faz necessária por inúmeros motivos, entre os quais podemos mencionar: a nova edição da norma ABNT NBR 6122/2010, de Fundações, com exigências de ensaios em fundações profundas; a nova edição do Manual ABEF; inovações no mercado brasileiro com novos equipamentos para execução de fundações; ampliação da disponibilidade de ensaios de investigação do subsolo e ensaios em estacas; e autores com acesso a novos problemas (natureza dos projetos). Ocorreu nesse período também uma evolução do conhecimento, com publicações de casos, procedimentos e práticas na literatura técnica, disponibilizada pelos novos meios digitais de divulgação (pesquisa na internet, publicações *on-line* etc.).

Nas palestras realizadas pelos autores, ocorreu a ampliação do escopo do conteúdo na forma de apresentação dos desafios para melhoria de cada um dos aspectos apresentados, além de recomendações de boa prática, cuja inclusão se constitui em inovação desta edição. No final de cada capítulo, são apresentadas indicações das práticas recomendadas para a evolução do setor e minimização dos riscos de patologias inerentes à área de atividade e natureza das fundações e suas práticas no Brasil.

PREFÁCIO

A presente contribuição à engenharia apresenta o tema "patologia das fundações", considerando a solução de eventos em sua abrangência maior, enfocando todas as fases em que os problemas podem ocorrer ou ser originados, a saber:

- *caracterização do comportamento do solo;*
- *análise e projeto das fundações;*
- *execução das fundações;*
- *eventos pós-conclusão das fundações;*
- *degradação dos materiais constituintes das fundações.*

A prática do campo de atividade descrito sob a denominação de fundações, abrange inúmeras atividades, em geral desempenhadas por profissionais com diferentes formações e experiências. O êxito ou fracasso de uma fundação, bem como a possibilidade de aparecimento de problemas, pode ter origem ou mesmo depender de uma imensa variedade de aspectos, alguns deles considerados como detalhes ou menos significativos. Os profissionais encarregados da etapa de "caracterização de comportamento", em geral, não são especialistas em fundações, muitas vezes não são engenheiros, não acompanham o desenvolvimento de todos os eventos que dão origem às fundações construídas. Condições especiais de comportamento ou ocorrência de materiais não usuais podem não ser identificadas nesta fase; o projetista das fundações frequentemente, não recebe informações precisas de eventos ou condições locais ou construtivas diferentes das estabelecidas como representativas do projeto; alterações das condições encontradas durante a execução não são necessariamente relatadas; os executantes podem não ter acesso ao detalhamento da investigação preliminar ou das especificações executivas adequadas à execução da obra; dificuldades construtivas podem comprometer as condições de projeto estabelecidas; acontecimentos pós-construção das fundações, internos à obra ou externos à mesma, podem afetar seu desempenho sem que tenham sido previstas na concepção e projeto e, finalmente, a degradação dos elementos das fundações pode comprometer seu desempenho a longo prazo.

Identificam-se neste livro as causas e tipos correntes de problemas nas diferentes etapas da vida de uma fundação, com as referências disponíveis sobre o tema, como um guia norteando os cuidados necessários para evitar patologias, identificar suas causas, indicar as diretrizes adequadas de sua execução e fiscalização.

Como resultado das atividades profissional e de pesquisa dos autores, são relatados e apresentados aspectos que extrapolam a geotecnia ou a prática usual de fundações. A experiência no enfrentamento de casos práticos, de projeto e de recuperação, a produção de conhecimentos e o acesso à literatura nacional e internacional, bem como o envolvimento em pesquisa, conferem à contribuição um caráter especial, que pretende superar a lacuna da produção brasileira no tema e auxiliar os profissionais das várias áreas envolvidas na solução de problemas de fundações.

Não é pretensão deste livro apresentar uma revisão detalhada e profunda das várias áreas de conhecimento envolvidas, mas uma relação significativa de referências clássicas e atualizadas de cada assunto é incluída no final, servindo de indicação para estudos específicos que se façam necessários.

SUMÁRIO

9	INTRODUÇÃO
17	CONCEITOS BÁSICOS
17	1.1 Identificação dos Movimentos das Fundações
18	1.2 Recalques Admissíveis
24	1.3 Efeitos de Movimentos das Fundações
28	INVESTIGAÇÃO DO SUBSOLO
29	2.1 Ausência de Investigação do Subsolo
30	2.2 Investigação Insuficiente
33	2.3 Investigação com Falhas
34	2.4 Interpretação Inadequada dos Dados do Programa de Investigação
34	2.5 Casos Especiais
35	2.5.1 Influência da Vegetação
40	2.5.2 Colapsibilidade
43	2.5.3 Expansibilidade
45	2.5.4 Zonas de Mineração
47	2.5.5 Zonas Cársticas
51	2.5.6 Ocorrência de Matacões
54	2.6 Desafios para Melhoria da Investigação
58	ANÁLISE E PROJETO
60	3.1 Problemas Envolvendo o Comportamento do Solo
62	3.2 Confiabilidade da Previsão da Capacidade de Carga de Estacas
70	3.2.1 Variabilidade do Subsolo
72	3.3 Problemas Envolvendo os Mecanismos de Interação Solo-Estrutura
76	3.4 Movimentos do Solo Induzindo Carregamento Adicional em Fundações Profundas
77	3.4.1 Atrito Negativo
78	3.4.2 Estacas Inclinadas
78	3.4.3 Aterro ou Sobrecarga Assimétrica
79	3.4.4 Estacas Próximas a Escavações
79	3.5 Estacas em Solos Expansivos
80	3.6 Estacas em Solos Colapsíveis

80	3.7	Problemas Envolvendo o Desconhecimento do Comportamento Real das Fundações
87	3.8	Problemas Envolvendo a Estrutura de Fundação
92	3.9	Problemas Envolvendo as Especificações Construtivas
92	3.9.1	Fundações diretas – problemas podem ser causados pela ausência de indicações precisas com relação a
93	3.9.2	Fundações profundas – nos projetos correntes são comuns problemas causados pela ausência de indicações referentes a
94	3.9.3	Geral
95	3.10	Fundações sobre Aterros
95	3.10.1	Recalque do Corpo do Aterro
97	3.10.2	Aterro sobre Solos Moles
100	3.10.3	Aterros Sanitários e Lixões
103	3.11	Desafios para Melhoria – Análise e Projeto
105		EXECUÇÃO
106	4.1	Fundações Superficiais
107	4.1.1	Problemas Envolvendo o Solo
109	4.1.2	Problemas Envolvendo Elementos Estruturais da Fundação
113	4.2	Fundações Profundas
114	4.2.1	Problemas Genéricos
119	4.2.2	Estacas Cravadas
137	4.2.3	Estacas Escavadas
152	4.3	Controle Preciso dos Volumes Concretados
153	4.4	Preparo da Cabeça das Estacas de Concreto
153	4.5	Ensaios de Integridade
157	4.6	Provas de Carga
161	4.7	Desafios para Melhoria – Execução
163		EVENTOS PÓS-CONCLUSÃO DA FUNDAÇÃO
163	5.1	Carregamento Próprio da Superestrutura
163	5.1.1	Alteração no Uso da Edificação
165	5.1.2	Ampliações e Modificações não Previstas no Projeto Original
165	5.2	Movimento da Massa de Solo Decorrente de Fatores Externos
166	5.2.1	Alteração de Uso de Terrenos Vizinhos
166	5.2.2	Execução de Grandes Escavações Próximo à Construções
177	5.2.3	Escavações não Protegidas junto a Divisas ou Escavações Internas à Obra (instabilidade)

177	5.2.4	Instabilidade de Taludes
180	5.2.5	Rompimento de Canalizações Enterradas
181	5.2.6	Extravasamento de Grandes Coberturas sem Sistema Eficiente de Descarga
183	5.2.7	Oscilações não Previstas do Nível de Água
183	5.2.8	Rebaixamento do Nível de Água
185	5.2.9	Erosão ou Solapamento (*Scour*)
187	5.2.10	Ação de Animais ou do Homem Resultando em Escavações Indevidas
190	5.3	Vibrações e Choques
191	5.3.1	Equipamentos Industriais
192	5.3.2	Cravação de Estacas
195	5.3.3	Compactação Vibratória e Dinâmica
196	5.3.4	Explosões
198	5.3.5	Vibrações – Normalização
206	5.3.5	Choque de embarcações
207	5.4	Desafios para Melhoria – Eventos Pós-conclusão
209		**DEGRADAÇÃO DOS MATERIAIS**
210	6.1	Concreto
219	6.2	Aço
221	6.3	Madeira
225	6.4	Rochas
227		**CONSIDERAÇÕES FINAIS**
229	7.1	Controle de Recalques
233	7.2	Controle de Verticalidade
234	7.3	Controle de Trincas
236	7.4	Recomendações e Comentários Finais
239		**ÍNDICE REMISSIVO**
242		**SOBRE OS AUTORES**
244		**BIBLIOGRAFIA**

INTRODUÇÃO

Uma fundação é o resultado da necessidade de transmissão de cargas ao solo pela construção de uma estrutura. Seu comportamento a longo prazo pode ser afetado por inúmeros fatores, iniciando por aqueles decorrentes do projeto propriamente dito, que envolve o conhecimento do solo, passando pelos procedimentos construtivos e finalizando por efeitos de acontecimentos pós-implantação, incluindo sua possível degradação.

O custo usual de uma fundação é variável, dependendo das cargas e condições do subsolo, que em casos correntes pode se situar na faixa de 3 a 6% do custo da obra para a qual serve de elemento de base. Em casos especiais, dependendo do tipo de estrutura a ser suportada, das solicitações correspondentes e condições adversas de subsolo, pode-se chegar a percentagens superiores, em alguns casos atingindo 10 a 15% do custo global. Tratando-se de casos usuais, com média de custo de 4%, pode-se afirmar que a ocorrência de patologia e a necessidade de reforço da fundação implicam, além de custos que podem chegar a valores muitas vezes superiores ao custo inicial, em estigma para a obra; abalo da imagem dos profissionais envolvidos na construção; longos, caros e desgastantes litígios para identificação das causas e responsabilidades; necessidade de evacuação de prédios; interdição de estruturas, entre outras complicações. São conhecidos casos em que problemas em fundações provocaram a falência das empresas envolvidas.

A ocorrência de patologias em obras civis tem sido observada e reportada com frequência tanto na prática nacional como internacional. Alguns casos clássicos, como o da Torre de Pisa e o da Cidade do México, fizeram a fama de determinados monumentos e locais, tendo sido extensivamente estudados e apresentados em publicações de divulgação e técnicas. No Brasil, as edificações de Santos (São Paulo) merecem menção especial pelos desaprumos apresentados, e têm referências em inúmeras publicações especializadas. Ilustrações de consequências de patologias de fundações são apresentadas nas Figs. 1A, 1B, 1C e 1D. Na Fig. 2 são apresentadas ilustrações de casos típicos de patologias de fundações.

Fig. 1 *(A) Torre de Pisa, Itália; (B e C) Cidade de Santos, SP; (D) Litoral de São Paulo*

Considerando os inconvenientes provocados pelo aparecimento de patologias ou mau desempenho das fundações, fica clara a importância de serem evitadas, nas várias etapas da vida de uma fundação, condições que levem a esta ocorrência. O presente trabalho mostra, de forma extensiva, os problemas que costumam ocorrer e suas origens. As patologias são decorrentes das incertezas e riscos inerentes à construção e vida útil das fundações. Na busca de solu-

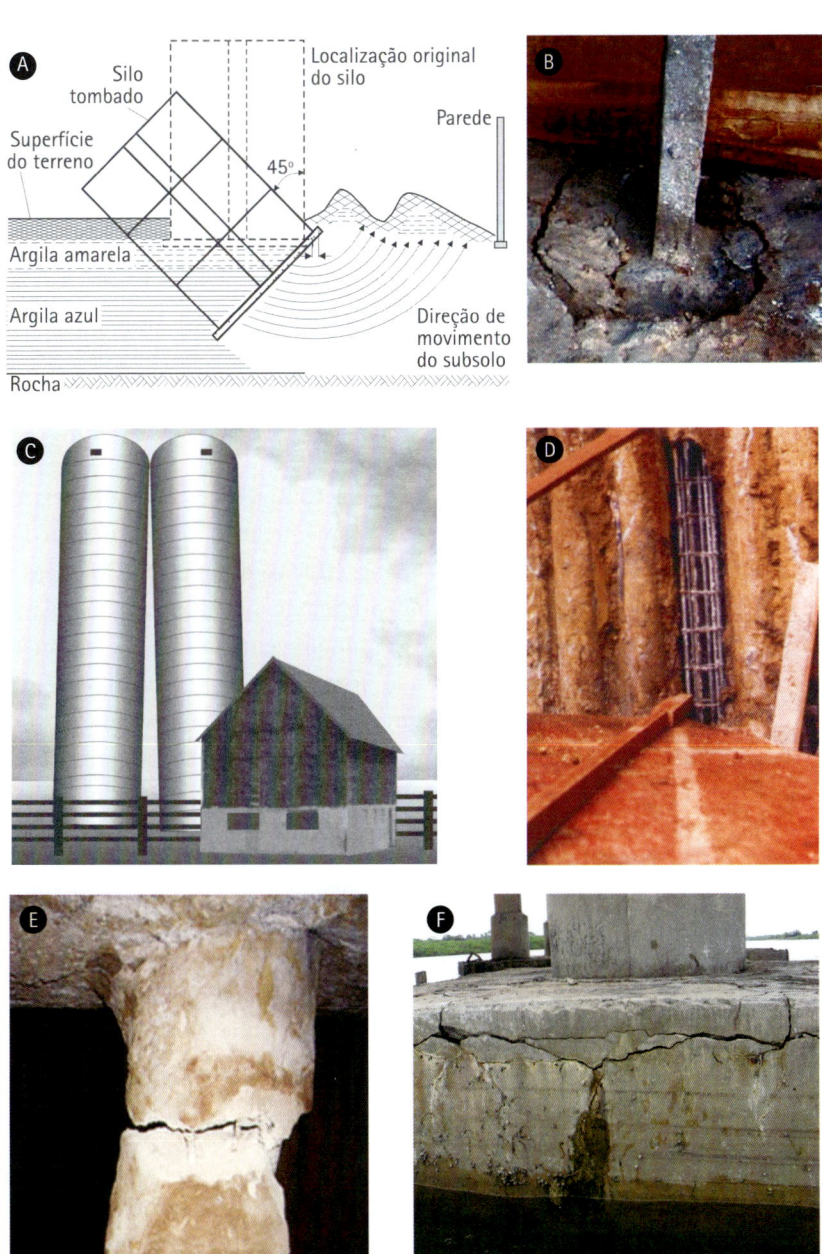

Fig. 2 *Ilustrações de casos típicos de patologias de fundações: (A) ruptura generalizada do solo localizado abaixo da fundação direta; (B) ruptura do solo sob sapata; (C) recalques diferenciais pela sobreposição de tensões no solo abaixo das fundações dos silos; (D) estaca escavada com defeito executivo; (E) estaca rompida por cisalhamento e (F) bloco de pilar de ponte com reação álcali-agregado produzindo dano*

ções, após a ocorrência do problema, a etapa mais complexa refere-se à identificação das causas e mecanismos responsáveis pelo mau desempenho da estrutura.

O conhecimento de todas as possibilidades de problemas deve permitir uma ação mais qualificada dos diferentes atores intervenientes na vida das fundações, desde os profissionais participantes das etapas de investigação, projeto, contratação, fornecimento de materiais, execução e fiscalização do trabalho, até os envolvidos em atividades de pós-construção, utilizando a boa prática, a normalização vigente, empresas qualificadas, evitando assim o surgimento de problemas.

Na ocorrência de patologias deve-se caracterizar suas origens e possíveis mecanismos deflagradores, que incluem a monitoração do aparecimento e evolução de fissuras, trincas, desaprumo e/ou desalinhamentos. Na realidade, a boa prática de engenharia demanda a fiscalização, registro e certificação de procedimentos, e as normas vigentes especificam ensaios que necessariamente devem ser realizados, de forma a identificar precocemente elementos defeituosos ou situações de risco. Algumas patologias podem ser identificadas ainda na fase construtiva, e as devidas medidas devem ser adotadas para garantir seu comportamento adequado e segurança.

Verificando-se o comportamento inadequado das fundações de uma estrutura qualquer, a solução do problema requer, essencialmente, a identificação das causas do insucesso no processo de transferência de carga da estrutura para o solo, que é o meio responsável pelo funcionamento adequado da fundação. Após a identificação dessas causas, devem então ser promovidas as medidas mitigativas necessárias à sua recuperação.

Considerando que a fundação é um elemento de transição entre a estrutura e o solo, seu comportamento está intimamente ligado ao que acontece com o solo quando submetido a carregamento através dos elementos estruturais das fundações.

Existem também situações nas quais o solo apresenta deformações ou variações volumétricas não provocadas pelo carregamento das fundações, podendo resultar em patologias. Os chamados solos problemáticos (expansivos, colapsíveis etc.) são exemplos típicos dessa ocorrência. Essas situações são especiais, quer pelo comportamento não usual do solo, quer por outros efeitos, e serão abordadas com algum detalhe, pois não são do conhecimento da média dos profissionais envolvidos na área de fundações.

Uma fundação adequada é aquela que apresenta conveniente fator de segurança à ruptura (da estrutura que a compõe e do solo afetado pela transmissão das cargas) e recalques (deslocamentos verticais do terreno) compatíveis com o funcionamento do elemento suportado. Pode-se afirmar que todas as fundações sob carga apresentam recalques, pois os solos são materiais deformáveis que, ao serem carregados, apresentam variações de volume, provocando deslocamentos das fundações. A definição de comportamento inadequado na fase de projeto, quando são feitas previsões de deslocamentos sob o ponto de vista de recalques de uma fundação, não é, no entanto, trivial.

Para o acompanhamento adequado da descrição dos fenômenos de patologias de fundações, são apresentados no próximo capítulo os conceitos básicos referentes aos deslocamentos a serem considerados nas fundações, com suas definições, bem como a literatura relativa a recalques admissíveis. Cabe aqui o esclarecimento de que não há na literatura, nem na caixa de ferramentas dos engenheiros, material disponível para fixar, a priori, para uma determinada estrutura, qual é o seu recalque admissível de forma rigorosa. Existem, entretanto, coletâneas de dados (de casos) em que podemos nos apoiar para definir faixas aceitáveis nas quais ocorrem ou não problemas.

Relatos de casos de patologias, causas e soluções podem ser encontrados como tema de inúmeras publicações, conforme apresentado no Quadro 1.

Somam-se a estas publicações reuniões técnicas nacionais ou internacionais, editadas ou promovidas pela ABMS (Associação Brasileira de Mecânica dos Solos), ISSMFE (International Society of Soil Mechanics and Foundation Engineering), DFI (Deep Foundations Institute), Conferências Internacionais de Estudos de Casos e outros eventos (p.e. Seminários de Engenharia de Fundações Especiais, SEFE, COBRAMSEG).

A organização dos assuntos abordados nesta publicação é representada na Fig. 3, cuja sequência reporta-se aos seguintes tópicos:

⇘ Conceitos básicos da Mecânica dos Solos, abrangendo fundametos relacionados à capacidade de carga de fundações superficiais

Quadro 1 Referências gerais relacionadas a patologias

Autores	Título	Observações
Prentis e White (1950)	*Underpinning*	Publicação clássica sobre o tema reforço de fundações
Hammond (1956)	*Engineering structural failures*	Avaliação de rupturas em obras de terra, edificações, estruturas marítimas etc. e lições aprendidas das rupturas
McKraig (1962)	*Building failures: case studies in construction and design*	Avaliação de rupturas por erros de projeto e execução
Szecky (1965)	*Accidents des foundations*	Publicação sobre o tema de acidentes com fundações
Peck et al. (1974)	*Foundation engineering*	Estudo de possíveis causas de patologias por causa de operações de engenharia
White (1975)	*Underpinning*	Publicação sobre reforço de fundações
Mañá (1978)	*Patología de las cimentaciones*	Publicação sobre o tema de patologia de fundações; experiência espanhola
Janney (1979)	*Guide to investigation of structural failure*	Guia para auxílio na investigação de acidentes de edificações
Ransom (1981)	*Building failures: diagnosis and avoidance*	Referência a interação solo-estrutura, movimentos do solo, ações restauradoras
Logeais (1982)	*La pathologie des fondations*	Referência a experiência francesa de problemas de fundações
LePatner e Johnson (1982)	*Structural and foundation failures*	Avaliação de rupturas estruturais e das fundações
BRE (1983)	*Design and site procedures – defects and repairs*	Publicação sobre causas de patologias de edificações e sua recuperação
Uriel Ortiz (1983)	*Patología de las cimentaciones*	Publicação sobre o tema de patologia de fundações
Brown (1984)	*Residential foundations: design, behavior and repair*	Causas das rupturas de fundações, medidas preventivas e procedimentos de reparo
Ortiz (1984)	*Curso de rehabilitacion de la cimentacion*	Aborda o tema reforço de fundações
Picornell (1988)	*Measured performance of shallow foundations*	Desempenho de fundações superficiais e a avaliação crítica do uso de ensaios de campo e laboratório para a previsão do comportamento
Campagnolo (1989)	*Simpósio sobre patologia das edificações: prevenção e recuperação*	Simpósio sobre causas de patologias de edificações e sua recuperação
Greenspan et al. (1989)	*Guidelines for failure investigation*	Investigação de rupturas com causas geotécnicas e estruturais em obras civis
Thomaz (1989)	*Trincas em edifícios: causas, prevenção e recuperação*	Análise de mecanismos causadores e configurações típicas de patologias de fundações
Hunt, Dyer e Driscoll (1991)	*Foundation movement and remedial underpinning in low--rise buildings*	Trata de recalques de fundações em prédios pequenos e sua solução, prática inglesa
Helene (1992)	*Manual para reparo, reforço e proteção de estruturas*	Apresenta conceitos básicos da patologia e de suas correções em estruturas de *de concreto* concreto armado
Cunha et al. (1996)	*Acidentes estruturais na construção civil*	Descreve as causas frequentes de acidentes estruturais na construção civil, incluindo fundações
Tomlinson (1996)	*Foundation design & construction*	Publicação sobre reforço de fundações

Quadro 1 Referências gerais relacionadas a patologias (cont.)

Autores	Título	Observações
Gotlieb e Gusmão Filho (1998)	Reforço de fundações	Publicação sobre reforço de fundações convencionais e de monumentos históricos
Souza e Ripper (1998)	Patologia, recuperação e reforço de estruturas de concreto	Causas e recuperações de patologias em estruturas de concreto armado
Socotec (1999)	Patologias na construção, etapas de projeto e execução, incluindo fundações	Ampla gama de problemas detectados na prática francesa
Cook et al. (2000)	Masonry crack damage: its origins, diagnosis, philosophy and a basis for repair	Fissuração em alvenarias, origens, avaliação e reparo
Wardhana e Hadipriono (2003)	"Analysis of recent bridge failures in the United States"	Avaliação das causas de colapso de mais de 500 pontes nos Estados Unidos entre 1989 e 2000
Poulos (2006)	"Pile behavior - Consequences of geological and construction imperfections"	Descrição das ferramentas numéricas para avaliar situações de não conformidades naturais ou construtivas
Fleming et al. (2009)	Piling Engineering (Cap. 7 - Problems in pile construction)	Identificação de problemas e suas causas em fundações profundas
Hyndman e Hyndman (2009)	Natural Hazards and Disasters	Publicação abrangente sobre problemas em edificações causados por eventos naturais
Gonçalves, Bernardes e Neves (2010)	Estacas pré-fabricadas de concreto	Patologias das estacas e seus efeitos na cravação
NHBC (2011)	Chapter 4.2. Building Near Trees (National House Building Council)	Cuidados e procedimentos para solucionar o problema da proximidade de fundações e árvores na Inglaterra
Bosela et al. (2012)	Failure case studies in Civil Engineering: structures, foundations, and the geoenvironment	Apresentação de casos de colapsos
DFI (2012)	Guideline for interpretation of nondestructive integrity testing of augered cast-in-place and drilled displacement piles	Guia dos métodos na prática norte-americana
Jones e Jefferson (2012)	"Expansive soils"	Estado do conhecimento sobre caracterização e solução de problemas com solos expansivos
Fifth International Conference on Forensic Engineering (2013)	Conference papers	Relatos de casos de grandes acidentes em escala internacional

e profundas e a recalques, destacando-se seus efeitos e valores admissíveis.

↳ Investigação de subsolo e seus impactos na ocorrência de patologias. Ausência, falha e insuficiência na caracterização das condições do subsolo são causas frequentes na adoção de soluções inadequadas.

↘ Análise e projeto de fundações, destacando-se os mecanismos de interação solo x estrutura, cálculos, detalhamento e especificações construtivas.

↘ Procedimentos construtivos dos diferentes tipos de fundações, tanto superficiais como profundas.

↘ Eventos pós-conclusão, como alterações de uso e carregamentos, movimentos de massa por escavações e efeitos de choques e vibrações, bem como a degradação dos elementos de fundação.

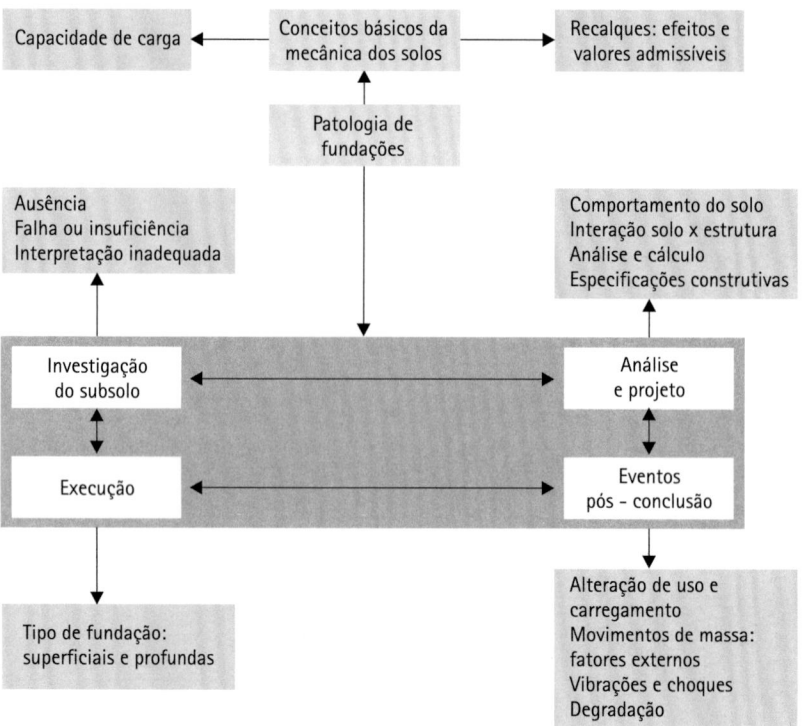

Fig. 3 *Fluxograma das etapas de projeto e possíveis causas de patologias*

CONCEITOS BÁSICOS RELATIVOS A RECALQUES

1.1 Identificação dos Movimentos das Fundações

A descrição dos movimentos das fundações é muito variada, de acordo com cada autor ou prática, tornando difícil o entendimento do fenômeno efetivamente descrito.

Com a finalidade de melhor descrever e uniformizar a definição dos possíveis movimentos das fundações, a Fig. 1.1 da referência clássica de Burland e Wroth (1975) identifica o significado de recalques totais, recalques diferenciais, rotações relativas, distorções angulares etc.

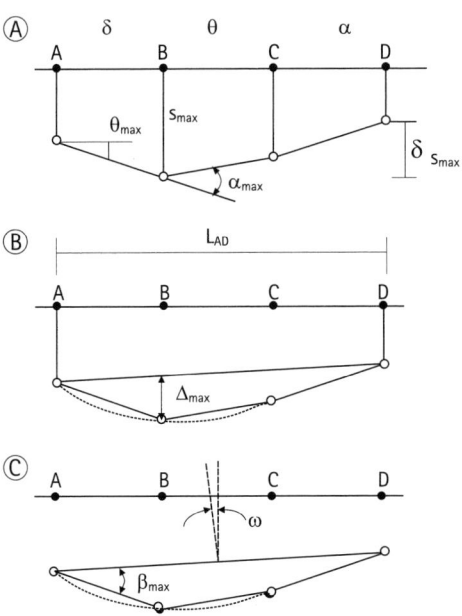

Fig. 1.1 *Definições (Burland e Wroth, 1975): (A) definições de recalques (s), recalques diferenciais (δs), rotação (θ) e deformação angular (α); (B) definições de deflexão relativa (Δ) e deflexão proporcional (Δ/L) e (C) definições de inclinação (ω) e rotação relativa (distorção angular) β*

1.2 Recalques Admissíveis

O conhecimento do tema "recalques admissíveis" é importante em duas situações: a primeira delas ocorre durante a etapa "análise e projeto de fundações", quando é feito o cálculo/estimativa do recalque das fundações e é preciso tomar a decisão relativa à adequação dos resultados obtidos com o comportamento desejado da estrutura. Outra situação ocorre quando é feito o controle de recalques, durante a construção da estrutura ou na existência de dúvidas referentes a efeitos adversos externos, quando precisa ser definido um limite a partir do qual se considera problemática a segurança ou o desempenho da estrutura.

Os profissionais da área reconhecem que este problema é bastante complexo, por causa dos motivos referentes ao comportamento do solo como das estruturas, não existindo na verdade solução reconhecida como adequada, nem no plano teórico nem como regra empírica. Existem, entretanto, recomendações simples reconhecidas pelo meio técnico, resultantes de experiência coletada em análise de casos. É importante ressaltar que o conhecimento estabelecido é referente a estruturas correntes e cargas relativamente uniformes, devendo ser utilizado com grande cautela. O estabelecimento de recalques admissíveis tem valor para indicar, aos envolvidos com o problema, níveis adequados ou ordens de grandeza de valores nos quais os problemas usualmente ocorrem. Tais valores não devem ser utilizados de forma rigorosa ou adotados como limites únicos, até porque a previsão de recalques de uma estrutura apoiada no solo não é um exercício com resultados precisos, mesmo com a adoção de modernas ferramentas numéricas.

Nos casos complexos é necessário utilizar análises mais sofisticadas, que permitam estabelecer considerações quanto à interação solo x estrutura, ao invés de simplesmente calcular os recalques de forma isolada e compará-los com valores admissíveis empíricos.

As regras empíricas relativas a recalques admissíveis conhecidas usualmente foram obtidas em coletas de dados e casos entre 1955 e 1975, devendo portanto ser utilizadas com a devida cautela, pela mudança de padrões construtivos ocorridos desde então. Referências extensivas sobre o tópico são: Burland et al. (1977); Padfield e Sharrock (1983); Mililitsky (1984); ISE (1989) e Frank (1991).

A Tab. 1.1 resume as indicações reconhecidas como referência por vários autores, caracterizando as deformações admissíveis para pré-

Tab. 1.1 Resumo das deformações limites

A) Prédios estruturados e com paredes portantes armadas

Valores limites pata rotações relativas (distorções angulares) β				
	Skempton e MacDonald (1956)	Meyerhof (1956)	Polshin e Tokar (1957)	Bjerrum (1963)
Dano estrutural	1/150	1/250	1/200	1/150
Rachaduras em paredes e divisórias	1/300 (mas 1/500 recomendado)	1/500	1/500	1/500

B) Prédios com paredes portantes não armadas

Valores limites da razão entre Δ/L para o início de fissuras visíveis			
	Meyerhof (1956)	Polshin e Tokar (1957)	Burland e Wroth (1975)
Deformada côncava ($\cup$) (Figura 1.10)	1/2.500	L/H<3; 1/3.500 a 1/2.500 L/H>5; 1/2.000 a 1/1.500	1/2.500 para L/H=1 1/1.250 para L/H=5
Deformada convexa ($\cap$) (Figura 1.11)	–	–	1/5.000 para L/H=1 1/2.500 para L/H=5

dios estruturados e com paredes portantes armadas (Tab. 1.1A) e para prédios com paredes portantes não armadas (Tab. 1.1B). Estes limites são estabelecidos em função das rotações relativas (B) e da razão entre D/L, sendo as mesmas definidas na Fig. 1.1.

Uma questão em aberto referente aos limites recomendados é que não se tem indicação do tipo de dano correspondente. Os danos podem ser divididos em três grupos: visuais ou estéticos (sem risco de qualquer natureza), danos comprometendo o uso e funcionalidade do prédio e, finalmente, danos estruturais pondo em risco a segurança dos usuários. A distinção entre os dois primeiros grupos raramente é indicada.

As indicações do Eurocode 7 (1990) indicam os seguintes limites para rotações relativas admissíveis, a fim de evitar que o "estado limite de serviço" seja atingindo: entre 1/2.000 e 1/300, dependendo do tipo de prédio, com 1/500 aceitável em muitos casos. Para evitar atingir-se o "estado limite último" o valor admissível indicado é de 1/150.

Projetos que adotam o conceito de "estado limite" consideram que a estrutura pode apresentar um comportamento inadequado para diferentes condições, que devem ser avaliadas caso a caso em relação a "limites" previamente estabelecidos. Dentro destes limites considera-se que a estrutura terá seu desempenho garantido durante a vida útil da obra, tanto para a segurança da estrutura (estado limite último) como para condições que afetam sua estética, higiene, funcionalidade e condições de serviço.

Trabalhos onde os valores indicados são discutidos e analisados em detalhe são: para edifícios – Wahls (1983) e Klepikov e Rosenfeld

(1989); para tanques – D'Orazio e Duncan (1987) e Cognon et al. (1991). O maior problema de aplicação destes limites na etapa de análise é a dificuldade de previsão dos recalques diferenciais ou rotações das estruturas, bem mais complexa que a estimativa do recalque absoluto. Com a finalidade de dar uma noção da ordem de grandeza dos valores, com a devida cautela no uso, pode-se usar regras simples ou relações entre recalques máximos e recalques diferenciais máximos admissíveis.

Para fundações assentes em *solos granulares* (areias), Burland et al. (1977) em seu relato do Estado do Conhecimento, indicam os seguintes valores:

↘ fundações isoladas: 20 mm para recalques diferenciais entre pilares adjacentes, o que corresponde a pelo menos, os 25 mm de recalque máximo da indicação de Terzaghi e Peck (1948); ou conforme Skempton e MacDonald (1956), 25 mm para recalque diferencial e 40 mm para recalque total;
↘ *radiers*: recalques máximos da ordem de 50 mm de acordo com Terzaghi e Peck (1948) e 40 a 60 mm segundo Skempton e MacDonald (1956).

Para fundações em *solos argilosos*, Skempton e MacDonald (1956) propõem 40 mm como máximo recalque diferencial. O limite para recalques totais é de 65 mm para fundações isoladas e entre 65 a 100 mm para *radiers*.

A Fig. 1.2, de Burland et al. (1977), para *solos argilosos*, utilizando dados de vários autores indica o grau de dano sofrido por prédios com fundações isoladas e em *radiers*, considerando a relação entre o recalque diferencial máximo e o recalque máximo, em prédios assentes em camadas argilosas homogêneas e com carregamento uniforme. Na Fig. 1.2 são incluídos os valores limites anteriormente referidos por Skempton e MacDonald (1956).

As relações das Figs. 1.3 e 1.4, de Justo (1987), são ilustrativas e podem ser utilizadas, desde que acompanhadas de julgamento geotécnico adequado para cada caso considerado. Este banco de dados resume as observações de vários autores referentes aos recalques máximos, ou deflexões relativas máximas *vs.* máximas distorções angulares, no caso de fundações em solos argilosos (Figs. 1.3A e 1.4A) e para solos arenosos ou aterros (Figs. 1.3B e 1.4B). As linhas contínuas representam as correlações propostas por Grant et

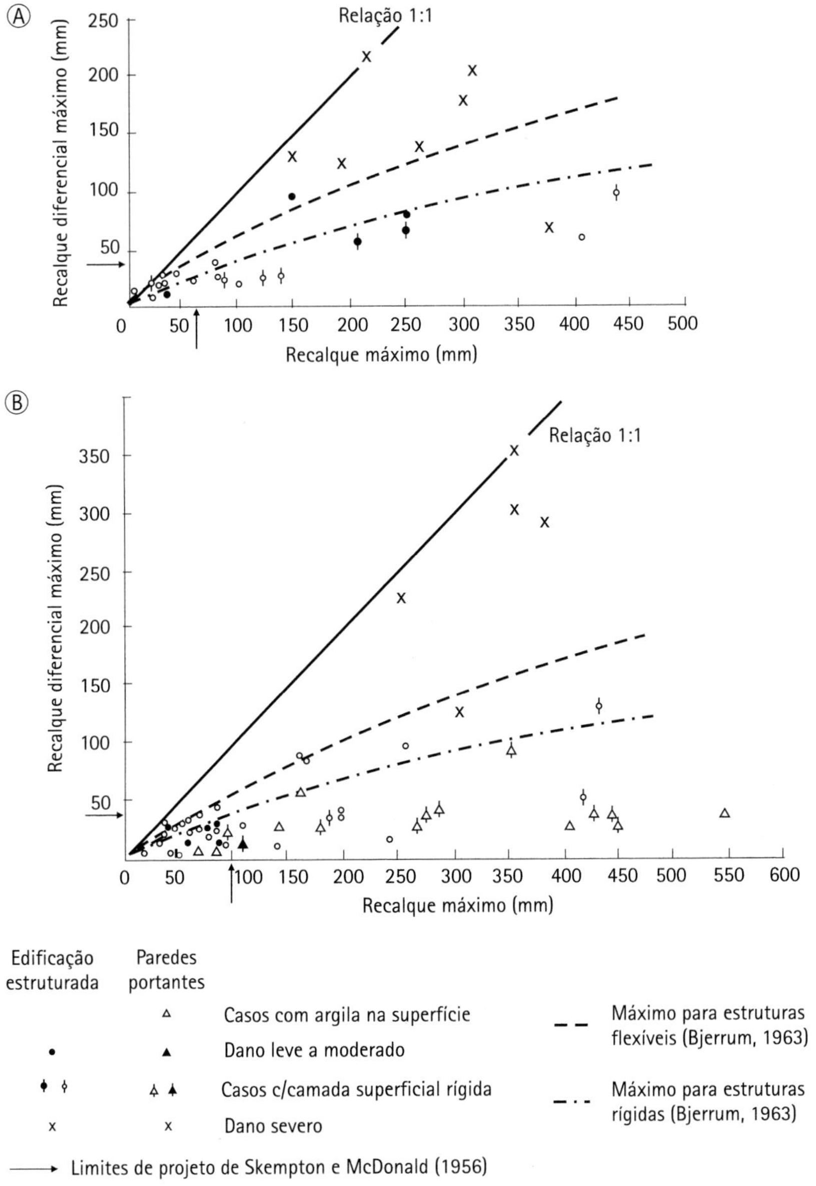

Edificação estruturada	Paredes portantes		
	△	Casos com argila na superfície	— — Máximo para estruturas flexíveis (Bjerrum, 1963)
•	▲	Dano leve a moderado	
◐ ◑	△ ▲	Casos c/camada superficial rígida	— · — Máximo para estruturas rígidas (Bjerrum, 1963)
x	x	Dano severo	

→ Limites de projeto de Skempton e McDonald (1956)

Fig. 1.2 *Comportamento de edificações com fundações superficiais assentes em solos argilosos (Burland et al, 1977): (A) edificações estruturadas em fundações superficiais isoladas; (B) edificações em radier*

(1974). A dispersão dos resultados é grande e indica com clareza e de forma inequívoca a necessidade de cautela no seu uso.

Poulos et al. (2001) indicam as deformações aceitáveis para prédios modernos e pontes de acordo com o tipo de dano e critério definidor

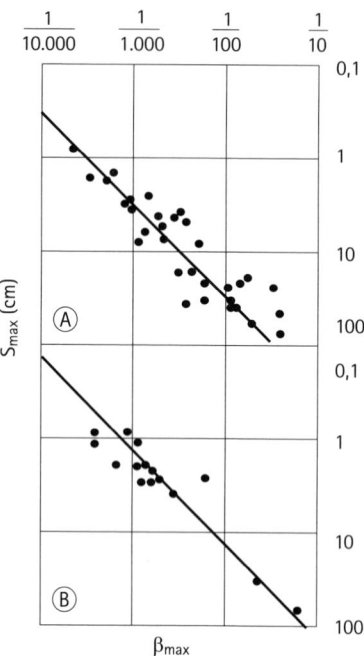

Fig. 1.3 *Correlação entre distorção angular máxima bmax e deslocamento máximo Smax para fundações isoladas em (A) argilas; (B) areias (Justo, 1987)*

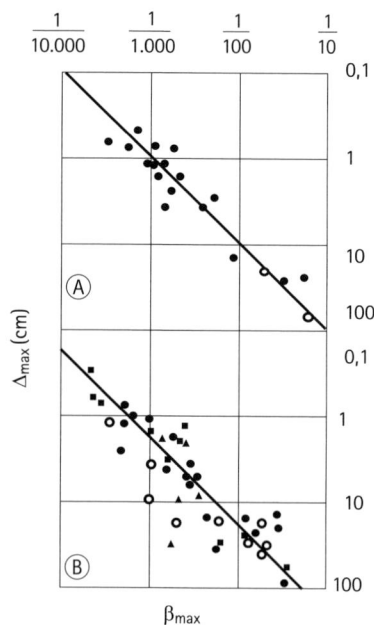

Fig. 1.4 *Correlação entre distorção angular máxima bmax e deflexão máxima relativa Dmax para construções em (A) argilas; (B) areias (Justo, 1987)*

dos valores. É uma contribuição bastante valiosa na escolha de limites para diversas condições de ocorrência de recalques (Tab. 1.2).

Para os casos de fundações de pontes existe uma literatura bem mais limitada, entretanto os trabalhos de Bozozuk (1978); Keene (1978); Walkinshaw (1978); Grover (1978); Wahls (1983) e Moulton (1986) servem como referência, com avaliação de um número elevado de casos de pontes nos EUA e Canadá e indicações de limites tanto de deslocamentos verticais como de deslocamentos horizontais.

Com base em um exaustivo levantamento das condições de pontes em fundações diretas, Bozozuk (1978) apresenta os dados (Fig. 1.5) com as indicações referentes às condições descritas como: toleráveis; com patologias, mas ainda toleráveis; intoleráveis. O autor propôs, com base nestes dados, os seguintes limites para deslocamentos verticais (S_v) e horizontais (S_h):

Tolerável ou aceitável: $S_v < 50$ mm
    $S_h < 25$ mm

Tab. 1.2 Deformações diferenciais aceitáveis (Poulos et al. 2001)

Tipo de estrutura	Tipo de dano	Critério	Valor limite
Edifícios aporticados em concreto armado e paredes estruturais reforçadas	Dano estrutural	Distorção angular	1/150 a 1/250
	Fissuras em paredes	Distorção angular	1/500
			1/1.000 a /1.400 para vãos extremos
	Aspecto visual	Inclinação	1/300
	Conexão com serviços	Deformação total	50 a 75 mm em areia
			50 a 135 mm em argila
Edifícios altos	Operação de elevadores	Inclinação	1/1.200 a 1/2.000
Paredes estruturais sem estrutura de concreto armado	Fissuras por arqueamento côncavo relativo	Taxa de deflexão*	1/2.500 para paredes com relação comprimento/altura = 1
			1/1.250 para paredes com relação comprimento/altura = 5
	Fissuras por arqueamento convexo relativo	Taxa de deflexão*	1/5.000 para paredes com relação comprimento/altura = 1
			1/2.500 para paredes com relação comprimento/altura = 5
Pontes	Qualidade de tráfego	Deformação total	100 mm
	Função	Movimento horizontal	38 mm (15")
	Dano estrutural	Distorção Angular	1/250 para vários vãos
			1/200 para vão único

* Taxa de deflexão = deflexão máxima relativa no painel/comprimento do painel

Problemáticas, mas aceitáveis: $50 \text{ mm} \leq S_v \leq 100 \text{ mm}$

$25 \text{ mm} \leq S_h \leq 50 \text{ mm}$

Inaceitáveis: $S_v > 100 \text{ mm}$

$S_h > 50 \text{ mm}$

Os limites propostos por Moulton et al. (1985) e Moulton (1986), considerando o critério de manutenção do conforto dos usuários e controle de condições de comportamento estrutural, no estudo patrocinado pelo *Federal Highway Administration* (EUA) em pontes dos EUA e Canadá, foram:

↘ 40 mm para deslocamentos horizontais;
↘ 1/200 para pontes com vigamento simplesmente apoiado e 1/250 para condição de vigas contínuas, como limites aceitáveis de distorção angular longitudinal.

A prática em diferentes países varia, como apresentado por Hambly (1979), indicando que na Inglaterra é usual a aceitação de limite de recalque diferencial de L/800 para situação de apoio simples ou contínuo, sendo L o menor vão considerado. Frank (1991), relatando a prática francesa, cita condições aceitáveis de estados limites. Para todos os tipos de estrutura, o limite de serviço indicado é de recalque diferencial de L/1.000, sendo L também o menor vão considerado. Para o estado limite de ruptura, L/250 é o valor limite, podendo ser maior para estrados metálicos.

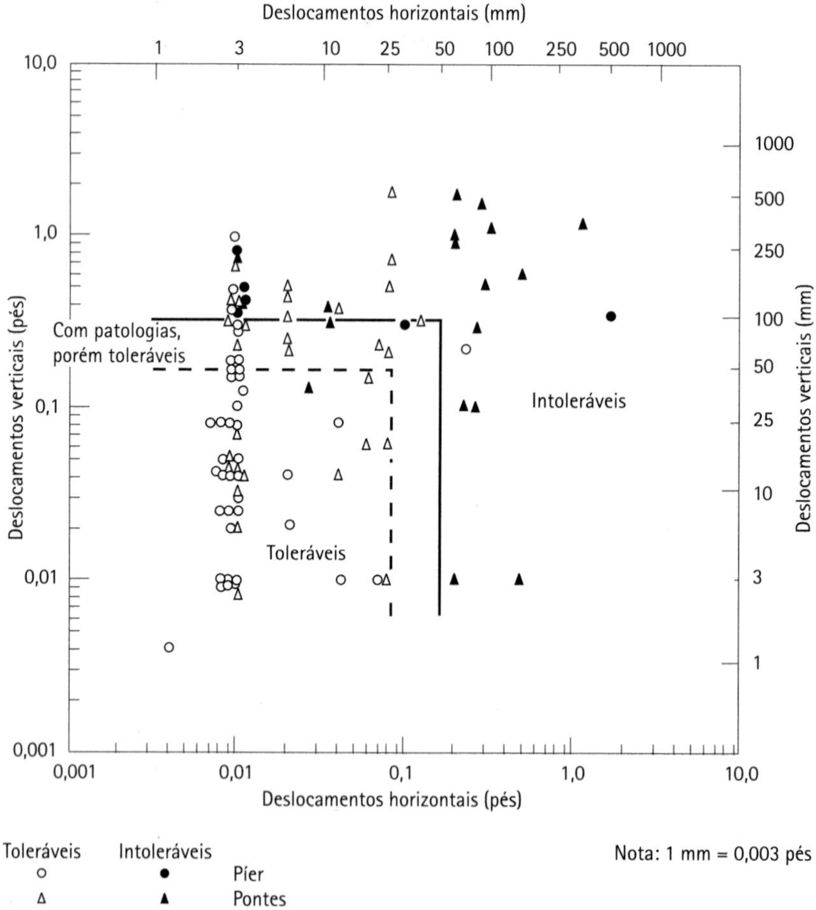

Fig. 1.5 *Comportamento de fundações superficiais de pontes e píers (Bozozuk, 1978)*

1.3 Efeitos de Movimentos das Fundações

A manifestação reconhecível de ocorrência de movimento das fundações é o aparecimento de fissuras nos elementos estruturais. Toda vez que a resistência dos componentes da edificação ou conexão entre elementos for superada pelas tensões geradas por movimentação, ocorrem fissuras.

Nas Figs. 1.6 a 1.12 apresentam-se padrões típicos de deslocamentos e correspondentes fissuras. É importante mencionar que detalhes construtivos específicos de vinculação dos diferentes elementos que normalmente compõem uma edificação, além de efeitos combinados de movimentos causados por outra origem que não deslocamentos, tornam, nos casos reais, bastante complexa a definição e identificação dos movimentos a partir apenas da fissuração apresentada. É necessária a realização de acompanhamento ou controle de recalques para identificação precisa do comportamento real das fundações.

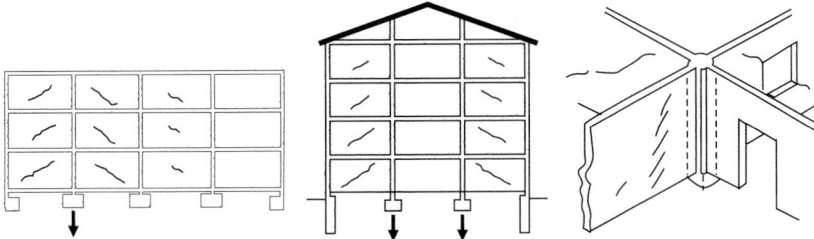

Fig. 1.6 *Fissuras típicas causadas por recalque de fundações de pilares internos (Ortiz, 1984)*

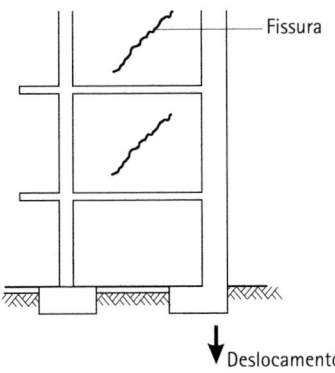

Fig. 1.7 *Esquematização das fissuras por recalque de fundação de pilar de canto (Uriel Ortiz, 1983)*

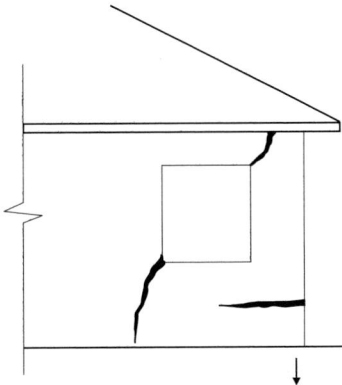

Fig. 1.8 *Provável fissuramento em parede portante com recalque na extremidade (Uriel Ortiz, 1983)*

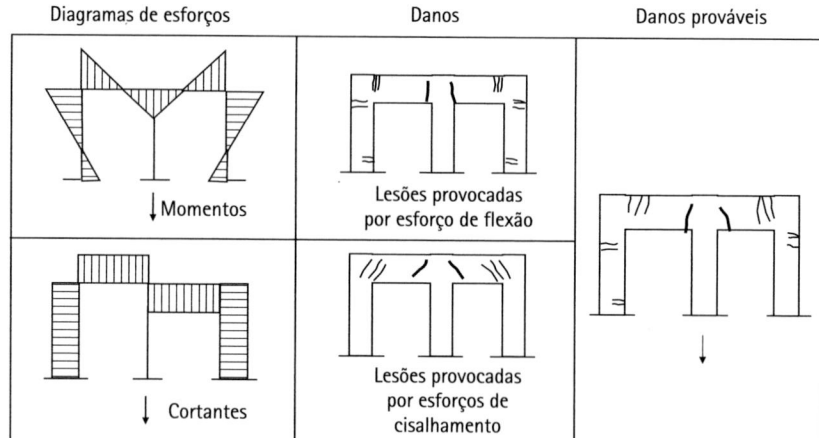

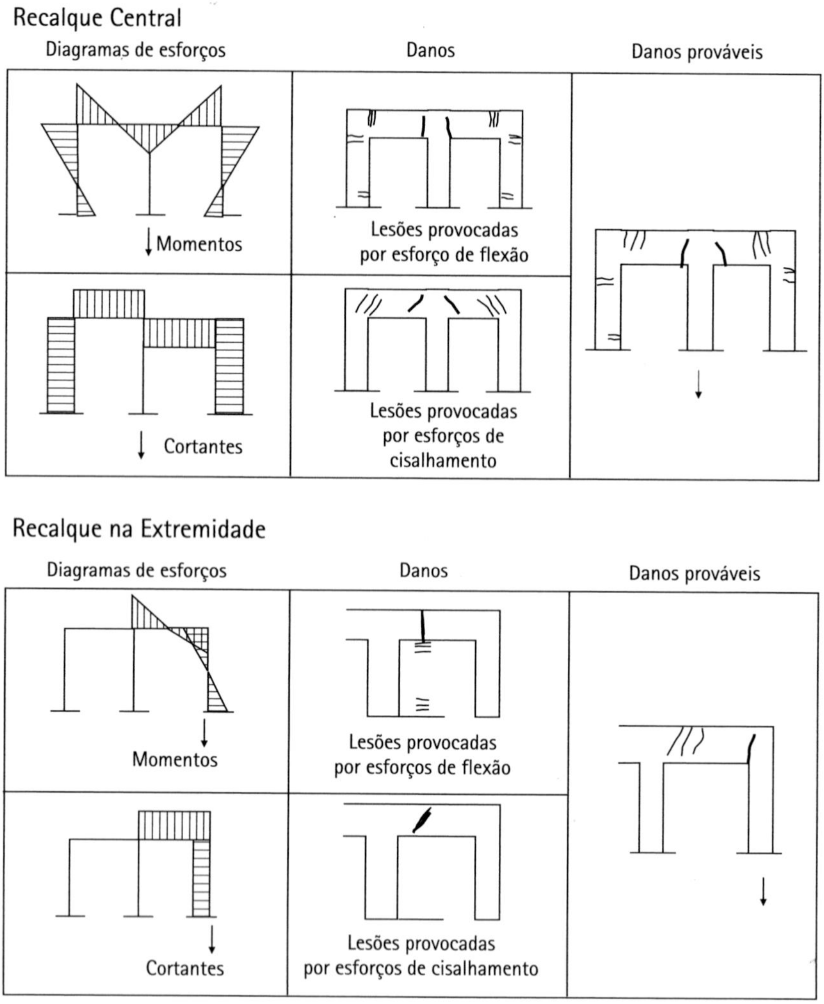

Fig. 1.9 *Prováveis diagramas de esforços e fissuras em estruturas de concreto por recalques de fundações de pilares internos e nas extremidades (Mañá, 1978)*

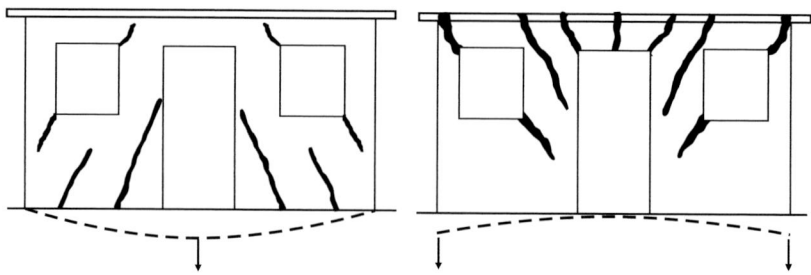

Fig. 1.10 *Deformação côncava de parede portante e seus efeitos (Uriel Ortiz, 1983)*

Fig. 1.11 *Deformação convexa de parede portante e seus efeitos (Uriel Ortiz, 1983)*

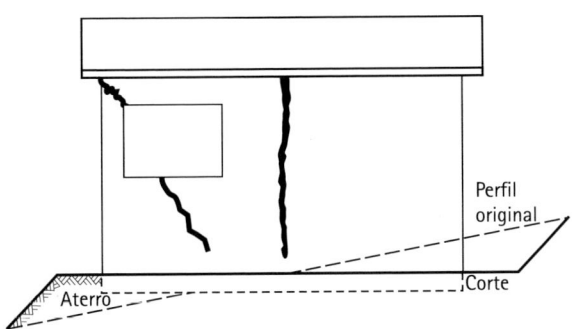

Fig. 1.12 *Provável fissuramento de edificação assente parte em corte e parte em aterro (Uriel Ortiz, 1983)*

INVESTIGAÇÃO DO SUBSOLO

A investigação do subsolo é a causa mais frequente de problemas de fundações. Na medida em que o solo é o meio que vai suportar as cargas, sua identificação e a caracterização de seu comportamento são essenciais à solução de qualquer problema.

Um programa adequado de investigação do subsolo tem seu custo e abrangência proporcional ao valor da obra e complexidade do problema, devendo iniciar pelo que se denomina de "estudo de escritório" (*desk studies*). Nesta etapa, os dados hidrogeológicos, pedológicos, geotécnicos, conhecimentos regionais etc. são coletados e comparados, buscando-se identificar as possíveis condições do local de implantação da obra. As características específicas de cada problema devem definir a abrangência do programa preliminar, do complementar, e a eventual necessidade de um programa especial de ensaios geotécnicos.

No Brasil, o programa preliminar é normalmente desenvolvido com base em ensaios SPT (ver ABNT NBR 6484/2001). O programa complementar depende das condições geotécnicas e estruturais do projeto, podendo envolver tanto ensaios de campo (cone, piezocone, pressiômetro, palheta, sísmica superficial etc.) como de laboratório (adensamento, triaxiais, cisalhamento direto, entre outros). Uma revisão destas técnicas e procedimentos é apresentada por Schnaid (2000, 2009, 2012) e Souza Pinto (2001).

Assim, por exemplo, os solos de comportamento especial (colapsíveis, expansivos, em adensamento) podem ter sua ocorrência prevista ainda em fase preliminar, definindo os ensaios especiais necessários à caracterização de seu comportamento e sua influência nas fundações.

Ocorrências localizadas, como a presença de obras de mineração subterrânea (problema pouco comum no Brasil, mas presente em zonas de mineração intensa) ou zonas cársticas, podem provocar subsidência ou problemas construtivos sensíveis.

O planejamento de um programa de investigação deve ser concebido por um engenheiro experiente que possa atribuir os custos à complexidade ou dificuldades do projeto. Patologias decorrentes de incertezas quanto às condições do subsolo podem ser resultado da simples ausência de investigação, de uma investigação ineficiente ou com falhas ou ainda da má interpretação dos resultados das sondagens (Milititsky, 1989).

2.1 Ausência de Investigação do Subsolo

Típico de obras de pequeno porte, em geral por motivos econômicos, mas também presente em obras de porte médio, a ausência de investigação de subsolo é prática inaceitável. A normalização vigente (ABNT NBR 6122/2010; ABNT NBR 8036/1983) e o bom senso devem nortear o tipo de programa de investigação, o número mínimo de furos de sondagem e a profundidade de exploração.

Na experiência pessoal dos autores, também referendada pela estatística francesa (Logeais, 1982), em mais de 80% dos casos de mau desempenho de fundações de obras pequenas e médias, a ausência completa de investigação é o motivo da adoção de solução inadequada. Um resumo destas ocorrências é apresentado no Quadro 2.1.

Quadro 2.1 Problemas típicos decorrentes de ausência de investigação para os diferentes tipos de fundações

TIPO DE FUNDAÇÃO	PROBLEMAS TÍPICOS DECORRENTES
Fundações diretas	Tensões de contato excessivas, incompatíveis com as reais características do solo, resultando em recalques inadmissíveis ou ruptura
	Fundações em solos/aterros heterogêneos, provocando recalques diferenciais
	Fundações sobre solos compressíveis sem estudos de recalques, resultando grandes deformações
	Fundações apoiadas em materiais de comportamento muito diferente, sem junta, ocasionando o aparecimento de recalques diferenciais
	Fundações apoiadas em crosta dura sobre solos moles, sem análise de recalques, ocasionando a ruptura ou grandes deslocamentos da fundação
Fundações profundas	Estacas de tipo inadequado ao subsolo, resultando mau comportamento
	Geometria inadequada, comprimento ou diâmetro inferiores aos necessários
	Estacas apoiadas em camadas resistentes sobre solos moles, com recalques incompatíveis com a obra
	Ocorrência de atrito negativo não previsto, reduzindo a carga admissível nominal adotada para a estaca

2.2 Investigação Insuficiente

Realizado o programa de investigação, o mesmo pode se mostrar inadequado à identificação de aspectos que acabam comprometendo o comportamento da fundação projetada. Casos típicos deste grupo são os seguintes:

↘ Número insuficiente de sondagens ou ensaios para áreas extensas ou de subsolo variado, eventualmente cobrindo diferentes unidades geotécnicas (causa comum de problemas em obras correntes, pela extrapolação indevida de informações) (Fig. 2.1).

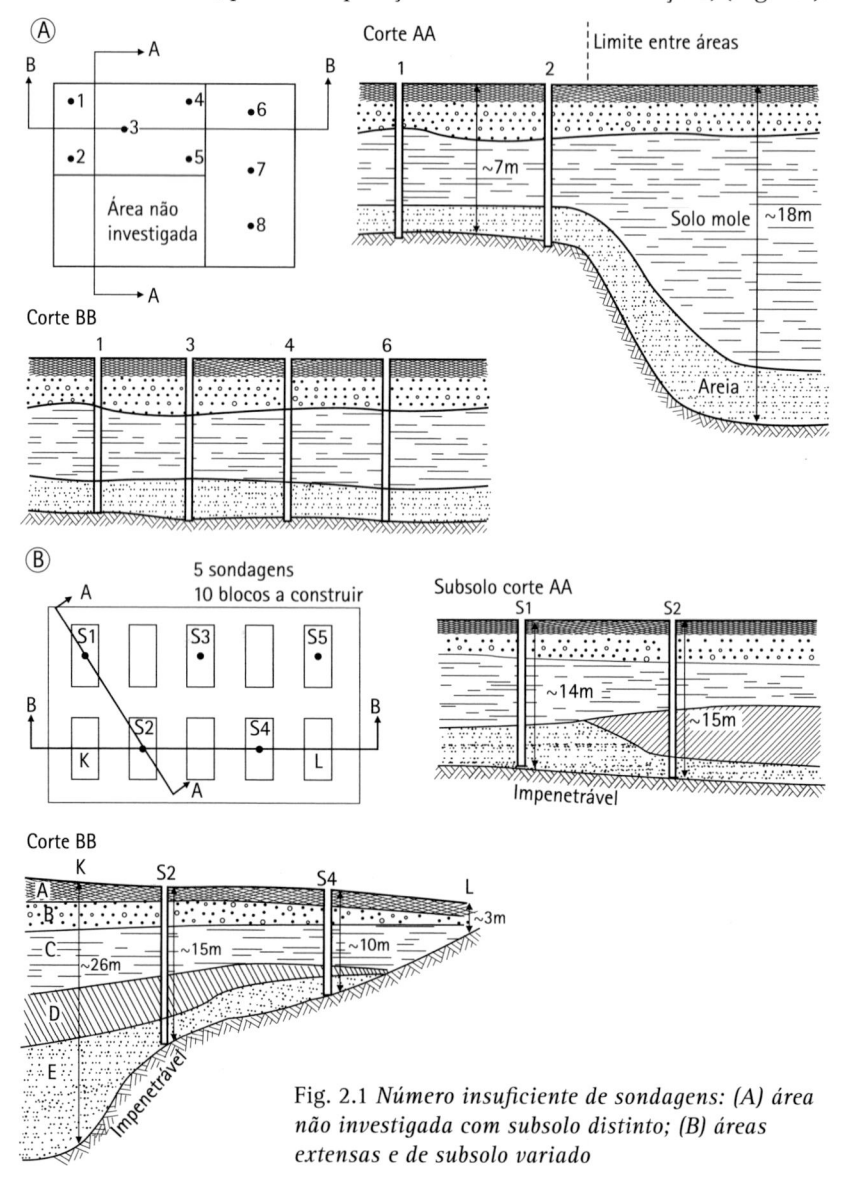

Fig. 2.1 *Número insuficiente de sondagens: (A) área não investigada com subsolo distinto; (B) áreas extensas e de subsolo variado*

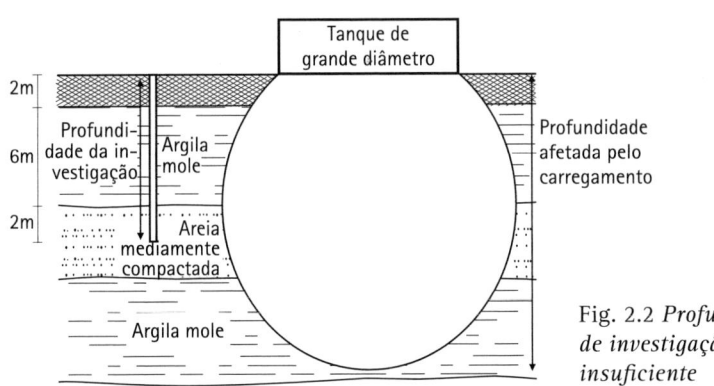

Fig. 2.2 *Profundidade de investigação insuficiente*

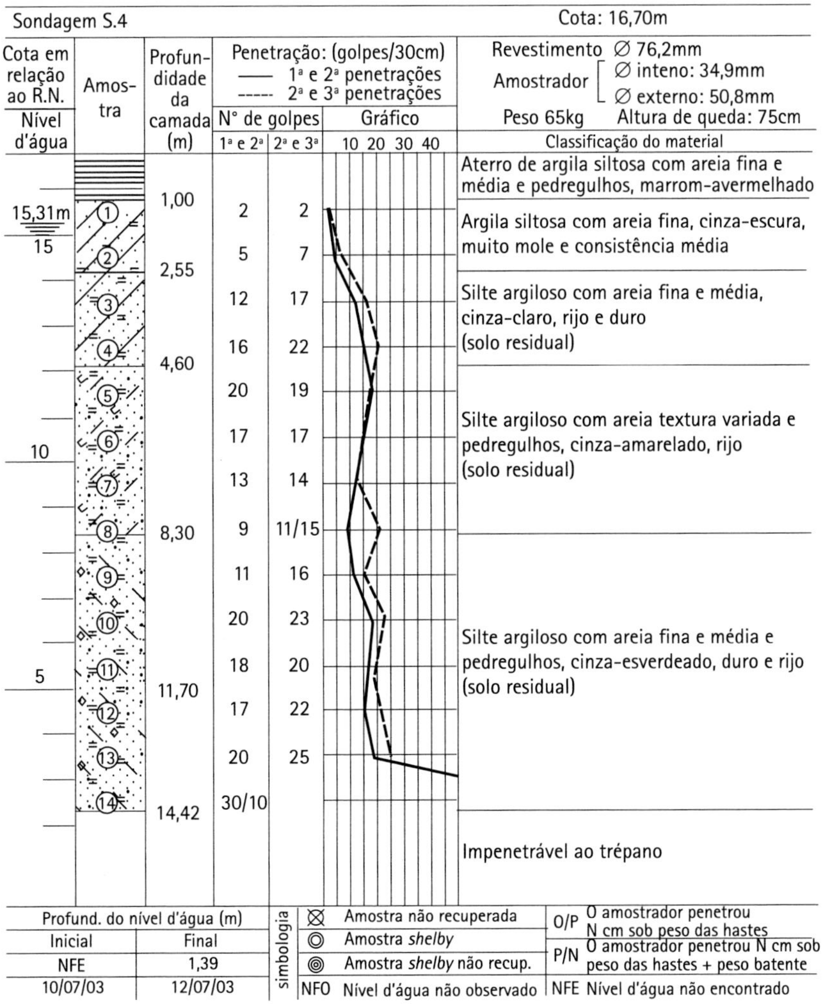

Sondagem S.4					Cota: 16,70m	
Cota em relação ao R.N.	Amostra	Profundidade da camada (m)	Penetração: (golpes/30cm) —— 1ª e 2ª penetrações ---- 2ª e 3ª penetrações		Revestimento ⌀ 76,2mm Amostrador ⌀ interno: 34,9mm ⌀ externo: 50,8mm	
Nível d'água			N° de golpes	Gráfico	Peso 65kg Altura de queda: 75cm	
			1ª e 2ª | 2ª e 3ª	10 20 30 40	Classificação do material	
15,31m	①	1,00	2 | 2		Aterro de argila siltosa com areia fina e média e pedregulhos, marrom-avermelhado	
15	②	2,55	5 | 7		Argila siltosa com areia fina, cinza-escura, muito mole e consistência média	
	③		12 | 17		Silte argiloso com areia fina e média, cinza-claro, rijo e duro (solo residual)	
	④	4,60	16 | 22			
	⑤		20 | 19		Silte argiloso com areia textura variada e pedregulhos, cinza-amarelado, rijo (solo residual)	
10	⑥		17 | 17			
	⑦		13 | 14			
	⑧	8,30	9 | 11/15			
	⑨		11 | 16			
	⑩		20 | 23		Silte argiloso com areia fina e média e pedregulhos, cinza-esverdeado, duro e rijo (solo residual)	
5	⑪	11,70	18 | 20			
	⑫		17 | 22			
	⑬		20 | 25			
	⑭	14,42	30/10			
					Impenetrável ao trépano	

Profund. do nível d'água (m)		simbologia	⊠ Amostra não recuperada	O/P	O amostrador penetrou N cm sob peso das hastes
Inicial	Final		○ Amostra *shelby*		
NFE	1,39		◎ Amostra *shelby* não recup.	P/N	O amostrador penetrou N cm sob peso das hastes + peso batente
10/07/03	12/07/03		NFO Nível d'água não observado	NFE Nível d'água não encontrado	

Fig. 2.3 (A) *Situações com grande variação de propriedades*

↘ Profundidade de investigação insuficiente, não caracterizando camadas de comportamento distinto, em geral de pior desempenho, também solicitadas pelo carregamento (Fig. 2.2).

↘ Propriedades de comportamento não determinadas por necessitar ensaios especiais (expansibilidade, colapsibilidade etc.). Casos especiais serão avaliados no item 2.5.

↘ Situações com grande variação de propriedades, ocorrência localizada de anomalia ou situação não identificada (Fig. 2.3).

O uso de normas (ABNT NBR 8036/1983), a visita ao local da obra, inspeção às estruturas vizinhas, a experiência e o bom senso devem servir de guia para evitar problemas desta natureza.

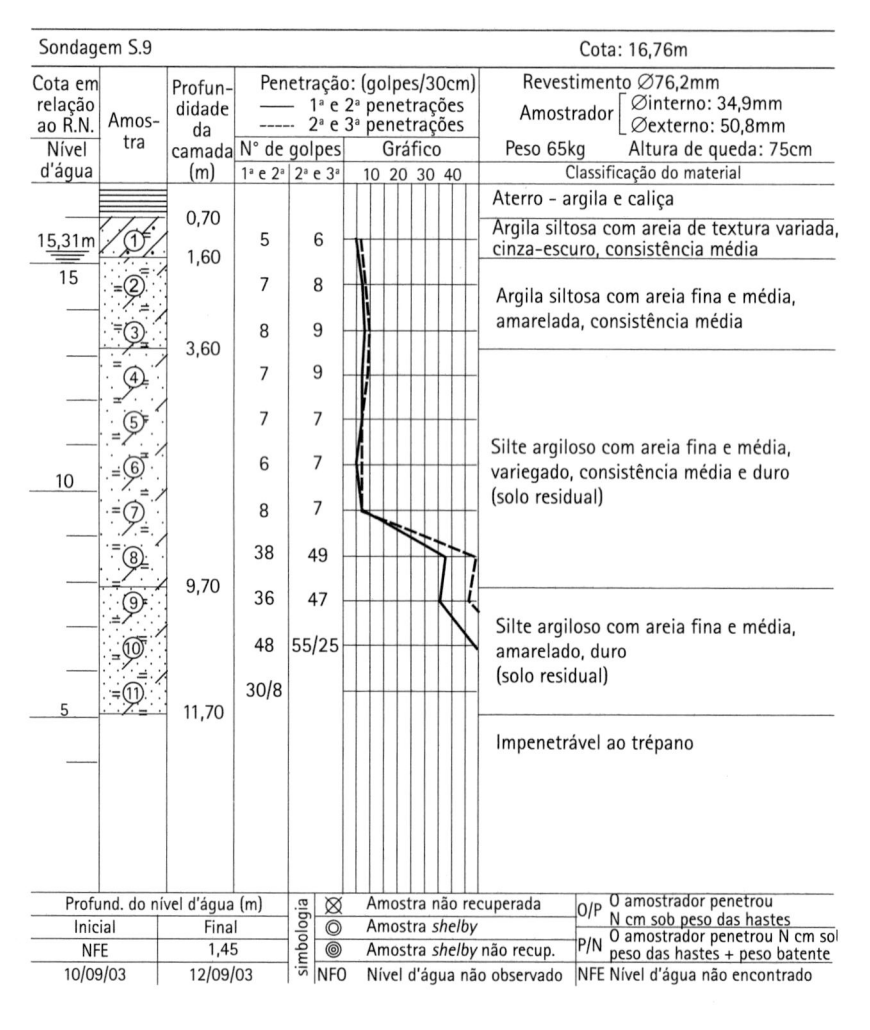

Sondagem S.9					Cota: 16,76m	
Cota em relação ao R.N. Nível d'água	Amostra	Profundidade da camada (m)	Penetração: (golpes/30cm) ⎯⎯ 1ª e 2ª penetrações ----- 2ª e 3ª penetrações		Revestimento ⌀76,2mm Amostrador [⌀interno: 34,9mm / ⌀externo: 50,8mm] Peso 65kg Altura de queda: 75cm	
			N° de golpes 1ª e 2ª | 2ª e 3ª	Gráfico 10 20 30 40	Classificação do material	
	①	0,70	5 | 6		Aterro - argila e caliça	
15,31m		1,60			Argila siltosa com areia de textura variada, cinza-escuro, consistência média	
15	②		7 | 8		Argila siltosa com areia fina e média, amarelada, consistência média	
	③	3,60	8 | 9			
	④		7 | 9			
	⑤		7 | 7		Silte argiloso com areia fina e média, variegado, consistência média e duro (solo residual)	
10	⑥		6 | 7			
	⑦		8 | 7			
	⑧	9,70	38 | 49			
	⑨		36 | 47		Silte argiloso com areia fina e média, amarelado, duro (solo residual)	
	⑩		48 | 55/25			
5	⑪	11,70	30/8			
					Impenetrável ao trépano	

Profund. do nível d'água (m)		simbologia	⊠ Amostra não recuperada	O/P O amostrador penetrou N cm sob peso das hastes
Inicial	Final		⊙ Amostra shelby	
NFE	1,45		⊚ Amostra shelby não recup.	P/N O amostrador penetrou N cm sob peso das hastes + peso batente
10/09/03	12/09/03		NFO Nível d'água não observado	NFE Nível d'água não encontrado

Fig. 2.3 (B) *Situações com grande variação de propriedades*

2.3 Investigação com Falhas

Durante o processo de investigação poderão ocorrer problemas que comprometem os resultados obtidos e utilizados em projeto.

Na realização de sondagem são relativamente comuns: os erros na localização do sítio da obra (execução feita em local diferente), localização incompleta, adoção de procedimentos indevidos ou ensaio não padronizado, uso de equipamento com defeito ou fora da especificação, falta de nivelamento dos furos em relação à referência bem identificada e permanente, má descrição do tipo de solo, entre outros.

Neste título também se enquadram os procedimentos fraudulentos de geração de resultados ou multiplicação de furos de sondagem (apresentação de relatórios de serviços não realizados).

Esse tipo de falha provoca problemas durante a execução das fundações, por causa da diferença entre estimativa e realidade observada durante a execução (comprimentos de estacas diferentes do projetado, negas em profundidades diferentes das do projeto, presença de rocha em posição não prevista, tipos de solos e espessuras de camadas não descritos nas sondagens, presença ou ausência de água no subsolo etc.). Efeitos desastrosos podem ser observados nos casos em que dados não representativos forem adotados no projeto de fundações. Para evitar esse grupo de problemas, é essencial a contratação de serviços de empresas comprovadamente idôneas e supervisão nos trabalhos de campo por parte do contratante.

Indicadores de possíveis problemas de execução: (1) alta produção de campo das equipes de sondagem, com perfurações profundas executadas em tempos reduzidos, ou elevado número de perfurações produzidas pela mesma equipe; (2) semelhança entre furos de sondagem (mesma espessura das camadas, mesmo valor de NSPT etc.).

No caso de execução de sondagem mista (rotativa em rocha e percussão em solo) é comum o uso de equipamento rotativo a partir da primeira ocorrência de material mais resistente, mesmo nos casos em que abaixo do material identificado como rochoso encontra-se solo, que necessariamente deve ser investigado com equipamento à percussão para possibilitar a identificação de sua resistência e natureza (Fig. 2.4).

Outro problema a ser considerado no caso da realização de ensaios de laboratório e de campo é a representatividade dos mesmos, ou seja, os resultados devem refletir as verdadeiras condições e propriedades de solo relevantes ao problema em estudo.

2.4 Interpretação Inadequada dos Dados do Programa de Investigação

Os problemas deste grupo podem ser enquadrados no Cap. 4: Análise e Projeto, no qual o projetista necessariamente adota um modelo para descrever o subsolo, com propriedades de comportamento representativo das diversas camadas.

A adoção de valores não representativos ou ausência de identificação de problemas podem provocar desempenho inadequado das fundações. Por exemplo, solos porosos tropicais com NSPT abaixo de 4 indicam a possibilidade de instabilidade quando saturados (Milititsky e Dias, 1986); a presença de pedregulhos aumenta os valores de penetração NSPT sem que o comportamento (resistência ou rigidez) do solo seja equivalentemente aumentado; valores muito baixos em argilas saturadas indicam a possibilidade de ocorrência de atrito negativo em estacas.

Não é objetivo desta publicação apresentar e discutir os métodos de interpretação dos resultados de ensaios de campo e laboratório. Várias publicações nacionais podem ser utilizadas para esta finalidade (Ortigão, 1995; Quaresma et al., 1996; Soares, 1996; Schnaid, 2000). Porém, deve-se ressaltar que a estimativa de parâmetros geotécnicos representativos das condições de subsolo constitui-se uma área específica de conhecimento. Em obras de maior porte e/ou complexidade, faz-se necessário o cruzamento de dados provenientes de ensaios de campo e laboratório para aumentar a confiabilidade das previsões de projeto.

2.5 Casos Especiais

As dificuldades normalmente associadas ao planejamento de um programa racional de investigações podem ser acrescidas de ocorrências especiais, de difícil identificação. São exemplos dessas ocorrências a influência da vegetação, presença de solos colapsíveis ou expansivos, materiais cársticos, e a presença de matacões ou regiões de mineração, que podem resultar em patologias importantes e custos significativos de reparo. Outra possível ocorrência é a de subsidência provocada pela extração de água ou combustíveis fósseis do subsolo, que constituem casos especiais (Schrefler e Delage, 2001).

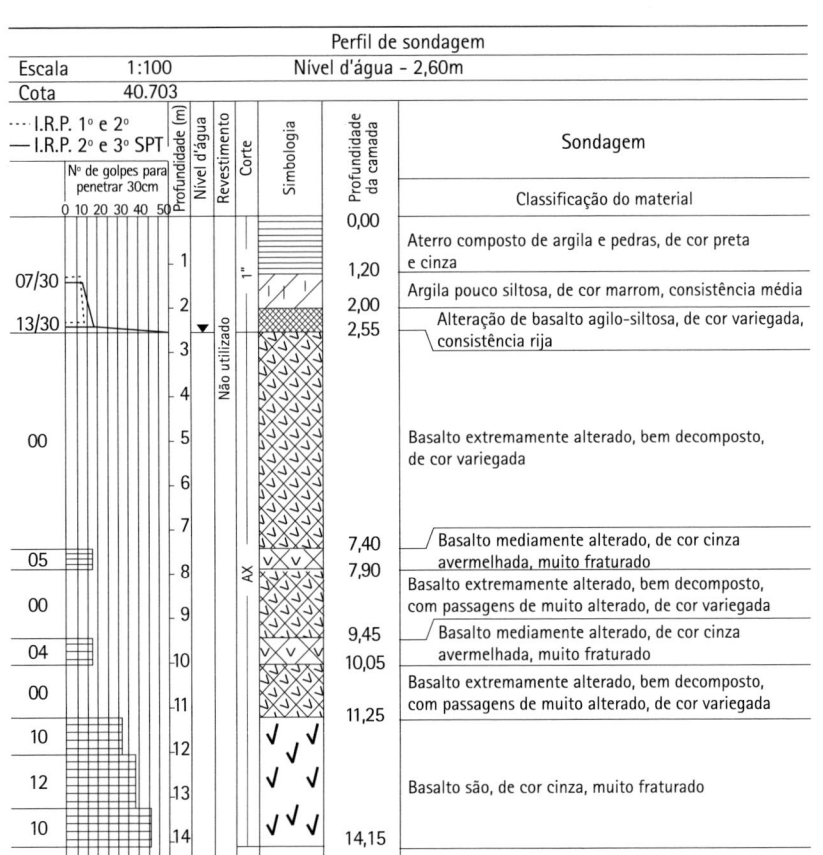

Fig. 2.4 *Caso de investigação com falhas: (A) sondagem mista executada de forma equivocada*

2.5.1 Influência da Vegetação

É importante salientar que o efeito da vegetação pode ocorrer por interferência física das raízes ou modificação no teor de umidade do solo. Este efeito é pouco conhecido no Brasil e, por este motivo, discutido em maiores detalhes nesta publicação.

As raízes extraem água do solo para manter seu crescimento e vitalidade, modificando o teor de umidade do solo se comparado com o local onde as raízes não estão presentes. Em solos argilosos as variações em teor de umidade provocam mudanças volumétricas;

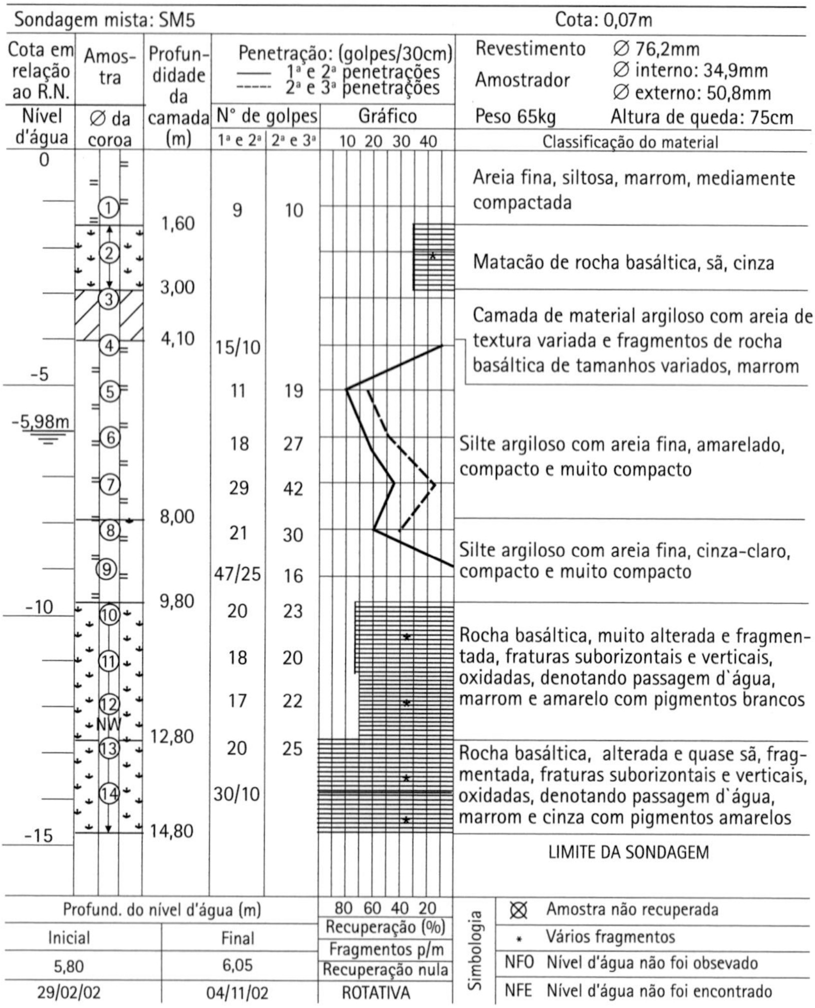

Fig. 2.4 (B) *Sondagem mista no mesmo local executada de forma correta*

consequentemente, qualquer fundação localizada na área afetada apresentará movimento e provavelmente patologia da edificação por causa de recalques localizados (Fig. 2.5A). Este movimento das fundações pode ser cíclico, em base sazonal, recalque progressivo onde a vegetação estabelece um déficit permanente de umidade (Fig. 2.5B), ou expansão progressiva, quando a vegetação é posteriormente removida (Eldridge, 1976) (Fig. 2.5C).

Os danos às estruturas podem ser significativos e ocorrem com frequência. Em países com registro sistemático de acidentes, pela atuação de empresas seguradoras, como os EUA, segundo Wakeling (1983) os danos registrados em razão de efeitos da vegetação são maiores que os causados por enchentes, furacões e terremotos, embora menos espetaculares. Holtz (1983) cita valores anuais de perdas da ordem de 1,8 bilhões de dólares nos EUA, pagos pelas seguradoras.

O custo dos problemas decorrentes de danos às fundações no período 1971-1980 no Reino Unido foi estimado em 250 milhões de libras, dos quais 35% diretamente atribuídos a movimentos do solo causados por árvores (Driscoll, 1983). Este autor ainda comenta os altos custos envolvidos na solução definitiva dos problemas, pela

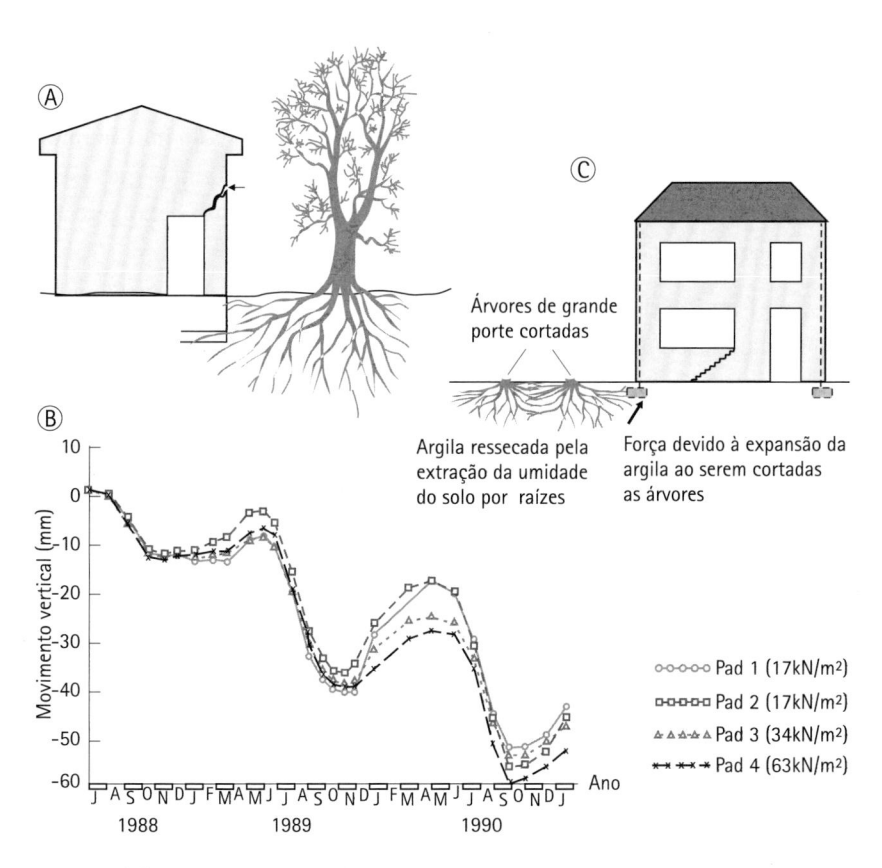

Fig. 2.5 *(A) Raízes modificam o teor de umidade do solo, se comparado com o local onde as raízes não estão presentes, podendo causar recalques localizados e provavelmente patologias na edificação; (B) Movimentos sazonais de fundações quadradas de 1,00 x 1,00m, assentes 2,00 m próxima a árvores na argila de Londres, segundo Freeman et al. (1991); (C) Trincas resultantes da expansibilidade de argilas ressecadas, com o umedecimento do solo ao serem cortadas árvores próximas*

falta de envolvimento de especialistas e adoção de soluções inadequadas por construtores, bem como a necessidade de adoção de correção às medidas inicialmente aceitas.

A capacidade da vegetação em causar aumento ou redução volumétrica no solo e, consequentemente, danos às estruturas depende de uma série de fatores, que incluem o tipo de vegetação (sistema de raízes muito variado, desde elemento central profundo a vários elementos praticamente horizontais e subhorizontais superficiais), solo, condições do nível de água, clima, tipo de fundação e sua distância da vegetação. A interação entre estes fatores é complexa.

Historicamente, baseado em observações simples, foi sugerido que a distância mínima entre as fundações de uma residência e árvores deveria ser da ordem de 1 a 1,5 vezes a altura da árvore considerada (Canovas, 1988). Essa estimativa é inaceitável em grande número de casos por motivos ecológicos e práticos, e de fato inúmeros casos em que as árvores se situavam mais próximas que estes limites mostravam ausência de dano, caracterizando o exagero da recomendação.

Existem várias referências na literatura técnica internacional nas quais diferentes tipos de vegetação foram estudados. Os resultados mostram uma diferença marcante para cada espécie vegetal, com aquelas espécies que possuem maior demanda de água afetando o solo a grandes distâncias e profundidade. Estudos sistemáticos feitos na Inglaterra mostram a influência dos diferentes tipos de árvores, alturas típicas, máxima distância em que o efeito das raízes foi verificado, máxima distância para 90 e 75% de casos (Tab. 2.1). Na Tab. 2.2 apresentam-se dados relativos a estudos na África do Sul.

Tab. 2.1 Espécies das árvores e efeitos observados de danos em fundações (adaptado de Cutler e Richardson, 1981)

Espécie	Altura máxima da árvore (m)	Max. dist. (m)	Max. dist. 75% casos (m)	Max. dist. 90% casos (m)
Carvalho	16 – 23	30	13	18
Chorão	15	40	11	18
Olmo	20 – 25	25	12	19
Bordo / Ácer	17 – 24	20	9	12
Ameixeira	8	11	6	7,5
Bétula	12 – 14	10	7	8
Pau-ferro	8 – 12	11	9,5	11

Tab. 2.2 Estudos realizados na África do Sul (Williams e Pidgeon, 1983)

Tipo de Planta	Troca de Umidade em Dia Ensolarado (verão)
Eucalipto (*Eucaliptus Macarthur*)	500 litros/dia
Acácia (*Acacia Mollissima*)	250 litros/dia
Grama verde (*Themeda*)	1 litro/m^2/dia

Somam-se aos efeitos descritos anteriormente aqueles decorrentes do efeito físico das raízes de árvores em contato com estruturas leves, conforme ilustrado na Fig. 2.6. É comum a ocorrência de levantamento de casas, pisos e outras instalações quando há presença de árvores de grande porte como a figueira e a falsa seringueira, com raízes superficiais abrangendo áreas expressivas. Após a ocorrência do problema são poucas as soluções possíveis, podendo requerer a remoção de árvores e reabilitação do sítio.

Publicações inglesas abordando o tema fundações *vs.* vegetação são Jones, Venus e Gibson (2006), Jones et al. (2009), Nelson, Overton

Fig. 2.6 *Efeito físico das raízes de árvores em contato com estruturas leves*

e Durkee (2001), NHBC (2010, 2011) e Al-Rawas e Goosen (2006). Referências adicionais da experiência inglesa sobre efeitos de raízes de árvores nas fundações de edificações são Biddle (1998), BRE (1999) e NHBC (2000).

2.5.2 Colapsibilidade

Outro problema de conhecimento restrito dos engenheiros e construtores é a ocorrência de solos com comportamento especial, sensíveis a variações no grau de saturação do terreno. Nesta classificação estão os solos colapsíveis, definidos como "materiais que apresentam uma estrutura metaestável, sujeita a rearranjo radical de partículas e grande variação (redução) volumétrica devido à saturação, com ou sem carregamento externo adicional".

Referências abrangentes sobre solos colapsíveis são: Northey (1969); Sultain (1969); Dudley (1970); Barden et al. (1973); Jennings e Knight (1975); Clemence e Finban (1981); Lutenegger e Saber (1988), entre outros. Modernamente é possível modelar o comportamento de solos colapsíveis por conceitos da teoria de estado crítico extensiva a solos não saturados (ver Alonso et al., 1990; Wheeler e Sivakumar, 1995).

O colapso ocorre por causa de um rearranjo das partículas, com variação de volume, causado pelo aumento do grau de saturação do solo, sendo dependente das seguintes condições (Barden et al., 1973):

- estrutura do solo parcialmente saturada;
- tensões existentes para desenvolver o colapso;
- rompimento dos agentes cimentantes.

Dentre os solos colapsíveis encontram-se alguns solos porosos tropicais, especialmente os originários de rochas graníticas e outras rochas ácidas. Os solos porosos superficiais podem ser particularmente colapsíveis, pois têm alta permeabilidade e a água da chuva percorre seus vazios sem saturá-los – com o aumento do teor de umidade até um valor crítico, estes solos podem perder sua estrutura de macrovazios por colapso estrutural.

Os trabalhos clássicos sobre este tema são baseados em observações de comportamento em laboratório, a partir dos quais é possível caracterizar e descrever qualitativamente o fenômeno de colapso, conforme ilustrado na Fig. 2.7. Vargas (1973, 1974) ensaiou amostras inicialmente adensadas na umidade natural sob vários níveis de carregamento. Quando os recalques cessaram, as amostras foram inundadas. Apareceram recalques adicionais causados por saturação das amostras, cuja magnitude reduziu com o aumento das pressões externas aplicadas. A partir de um certo nível de carregamento, não mais se observava o colapso. Segundo Vargas (1973), possivelmente existe uma pressão a partir da qual são destruídas as ligações fracas da estrutura, não tendo a saturação efeito na dissolução do cimento ou meniscos capilares que ligam os solos porosos.

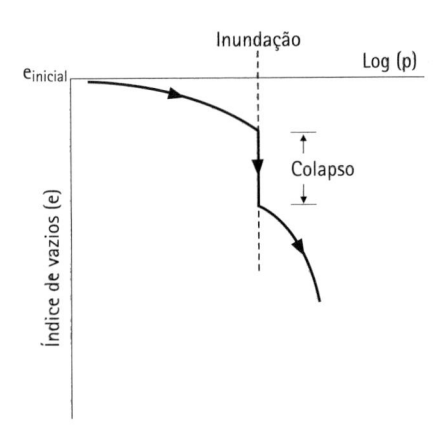

Fig. 2.7 Resultado típico de ensaio de colapso (Jennings e Knight, 1975)

A quantificação direta da variação de volume que ocorre quando um solo sofre colapso em geral, obtida mediante ensaios oedométricos (de adensamento), com os custos e o tempo normalmente associados a procedimentos de laboratório. No colapso oedométrico, o anel de confinamento induz a uma variação volumétrica unidirecional, no sentido vertical de carregamento; assumindo-se o diâmetro constante, a variação volumétrica é expressa em termos da variação de altura da amostra (DH). O potencial de colapso pode, portanto, ser calculado a partir de resultados de ensaios de adensamento pela relação:

$$PC = \Delta e/1 + e_o$$

onde PC é o potencial de colapso, Δe é a variação de índice de vazios com a inundação e e_o é o índice de vazios anterior à inundação.

Como alternativa, pode-se utilizar ensaios de placas (Ferreira e Lacerda, 1993) e, mais recentemente, ensaios pressiométricos (Kratz de Oliveira et al., 1999; Schnaid et al., 2004).

Segundo Jennings e Knight (1975), a severidade do problema de colapsividade pode ser classificada como na Tab. 2.3.

A Fig. 2.8 apresenta localização de solos colapsíveis no Brasil.

O projeto de fundações superficiais em solos colapsíveis é extremamente difícil, sendo os resultados de ensaios de laboratório e de

Tab. 2.3 Potencial de colapso associado ao grau de patologia (Jennings e Knight, 1975)

PC em %	Severidade do problema
0 - 1	Nenhum problema
1 - 5	Problema moderado
5 - 10	Problemático
10 - 20	Muito problemático
>> que 20	Excepcionalmente problemático

- Ferreira et al (1981)   △ Levantamento de dados (Milititsky & Dias, 1986)

Fig. 2.8 *Localização de solos colapsíveis no Brasil (Ferreira et al, 1989) com inclusões de dados de Milititsky & Dias (1986)*

campo utilizados para a previsão de recalques (Jennings e Knight, 1975; Clemence e Finban, 1981; Cintra, 1998). O colapso pode também ser observado em estacas e tubulões. A realização de provas de carga é sempre recomendada para quantificar a carga de colapso, produzindo-se a inundação do terreno antes ou durante o ensaio. Identificado o problema, o projeto pode demandar o uso de estacas para transferir cargas a horizontes mais estáveis. Geralmente é indicada a solução em sapatas contínuas (tipo grelha) para minimizar os efeitos de colapso (Zevaert, 1972), ao invés de fundações isoladas ou estaqueadas com cuidados especiais (Grigorian, 1997).

A ocorrência de acidentes de maiores proporções por colapso da estrutura do solo está normalmente associada a vazamentos de canalizações pluviais ou cloacais, reservatórios, piscinas, ou coberturas de grandes áreas sem a devida condução, situações nas quais a água é liberada ao terreno em grande quantidade, ocasionando variações na umidade e provocando o colapso.

2.5.3 Expansibilidade

A presença de argilo-minerais expansivos em solos argilosos é responsável por grandes variações de volume destes materiais, decorrentes de mudanças do teor de umidade. Este tipo de comportamento provoca problemas especialmente em fundações superficiais.

O controle de variações de umidade não é simples, uma vez que a água pode se deslocar vertical e horizontalmente abaixo das fundações provocando mudanças nos níveis de sucção, e consequentemente de volume, por movimentos alternados de expansão e compressão. São inúmeros os fatores que produzem variações de umidade, podendo ser necessário intervir ou controlar os efeitos produzidos. Variações sazonais no nível do lençol freático, regime de chuvas e presença de vegetação podem determinar a ocorrência de patologias.

Segundo Vargas et al. (1989), a grande maioria da bibliografia brasileira em solos expansivos refere-se a solos residuais ou coluviais formados por intemperismo de rochas sedimentares. Segundo o mesmo autor, existem quatro principais áreas de solos expansivos no Brasil, afirmação que tem sido confirmada por estudos recentes:

- Litoral do Nordeste – nesta área, os solos expansivos são solos residuais de argilitos, siltitos e arenitos, incluindo os de massapê do Recôncavo Baiano, nos arredores de Salvador (BA) e a Formação Maria Farinha, nos arredores da cidade de Recife (PE). O clima desta região é quente e úmido.
- Sertão nordestino – nas proximidades da barragem de Itaparica, no rio São Francisco. O clima da região é quente e seco.
- Estados de São Paulo e Paraná – os solos expansivos nestes Estados são solos residuais ou coluviais, formados pelo intemperismo de argilitos e siltitos da formação carbonífera Tubarão. Ao norte da cidade de Campinas (SP) também são encontrados solos expansivos. O clima da região é subtropical, caracterizado por verões quentes e úmidos e invernos frios e secos.
- Estado do Rio Grande do Sul – na Formação Rosário do Sul

os solos expansivos são oriundos de arenitos e siltitos. Segundo Vargas et al. (1989), há ocorrência de solos expansivos ao norte da cidade de Porto Alegre, na região industrializada. Foram encontrados solos expansivos também nos municípios de Encantado, São Jerônimo, Santa Maria, Rosário do Sul, Santa Cruz do Sul e Cachoeirinha.

Existem três procedimentos básicos para reduzir ou evitar os efeitos de solos expansivos sobre fundações e estruturas (Peck et al., 1974): isolar a estrutura dos materiais expansivos, reforçar a estrutura para resistir aos esforços provocados pelas forças de expansão e eliminar os efeitos de expansibilidade. Embora os três procedimentos possam ser utilizados, individualmente ou em combinação, o isolamento da estrutura tem sido adotado com maior frequência.

Isolar a estrutura dos solos expansivos pode requerer o uso de materiais deformáveis, como compensados ou isopor, entre o solo e o concreto. As forças de expansão comprimem estes materiais, não sendo transferidas diretamente à estrutura. Estes procedimentos podem minimizar os efeitos da expansão, sem, no entanto, eliminá-los, devendo por este motivo ser acompanhados de outras soluções de engenharia. Recomenda-se o uso de estacas armadas ao longo do fuste, trabalhando à tração, e a avaliação da rigidez e resistência da superestrutura para absorver os esforços. Estes cuidados impõem custos expressivos às construções, que nem sempre são viáveis em obras correntes de pequeno porte.

As forças de expansão podem ser equilibradas pelo peso próprio da estrutura; deve-se, no entanto, observar que este equilíbrio é normalmente obtido ao final do processo construtivo, podendo-se ter situações desfavoráveis e críticas durante a construção da obra. Uma alternativa interessante consiste na substituição da camada superficial de solo expansivo por um aterro de material inerte, cujo peso equilibra as forças de expansão.

Evitar a percolação de água junto aos elementos de fundação, de forma a minimizar os efeitos de expansão, é uma exigência. Recomenda-se o envelopamento das canalizações abaixo ou próximas às estruturas e o uso de pavimento asfáltico nas áreas de acesso. O asfalto apresenta boa trabalhabilidade e pode absorver possíveis fissuras provocadas por variações de umidade no subsolo. A manutenção constante dos pavimentos também é recomendada.

Técnicas de estabilização de solos através da adição de agentes cimentantes alcalinos, tais como a cal (*Innovations and uses for lime*, 1992; Rogers et al., 1996; Consoli et al., 1997, 2001), devem ser mencionadas como tendo grande potencialidade para a neutralização da expansibilidade de solos. Contudo, a existência de sulfetos em alguns solos nos quais a cal é adicionada pode gerar efeitos expansivos adversos (Mitchell, 1986). Além disso, deve-se atentar para as dificuldades executivas de misturar os estabilizantes químicos ao solo expansivo, principalmente à profundidade.

Finalmente, deve-se reconhecer a falta de padronização de projetos em solos expansivos, da caracterização do local à solução do problema. Não raro os engenheiros lançam mão de soluções baseadas em experiência e em abordagens de natureza empírica (ver Jennings e Knight, 1975; Johnson e Snethen; 1978), em detrimento de princípios rigorosos de projeto baseados nos conceitos da teoria do estado crítico aplicada a solos não saturados (ver Alonso et al., 1990). Informações adicionais sobre os efeitos decorrentes de solos expansivos em fundações nos EUA, país no qual há levantamento extensivo de dados e casos, bem como experiências em outros países, podem ser obtidas em Wray (1975), Meehan e Karp (1994), Nusier e Alawneh (2002), Ewing (2011), Houston et al. (2011), Lawson (2006) e Buzzi, Fityus e Sloan (2010).

A prática inglesa é apresentada nas referências Bell e Culshaw (2001), Driscoll e Skinner (2007). Um método analítico foi sugerido por Xiao et al. (2011).

2.5.4 Zonas de Mineração

O problema das construções em região com atividades de mineração tem abrangência limitada no Brasil, pelo pequeno número de situações onde esta condição ocorre. Na Europa, nos EUA e no Canadá há uma abrangência maior, pela existência de inúmeras situações onde a extração de minérios ocorre em pequena profundidade, com túneis, galerias e "salões" escavados e abandonados (Yokel et al., 1982; Healy e Head, 1984). No Brasil, as regiões com ocorrência de mineração subterrânea são localizadas especialmente em Minas Gerais e Santa Catarina.

Usualmente, nas regiões com extração de carvão ou minérios a pequena profundidade acaba acontecendo o fenômeno de subsidência em áreas mais ou menos limitadas, caracterizando a instabilidade das escavações subterrâneas. A Fig. 2.9 ilustra este tipo de ocor-

Extração de minérios em galerias | Instabilidade das galerias de mineração | Subsidência devido ao colapso do topo da mina

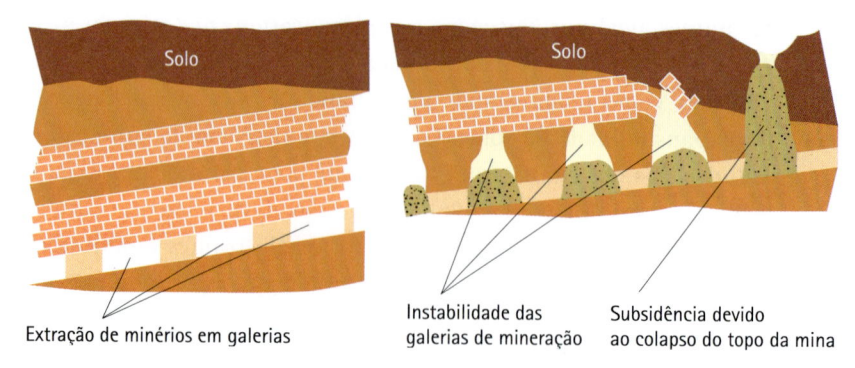

Fig. 2.9 *Fenômeno de subsidência em áreas de mineração*

rência. Tomlinson (1996) apresenta situações típicas desse problema, com a possibilidade de implantação das fundações apoiadas sobre o topo das galerias, quando a condição de estabilidade pode ser garantida, ou abaixo da cota inferior, quando tal situação não pode ser assegurada. Exemplo da última situação foi encontrado em projeto de fundações de prédio em Santa Catarina. Os perfis de sondagem resultantes do programa especial de reconhecimento, onde foram utilizadas sondagens mistas em solo e rocha, caracterizaram, abaixo da camada de solo superficial, a ocorrência de maciço rochoso brando com galerias (material de recuperação nula), com reaterros parciais. Para este caso foram projetadas fundações do tipo tubulão, assentes no nível da base das galerias na região (Fig. 2.10). A adoção de cota superior de apoio das fundações não teria garantia de estabilidade pelas condições verificadas de ocorrência. Como carregamento atuante nas fundações, foram consideradas, além das cargas da estrutura, o efeito de eventual instabilidade do solo localizado acima da cota de implantação, na forma de atrito negativo ao longo do fuste dos tubulões.

No projeto de estruturas em áreas de mineração, o primeiro problema a

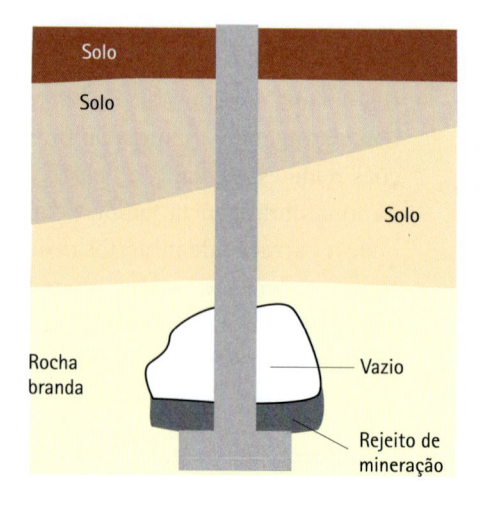

Fig. 2.10 *Fundação do tipo tubulão assente no nível da base de galeria na região de mineração em Santa Catarina*

ser enfrentado é a identificação precisa das ocorrências enterradas, não só no que se refere à posição como também à profundidade. Quando existentes, as plantas das mineradoras são imprecisas e servem geralmente como indicação preliminar para direcionar as investigações, não devendo ser consideradas confiáveis para tomada de decisões importantes referentes às possibilidades de ocorrência do problema. A topografia utilizada na locação das galerias, com dificuldades evidentes de transferência de coordenadas da profundidade para a superfície, o fato de que na época da implantação das minas não existe a malha urbana no local e as alterações não registradas nos processos de extração e sua geometria fazem com que os registros não informem com segurança a verdadeira posição e condições das escavações realizadas. Assim, é importante, na etapa de projeto, realizar uma investigação detalhada das possíveis ocorrências na área por meio de sondagens geofísicas, para direcionar a amostragem até a profundidade adequada de investigação.

2.5.5 Zonas Cársticas

Rochas compostas de carbonatos de cálcio e magnésio, tecnicamente denominadas de rochas calcárias ou dolomíticas (coletivamente conhecidas como calcáreo), compreendem mais de 10% das rochas expostas na superfície da terra (Sowers, 1975). Tais materiais se distinguem das demais rochas por duas características: (1) solubilidade em água (carbonatos são solubilizados em águas levemente ácidas – a acidez normalmente se deve à existência de dióxido de carbono dissolvido na água), produzindo grandes porosidades e ca-

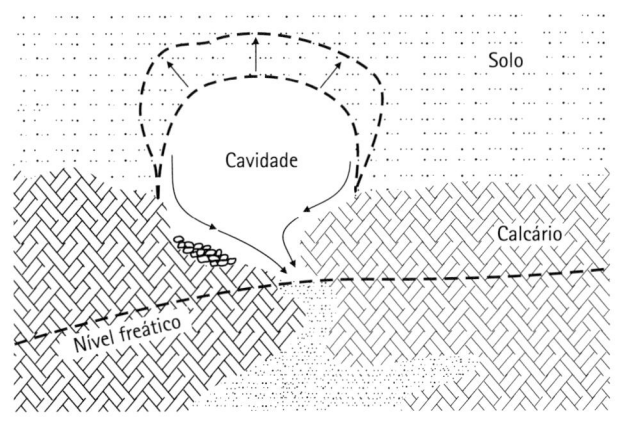

Fig. 2.11 *Solubilização de carbonatos em águas levemente ácidas produz grandes porosidades e cavidades*

vidades (Fig. 2.11); e (2) ocorrência de camadas rochosas superficiais compostas de sedimentos não solúveis e solos residuais, escondendo cavidades abaixo das mesmas e dando aos projetistas de fundações uma falsa impressão de segurança. A Fig. 2.12 apresenta a formação clássica de uma cavidade produzida pelo colapso de uma fina camada de rocha calcária não solubilizada, em um perfil que mostra a existência de uma camada de solo sobre uma cavidade na rocha. A Fig. 2.13 ilustra a ocorrência de cavidade em zona cárstica.

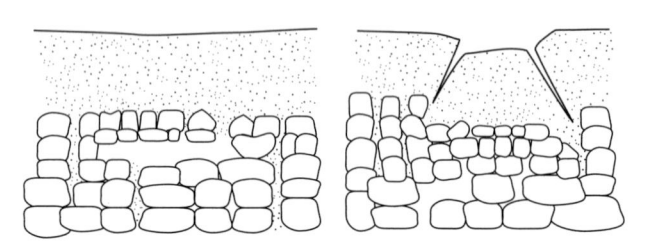

Fig. 2.12 *Cavidade produzida pelo colapso de uma fina camada de rocha calcária*

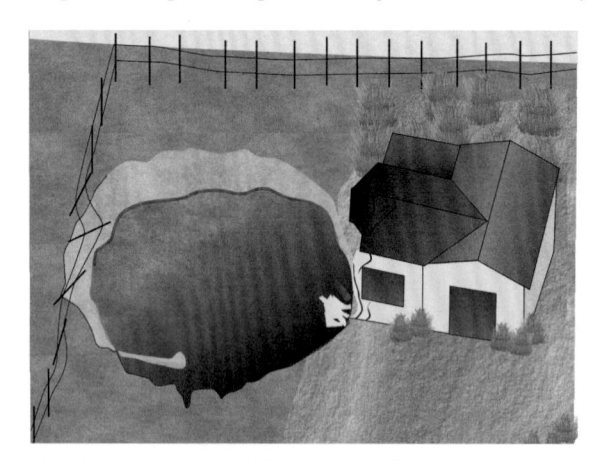

Fig. 2.13 *Ilustração de cavidade ocorrida em zona cárstica*

Embora a ocorrência de zonas cársticas seja tenha uma relativa frequencia, são poucos os casos descritos na literatura. Um exemplo típico de ruptura em rochas carbonáceas é relatado por Sowers (1975) na construção de um prédio na Flórida (EUA), cuja transferência de carga ao substrato foi executada por meio de sapatas apoiadas diretamente sobre rocha calcária, na qual foram observados recalques da ordem de 100 mm. Na avaliação detalhada do substrato, subjacente a uma crosta calcária intacta (rompida por puncionamento), foi verificada a ocorrência de um material muito poroso com pouca cimentação.

O mecanismo de ruptura por puncionamento da camada rochosa superficial é descrito por Sowers (1975, 1976), Thomé et al. (2003) verificaram um mecanismo semelhante no carregamento de uma fundação superficial assente em camada de solo artificialmente cimentado sobre camada de solo residual compressível, conforme ilustração na Fig. 2.14.

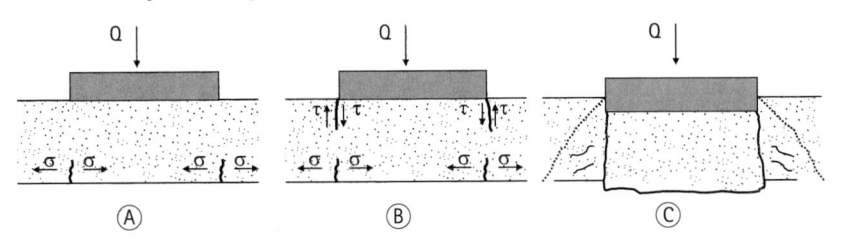

Fig. 2.14 *Mecanismo de ruptura de fundação superficial assente em camada de solo cimentado sobre camada de solo residual compressível (Thomé et al., 2003)*

Em locais onde reconhecidamente existe a possibilidade de ocorrência de rochas calcárias é necessário um detalhado programa de investigação de campo para um projeto de fundações seguro, incluindo fotografias aéreas para o reconhecimento da região, seguidas de ensaios geofísicos (georadar), medidas de condutividade eletromagnéticas e, finalmente, sondagens rotativas (mistas no caso de ocorrência simultânea de camadas de solo) para o detalhamento do projeto (Wyllie, 2002).

O calcário não é um material inerte mas dinâmico, mudando com o ambiente, como consequência de sua alta solubilidade e atividades químicas dos carbonatos. As mudanças nestes materiais ocorrem muito mais rapidamente que a maior parte das mudanças geológicas – ocorrendo durante o período de vida de um ser humano, durante a vida útil de uma estrutura ou mesmo durante o período de construção de uma obra. Esta característica conduz, via de regra, a problemas de engenharia. Comumente é impossível prever quando ou onde o problema de subsidência pode ocorrer em tais materiais, sendo necessária a previsão do preenchimento das cavidades existentes com *soil grouting* para conter a atividade de solubilização, o controle dos movimentos de água subterrânea e superficial, incluindo a verificação de infiltrações causadas pela disposição direta no solo (Fig. 2.15), ou, finalmente, mudança da construção para outro local. Pesquisas recentes sobre problemas envolvendo rochas cársticas são apresentadas por Beck (2003).

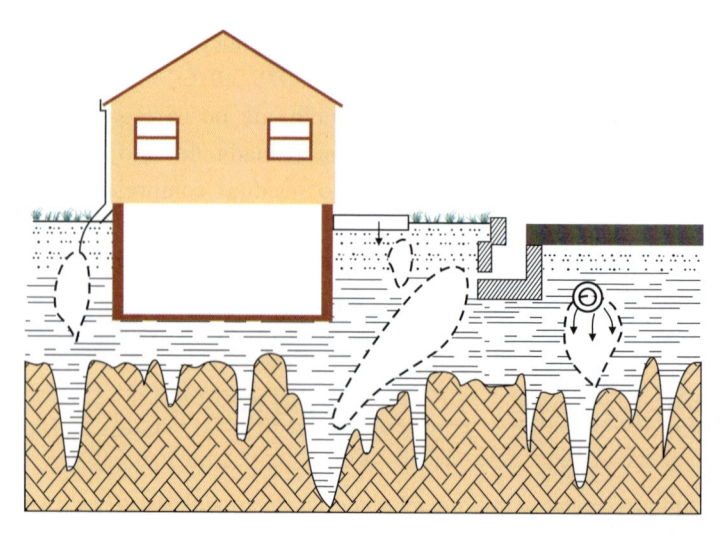

Fig. 2.15 *Formação de cavidades subterrâneas pela infiltração de água no solo causada pela água de chuva coletada no telhado, água coletada por drenos e vazamentos de canalizações de água e esgoto*

O caso ocorrido no Paraná, em local caracterizado pelo perfil de sondagem apresentado na Fig. 2.16, uma fábrica de fertilizantes com fundações projetadas e executadas parcialmente em estacas metálicas apresentou os seguintes problemas: (a) alta variabilidade de comprimentos dos trilhos situados numa mesma região; (b) durante a cravação de um elemento metálico ocorreu seu deslocamento súbito e 24 horas após o aparecimento de subsidência, em área de cerca de 15 m de diâmetro, com aproximadamente um metro de profundidade, como indicado na Fig. 2.17. Um programa complementar de investigação foi realizado, incluindo sondagens sísmicas ilustradas na Fig. 2.18, identificando a localização do topo da camada competente e a condição de ocorrência dos vazios, com os perfis de cravação das estacas executadas. Pode-se observar que a identificação dos vazios na sondagem mista em solo e rocha, realizada antes da execução das fundações, não foi suficiente para alertar, ao executante da solução inicialmente projetada, das reais condições do subsolo e dos cuidados necessários à implantação da obra. Como, além dos problemas das fundações das estruturas, o projeto envolvia a construção de depósitos de granéis em grandes áreas externas à fábrica, a solução adotada para o problema foi a de mudança de local de implantação da obra, pelos elevados custos envolvidos na solução segura do projeto. Exemplos de regiões cársticas podem ser vistos na Fig. 2.19.

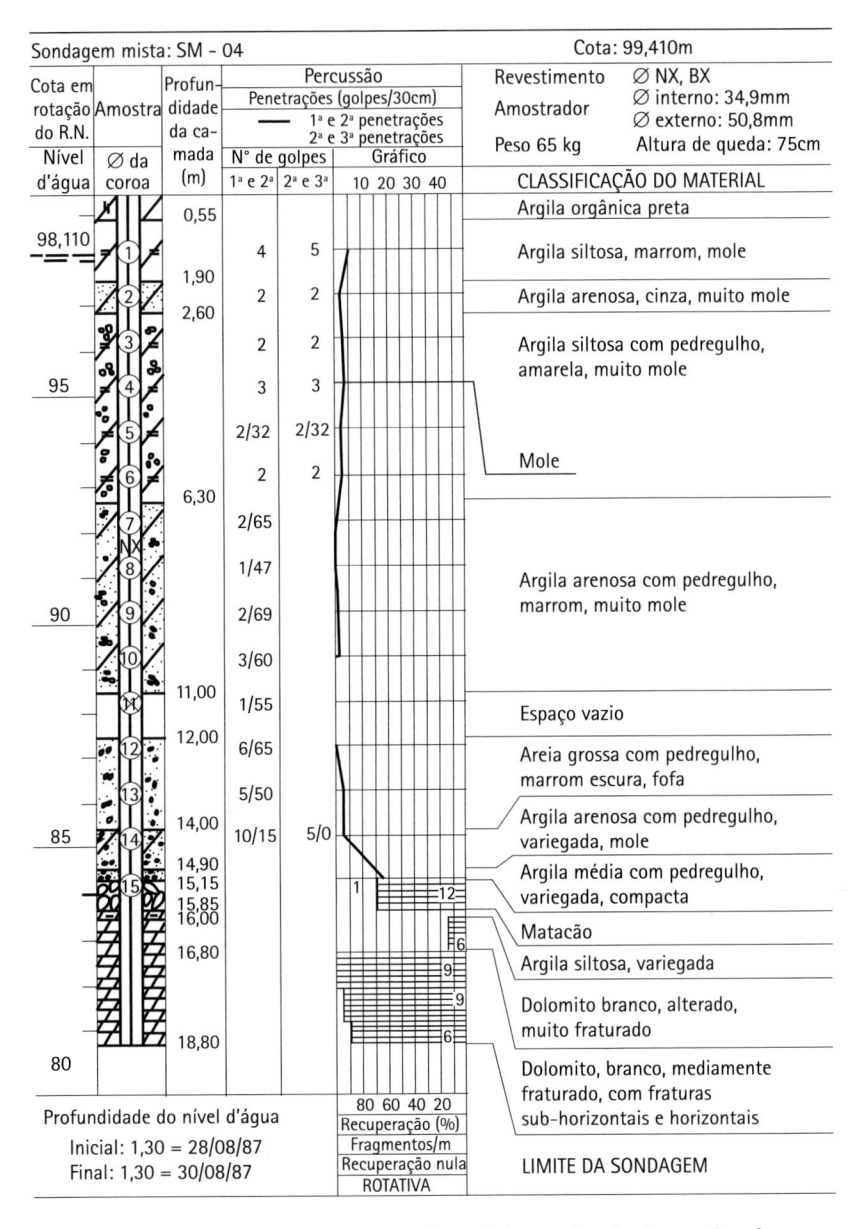

Sondagem mista: SM - 04						Cota: 99,410m	
Cota em rotação do R.N.	Amostra	Profundidade da camada (m)	Percussão Penetrações (golpes/30cm) — 1ª e 2ª penetrações --- 2ª e 3ª penetrações			Revestimento	∅ NX, BX
						Amostrador	∅ interno: 34,9mm ∅ externo: 50,8mm
						Peso 65 kg	Altura de queda: 75cm
Nível d'água	∅ da coroa		Nº de golpes		Gráfico	CLASSIFICAÇÃO DO MATERIAL	
			1ª e 2ª	2ª e 3ª	10 20 30 40		
		0,55				Argila orgânica preta	
98,110	①		4	5		Argila siltosa, marrom, mole	
	②	1,90 2,60	2	2		Argila arenosa, cinza, muito mole	
	③		2	2		Argila siltosa com pedregulho, amarela, muito mole	
95	④		3	3			
	⑤		2/32	2/32		Mole	
	⑥	6,30	2	2			
	⑦ NX		2/65				
	⑧		1/47			Argila arenosa com pedregulho, marrom, muito mole	
90	⑨		2/69				
	⑩		3/60				
	⑪	11,00	1/55			Espaço vazio	
	⑫	12,00	6/65			Areia grossa com pedregulho, marrom escura, fofa	
	⑬		5/50			Argila arenosa com pedregulho, variegada, mole	
85	⑭	14,00	10/15	5/0			
	⑮	14,90 15,15 15,85 16,00			1 / 12	Argila média com pedregulho, variegada, compacta	
		16,80			6 9	Matacão	
					9	Argila siltosa, variegada	
		18,80			6	Dolomito branco, alterado, muito fraturado	
80						Dolomito, branco, medianamente fraturado, com fraturas sub-horizontais e horizontais	
Profundidade do nível d'água Inicial: 1,30 = 28/08/87 Final: 1,30 = 30/08/87					80 60 40 20 Recuperação (%) Fragmentos/m Recuperação nula ROTATIVA	LIMITE DA SONDAGEM	

Fig. 2.16 *Perfil de sondagem apresentado onde houve fundações projetadas e executadas parcialmente em estacas metálicas, no Paraná*

2.5.6 Ocorrência de Matacões

Matacões são blocos de rocha ainda não decompostos alojados no solo residual, originados do intemperismo diferencial da rocha (Fig. 2.20), ou mesmo em solos transportados, no caso de blocos de rochas que deslizam de encostas e se alojam no solo.

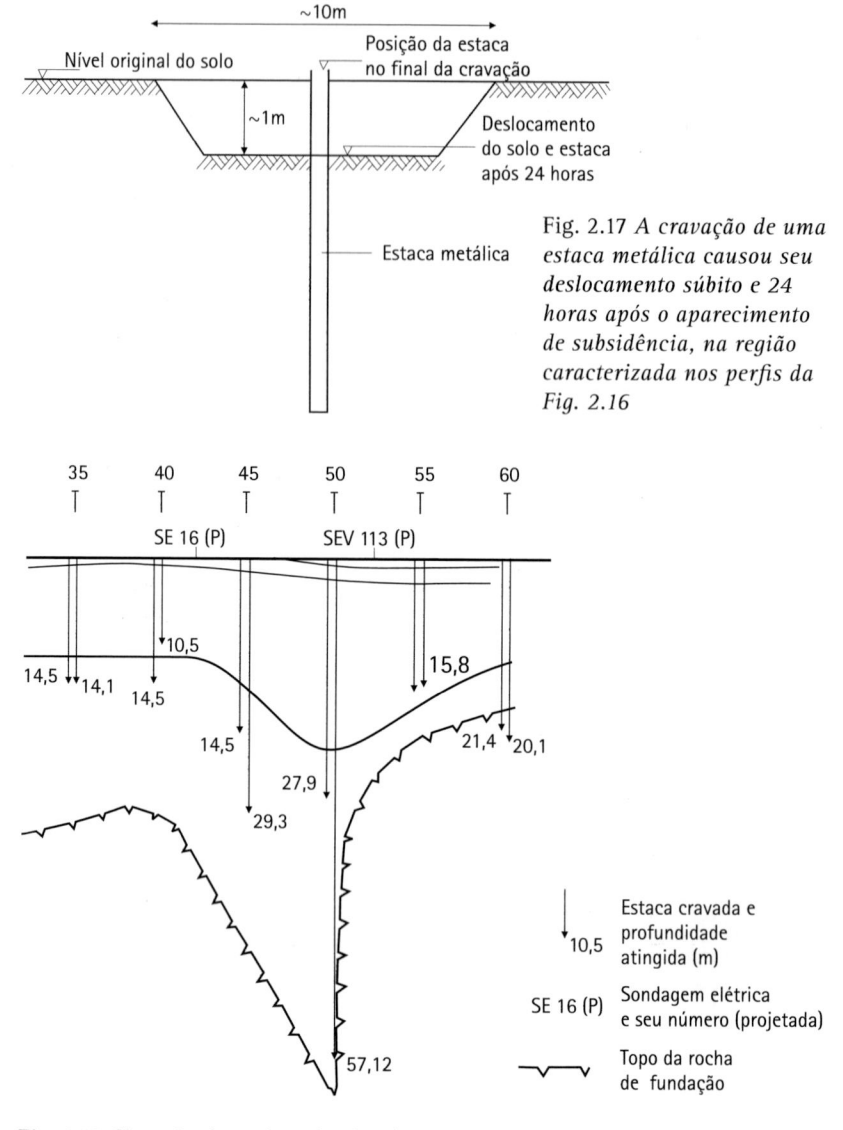

Fig. 2.17 *A cravação de uma estaca metálica causou seu deslocamento súbito e 24 horas após o aparecimento de subsidência, na região caracterizada nos perfis da Fig. 2.16*

Fig. 2.18 *Situação de região cárstica do Paraná mostrando programa complementar de investigações, incluindo sondagens, prospecção sísmica e as estacas metálicas executadas*

A presença de matacões no subsolo tanto gera problemas de interpretação dos resultados de sondagens como interfere nos processos construtivos de fundações superficiais e profundas, dificultando a solução de fundações em obras de qualquer porte.

Quando o número de sondagens executadas na fase de investigação é insuficiente, os matacões podem ser confundidos com a ocorrên-

Fig. 2.19 *(A) Zona cárstica - efeitos nas construções existentes; (B) grande cratera originada em região cárstica na Guatemala*

Horizonte "A"

Horizonte "B"

Horizonte "C"

Fig. 2.20 *Fotografia com os horizontes de solo intemperizado e a presença de matacões, em Porto Alegre*

Matacão

cia de perfil de rocha contínua, induzindo soluções não compatíveis com o comportamento da massa de solo (Fig. 2.21).

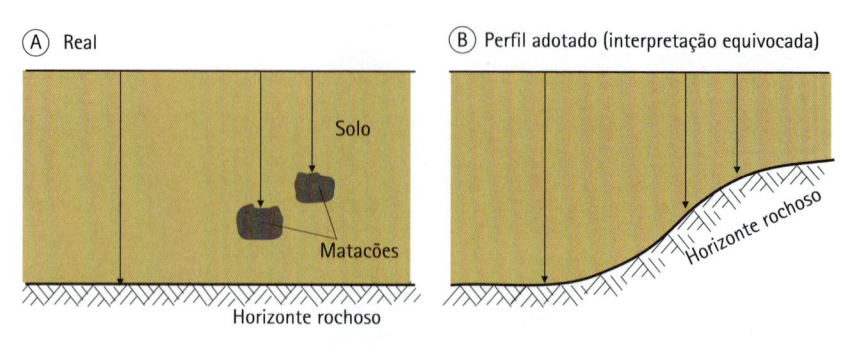

Fig. 2.21 *Número insuficiente de investigações: os matacões podem ser confundidos com a ocorrência de perfil de rocha contínua, (A) perfil real; (B) perfil adotado (interpretação equivocada)*

Durante a execução de fundações diretas (sapatas ou tubulões), a ocorrência dos matacões dificulta a implantação destes elementos, ora impedindo que o horizonte resistente previsto em projeto seja atingido, ora oferecendo indevida base em fundações previstas para apoiar na rocha (Fig. 2.22). Matacões sempre têm que ser ultrapassados para que as premissas de projeto sejam atingidas (Fig. 2.23).

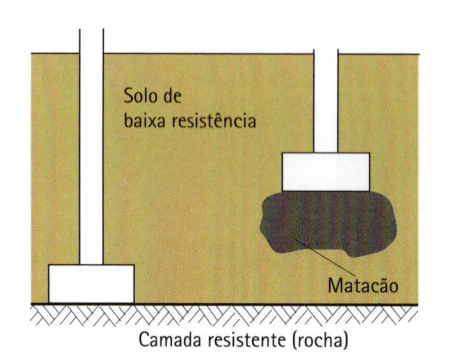

Fig. 2.22 *Ocorrência dos matacões impedindo que o horizonte resistente previsto em projeto para o apoio das fundações seja atingido*

Durante a execução de fundações profundas, a presença de matacões pode tanto resultar em elementos apoiados de forma não segura, como mostra a Fig. 2.24, como pode dificultar ou mesmo impedir a execução de estacas, como ilustrado na Fig. 2.25.

2.6 Desafios para Melhoria da Investigação

↘ Criar a cultura de que a *investigação de subsolo não é custo, mas investimento* e de que ela resulta em menores custos globais das obras, com maior segurança nas soluções (escolha do tipo e projetos), minimizando incertezas e patologias decorrentes de problemas construtivos.

Fig. 2.23 *Na execução de fundações diretas (sapatas ou tubulões), a ocorrência dos matacões exige que os mesmos sejam ultrapassados para que as premissas de projeto sejam atingidas, quando projetadas para apoio na rocha*

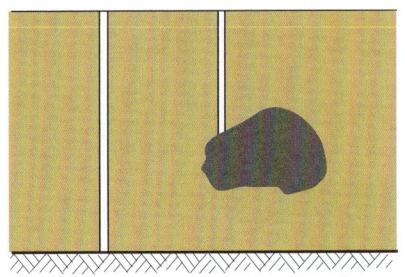

Fig. 2.24 *A execução de fundações profundas na presença de matacões pode resultar em elementos apoiados de forma não segura*

Camada resistente

- O planejamento de um programa de investigação deve ser concebido por um engenheiro/profissional geotécnico experiente que possa conjugar a metodologia (procedimentos e quantidades) e os custos à natureza (complexidade ou dificuldade) do projeto.
- A conjugação de diferentes técnicas de ensaios de campo e laboratório, interpretados de forma racional e agregados à experiência prévia com materiais e condições locais (*desk studies* são altamente desejáveis sempre) constituem prática adequada e segura.
- Ensaios de SPT devem ser realizados por técnicos (pessoal treinado), usando equipamentos calibrados e procedimentos normalizados, e supervisionados pelo Contratante (mandatório). É importante a certificação de empresas e profissionais (projeto ABMS em andamento) para qualificar o setor. A maior incidên-

cia de patologias em obras geotécnicas decorre de erros (e fraudes) nos procedimentos de ensaio.

↘ Sondagens de simples reconhecimento devem ser locadas e niveladas por topografia, com execução e apresentação dos resultados de acordo com a normalização, os serviços devem ser acompanhados/fiscalizados e as amostras guardadas para eventual identificação.

↘ A utilização de resultados de sondagens de simples reconhecimento para o projeto de grandes escavações, quando executadas na cota superior à implantação da obra, exige atenção a procedimentos, avaliação adequada dos efeitos da composição (peso das hastes) e considerações quanto a variações no estado de tensões na interpretação de resultados (pré e pós-escavações) (Fig. 2.26).

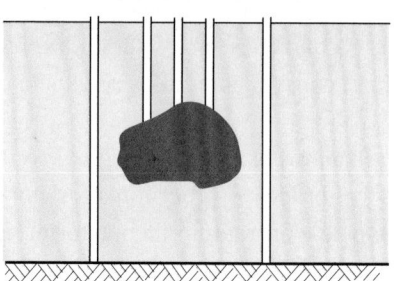

Fig. 2.25 *Dificuldades de implantação de estacas metálicas*

Camada resistente

↳ Para a solução de problemas envolvendo resistência de argilas moles, parâmetros de compressibilidade e propriedades relacionadas com o estado de tensões (por exemplo: K_0, pré-adensamento), correlações entre propriedades e resultados de ensaios SPT não devem nem podem ser utilizadas. Na elaboração de projetos executivos, é necessário caracterizar as propriedades e condições pelo uso de ensaios apropriados específicos.

↳ Para evitar esse grupo de problemas, é essencial a contratação de serviços de empresas comprovadamente idôneas e supervisão nos trabalhos de campo por parte do Contratante (não se contrata investigação de subsolo, incluindo sondagens de simples reconhecimento, por custo mínimo, mas por qualidade dos executantes, mesmo para obras correntes).

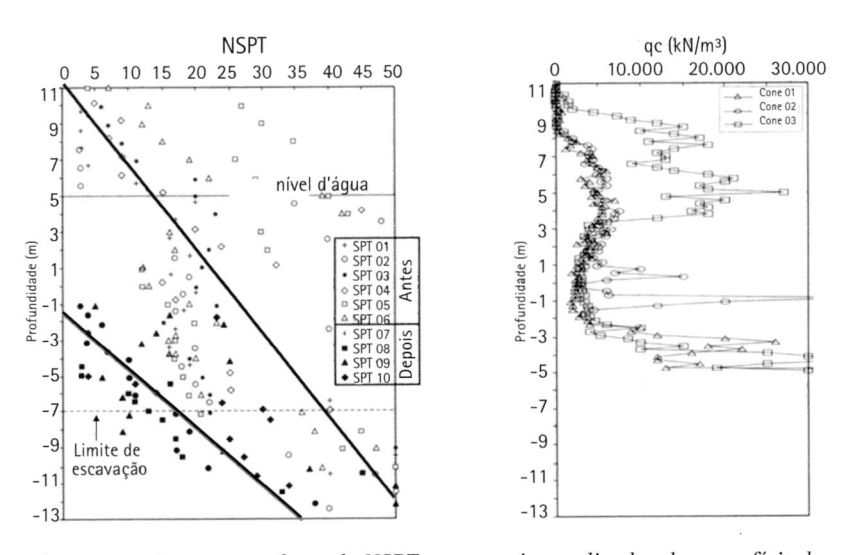

Fig. 2.26 *Variação nos valores de NSPT com ensaios realizados da superfície do terreno a meio caminho da escavação final, com significativa redução de valores medidos*

ANÁLISE E PROJETO

A análise de um problema de fundações ocorre a partir da determinação das solicitações ou cargas de projeto e da adoção de um modelo de subsolo, obtido após a investigação geotécnica (ensaios de campo e de laboratório, no caso mais amplo). Essas informações são interpretadas à luz do conhecimento estabelecido sobre o comportamento do solo sob carga, ou da transmissão de esforços à massa de solo. A Fig. 3.1 ilustra a estrutura de um prédio rompida pela atuação dos empuxos em etapa construtiva

Os solos, sendo produto da natureza, apresentam geralmente grande variabilidade tanto de ocorrência como de propriedades. Obras atuais têm sua solução calculada a partir da adoção de valores de propriedades representativas dos materiais envolvidos no problema. Um tratamento probabilístico, em muitos casos, traz vantagens significativas quanto à avaliação de segurança, porém é necessariamente acompanhado de análise mais complexa. Assim, as solicitações em obras correntes podem ter tratamento simplificado (prédios residenciais e comerciais), com abordagem determinística das cargas permanentes e acidentais. Em obras especiais (torres de linhas de transmissão de energia elétrica, prédios industriais

Fig. 3.1 Estrutura de prédio projetado sem a consideração de atuação dos *empuxos*

complexos etc.), que seriam descritas mais adequadamente em tratamento probabilístico, acaba-se adotando valores de solicitações de projeto da mesma forma determinística. Erros na determinação das cargas (como a desconsideração de momentos fletores e/ou cargas horizontais) podem acarretar a ruptura de fundações.

Como exemplo, pode-se citar o pórtico monumental com cobertura em casca, projetado em Brasília, com pilar intermediário excêntrico de apoio para a cobertura. Com a retirada do cimbramento de suporte da casca de cobertura, a estrutura deslocou, então, o escoramento foi recolocado. Na avaliação do problema, verificou-se que as solicitações para as quais as fundações em tubulão do pilar foram projetadas eram não representativas, em virtude do uso de modelo simplificado. Ao serem revistas com modelo estrutural mais adequado, as solicitações resultaram, de forma significativa, valores e natureza diferentes dos que causaram mau desempenho anteriormente (ver Velloso et al., 1998).

A definição das solicitações deve incluir considerações referentes ao próprio comportamento do solo (empuxos, atrito negativo e outros), e não somente às cargas permanentes e acidentais provenientes da superestrutura, as quais existirão ao longo da construção, do uso e da vida útil da estrutura.

Após definição das solicitações, o projetista escolhe as possíveis formas de transmissão de carga, e calcula os elementos de transferência do carregamento, processo que tem início com a verificação da segurança quanto à ruptura e deformação do solo. Essa etapa, se resolvida com a ajuda de cálculo analítico, inclui a identificação de mecanismos de ruptura ou deformação da massa de solo afetado ou envolvido no comportamento das fundações projetadas, podendo incluir o uso de métodos numéricos. Na definição da solução do problema de fundações, consideram-se vários fatores, como a adoção de valores típicos para os parâmetros de projeto, normas ou códigos, uso de experiência, uso de mesma solução que em situações consideradas idênticas e uso de correlações empíricas. Ultrapassada essa etapa, o elemento de fundação é dimensionado estruturalmente, sendo então elaborada a planta executiva (contendo todas as características da solução adotada e os detalhes executivos), que efetivamente é o que vai para o canteiro, para construção. Um projeto de fundações inclui especificações construtivas, detalhando as indicações do projetista para a construção, bem como considerações e indicações de norma específica.

Os problemas que ocorrem nessa etapa da vida de uma fundação serão apresentados de acordo com a seguinte classificação:

- Relativos ao solo – descrição das patologias envolvendo o solo como causador do problema;
- Relativos a mecanismos – problemas causados pela ausência de identificação de mecanismo causador de mau comportamento ou colapso;
- Relacionados ao desconhecimento do comportamento real das fundações – cada tipo de fundação mobiliza cargas e deforma de maneira específica, o que afeta o desempenho da estrutura apoiada sobre as mesmas;
- Relativos à estrutura de fundação – problemas causados pelo projeto ou detalhamento estrutural do elemento de fundação;
- Relacionados às especificações construtivas, ou sua ausência.

Também, serão avaliados os possíveis problemas intrínsecos ao projeto de fundações em aterros.

3.1 Problemas Envolvendo o Comportamento do Solo

São inúmeros os problemas originados na etapa de análise e projeto envolvendo o comportamento do solo. A avaliação de desempenho e a estimativa de parâmetros de projeto deve ser feita por profissional especializado e experiente. Exemplos típicos desse tipo de problemas:

1 Adoção de perfil de projeto otimista (superestimativa do comportamento), sem a caracterização adequada de todas as situações representativas do subsolo, como a a localização de camadas menos resistentes ou compressíveis (Fig. 3.2A e B) e a presença de lençol de água. Em alguns casos característicos de obras correntes, nos quais o subsolo é caracterizado por três perfis de sondagem, pode-se ter a especificação de profundidade projetada de estacas que satisfaça apenas dois perfis, não atendendo à condição observada no terceiro deles. Essa situação ser-

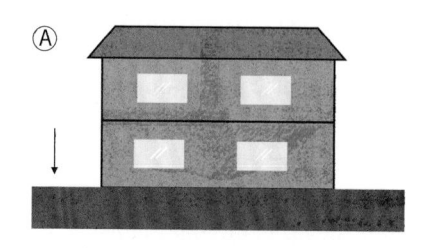

Fig. 3.2 *Perfis (A) otimista; (B) real do solo*

ve de exemplo de perfil otimista, que resulta em problema no desempenho das fundações construídas.

2 Representação inadequada do comportamento do solo pelo uso de correlações empíricas ou semi-empíricas não aplicáveis à situação em questão. Isso pode ocorrer pela escala do problema (estimativa de tensões admissíveis com base em resultados de ensaios NSPT para grandes áreas carregadas) ou pela extrapolação da correlação para material de comportamento distinto. Adote-se como referência a experiência adquirida com determinado tipo de solo com valores de NSPT na faixa de cinco golpes, característico de solos de baixa resistência. Nessas condições, o comportamento satisfatório em projeto de silos com fundações diretas não pode ser extrapolado para solos de outra região, onde o mesmo valor de NSPT implica em comportamento distinto, para o qual a mesma solução revela-se desastrosa. Também típicas desse grupo são correlações utilizadas entre NSPT e o módulo de deformabilidade do solo, obtidas a partir de ensaios de placa, extrapolados para outros terrenos em que o mesmo valor de NSPT não corresponde ao mesmo módulo, em razão de fatores tais como história de tensões.

3 Erros na estimativa das propriedades de comportamento do solo pela extrapolação indevida da faixa de ocorrência da correlação, resultando valores excessivamente altos ou baixos, mas não adequados à situação considerada. Dois exemplos característicos dessa prática são:

a) estimativa da resistência ao cisalhamento não drenada de depósitos de argila mole através de medidas de NSPT, cujos valores de penetração podem ser iguais ou próximos a zero. A resistência medida através do ensaio que apresenta valores da ordem de 1 ou 2 ou mesmo 1/60 não tem significância; ou seja, os valores medidos de penetração não podem e não devem ser diretamente utilizados na previsão da magnitude da resistência ao cisalhamento não drenada;

b) extrapolação da penetração dos ensaios SPT em rochas alteradas (NSPT > 100) para posterior estimativa da tensão admissível ou de resistência de ponta no caso de fundações profundas.

4 Uso indevido de resultados de ensaios para estimativa de propriedades do solo não correlacionáveis com o tipo de solicitação, como a correlação entre ensaios de penetração (SPT ou CPT),

cujos resultados são representativos da resistência do solo, com propriedades de compressibilidade desses materiais. Essa prática acaba resultando na adoção de valores de propriedades não representativas e em projetos inadequados ou problemáticos.

5   Adoção de fundações inadequadas face ao comportamento específico do solo: estacas escavadas sem qualquer tipo de cuidado especial em solos instáveis ou em presença de água, resultando elementos com defeito; fundações profundas ou diretas em solos colapsíveis ou expansivos sem cuidados especiais referentes à integridade e presença de ambientes agressivos.

6   Remoção da crosta pré-adensada existente no topo de depósitos de argilas moles, para implantação de fundações superficiais, com a consequente perda do suporte já limitado da crosta, e o aparecimento de grandes recalques pela compressibilidade da camada mole.

3.2 Confiabilidade da Previsão da Capacidade de Carga de Estacas

Aspecto importante a ser enfatizado é aquele que caracteriza os chamados "Métodos de determinação ou cálculo de capacidade de carga de estacas".

Ao contrário de métodos teóricos bem estabelecidos (mecânica dos meios contínuos), *todos* os métodos utilizados na previsão de capacidade de carga de estacas são resultados de correlações empíricas entre valores medidos de características ou propriedades (ou contagem de valores de NSPT) por meio de ensaios de campo ou de laboratório e resultados de ensaios de carregamento (em geral, provas de carga estática).

Os métodos são resultado de experiências e práticas regionais, relacionados com as seguintes variáveis ou aspectos, entre outros:

- propriedades características dos materiais locais;
- métodos de investigação do subsolo;
- métodos e detalhes executivos dos diferentes tipos de estacas;
- efeitos desses métodos executivos nas propriedades e condições dos solos anteriores à execução das estacas;
- tipo de ensaio de carregamento e definição de "carga de ruptura" adotada (diferente nas diversas normas e práticas).

Todos os métodos, inclusive aqueles desenvolvidos em regiões cuja prática é a de utilização de propriedades de comportamento obtidas em laboratório com ensaios em amostras coletadas no local, até aquelas correlacionando ensaios de campo (Cone, SPT, pressiômetro) incluem fatores de "ajustamento" empíricos.

Para que não haja dúvidas quanto à variabilidade dos efeitos da execução de fundações nas propriedades dos solos e variabilidade das relações entre essas propriedades e as parcelas de resistência das estacas, apresenta-se como exemplo o caso de estacas hélice contínua executadas em solos argilosos saturados (FHWA, 2007). Em muitos países, a prática é relacionar a resistência lateral das estacas Fs ao valor da resistência não drenada S_u por meio da expressão

$$Fs = \alpha \, Su$$

em que:
Fs = resistência lateral unitária;
α = fator de correlação;
S_u = resistência não drenada da argila (coesão).

Na Fig. 3.3 são apresentados valores de (alfa) α resultantes de ensaios em estacas hélice contínua (CFA) que deveriam ser utilizados na equação para que fossem obtidos os valores adequados aos resultados das provas de carga. Nos métodos de cálculo, estão presentes valores de α constantes, o que não corresponde aos resultados experimentais.

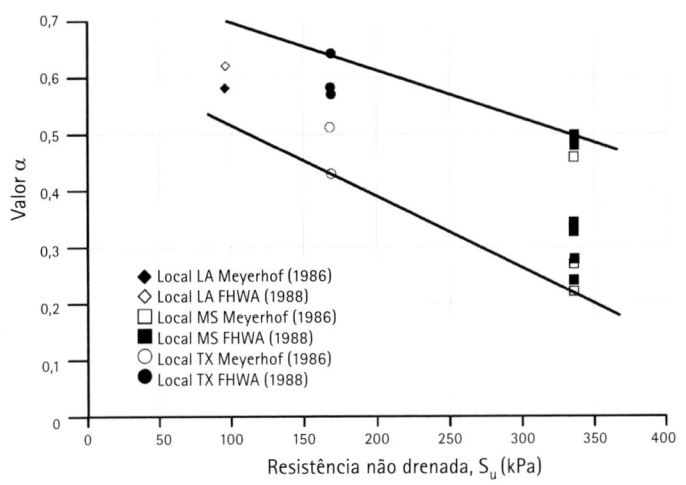

Fig. 3.3 *Valores de $\alpha \times S_u$ resultantes de ensaios em estacas hélice contínua (CFA) 0,5 (Clemente et al., 2000)*

Na Fig. 3.4 é exibida a variação obtida por Coleman and Arcement (2002) da relação entre α e S_u para resultados de ensaios em estacas hélice contínua, com a gama de valores de resistência não drenada, usada para o estabelecimento de um método de cálculo dessas estacas em solos argilosos saturados.

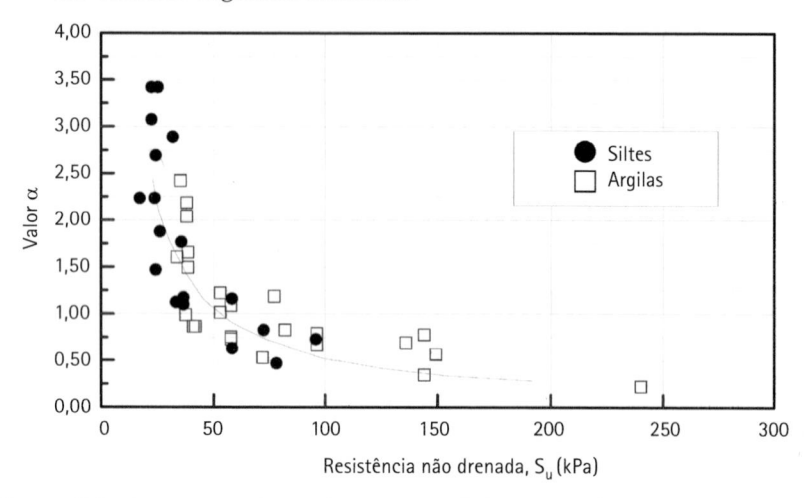

Fig. 3.4 *Relação entre α e S_u usada para o estabelecimento de um método de cálculo das estacas hélice contínua em solos argilosos saturados (Coleman; Arcement, 2002*

A dispersão obtida em ensaios em estacas quando comparados os valores de NSPT para South California Limestone, de acordo com Frizzi e Meyer (2000), é apresentada na Fig. 3.5. Fica clara a variabilidade das relações entre resistências e NSPT.

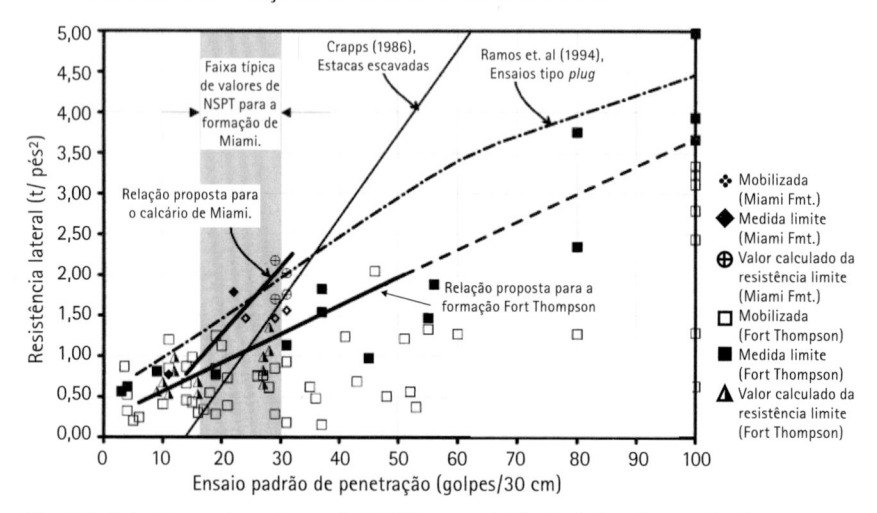

Fig. 3.5 *Relações entre valores de NSPT vs. resistência lateral para South California Limestone (Frizzi; Meyer, 2000)*

Existem inúmeras propostas de métodos na prática profissional, com fatores de ajuste e coeficientes de segurança indicados por seus autores. Quando os métodos são utilizados em projeto, as previsões obtidas para um mesmo perfil de sondagem são diversas. Dependendo do tipo de solo e de estaca, alguns mostram resultados mais "conservadores" e outros mais "otimistas". Não existem métodos melhores ou piores, eles são resultantes da experiência de seus autores em determinado universo e devem ser avaliados por provas de carga para o ajuste de representatividade.

Quando os métodos são utilizados em universo de resultados de provas de carga que não foram usadas em sua determinação, a variabilidade entre valores medidos e previstos é significativa. Nas Figs. 3.6 a 3.10 apresentam-se resultados de publicações nacionais e internacionais mostrando esses efeitos ou condição.

Na Fig. 3.6 são apresentados resultados de previsão *vs.* desempenho obtido em provas de carga estática usando o método preconizado pelo FHWA (1999).

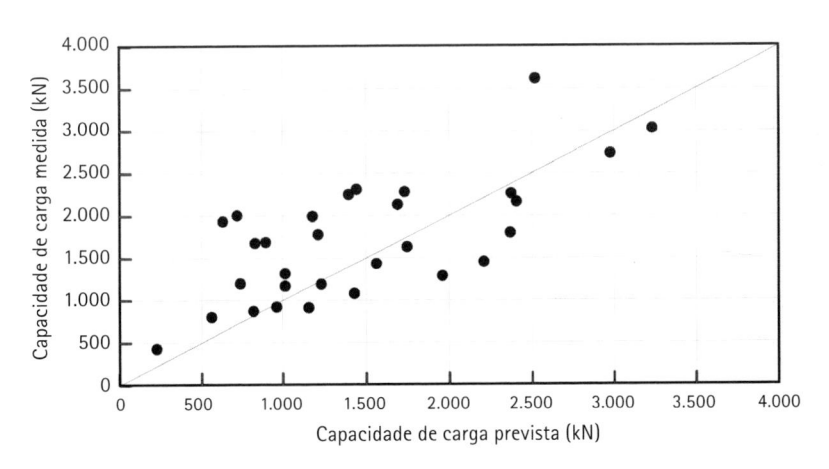

Fig. 3.6 *Resultados de previsão* vs. *desempenho obtido em provas de carga estática usando o método preconizado pelo FHWA (1999) para estacas hélice contínua (Colement; Arcement, 2000)*

Na prática brasileira são utilizados métodos de correlação entre NSPT e resistência lateral e de ponta para vários tipos de estacas. Nas Figs. 3.7 e 3.8, Lobo (2005) apresenta comparações para diferentes tipos de estacas e a variabilidade dos métodos de previsão.

É também relevante observar que quando são ensaiadas estacas idênticas, ou seja, que são executadas pelo mesmo processo, equipamento e local e que possuem a mesma geometria, dependendo do tipo de estaca, os resultados também apresentam variabilidade.

Diferenças de comportamento resultam não somente da variabilidade natural do solo, mas dos efeitos de detalhes construtivos não controláveis no desempenho das estacas sob carga. A Fig. 3.9 mostra a variabilidade entre estacas supostamente idênticas quando ensaiadas em provas de carga estática.

Com um universo de dados referentes aos solos a serem utilizados nos cálculos do projeto de grandes obras, é usual a adoção de perfil característico de projeto, com valores mínimos ou médios de ocorrência. O desempenho das fundações executadas terá uma

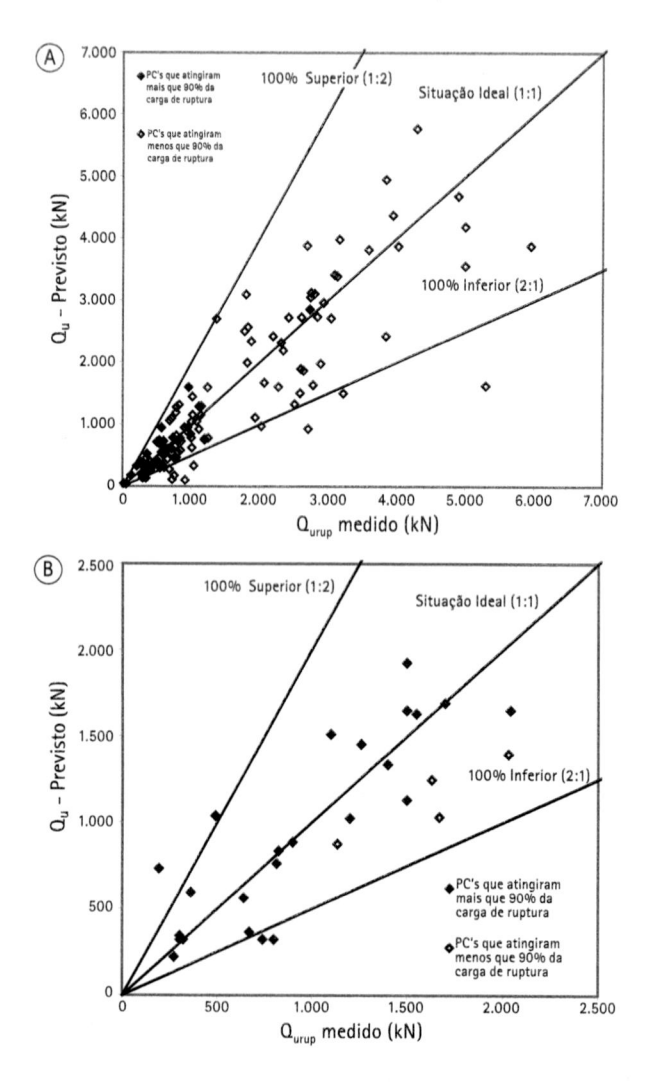

Fig. 3.7 *Diagramas de dispersão: carga total medida vs. carga total prevista. (A) Estacas cravadas pré-moldadas; (B) estacas cravadas metálicas (Lobo, 2005)*

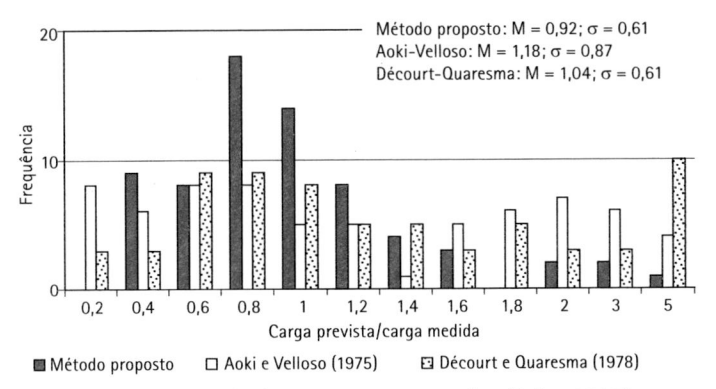

Fig. 3.8 *Comparação entre métodos – estacas escavadas (Lobo, 2005)*

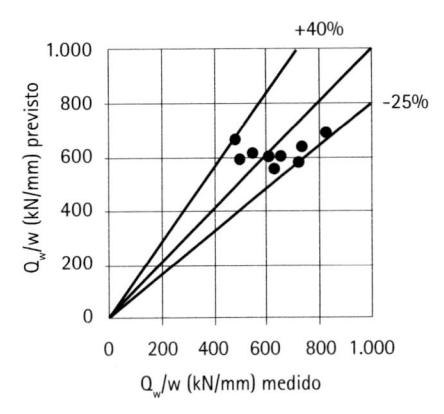

Fig. 3.9 *Resultados de nove provas de carga estática mostrando a variabilidade de comportamento de estacas idênticas quando ensaiadas (Mandolini, 2005)*

variabilidade decorrente dessas condições de propriedades de comportamento original dos materiais nos quais as estacas foram executadas, adicionado à variabilidade anteriormente referida. Alguns projetistas acreditam (confiam) que os perfis de sondagem representam adequadamente as características do subsolo em sua área de influência, além de aceitarem os cálculos como "determinações rigorosas" da capacidade de carga das estacas. Com base nessa condição, acabam projetando as fundações com especificação de comprimentos fixos de projeto com base nos resultados do cálculo nas áreas de influência restrita das sondagens (estacas com mesmo diâmetro, para mesma carga, com comprimentos definidos para diferentes pontos da obra, sem exigência de atingir determinado nível de resistência ou outro indicador mensurável de adequação da profundidade de execução naquele ponto).

As Tabs. 3.1 e 3.2 apresentam resultados de ensaios em estacas do mesmo bloco.

Como resultado das considerações anteriormente descritas, é necessária a escolha e utilização de fatores de segurança representativos do nível de incerteza e variabilidade inerente das "previsões", além

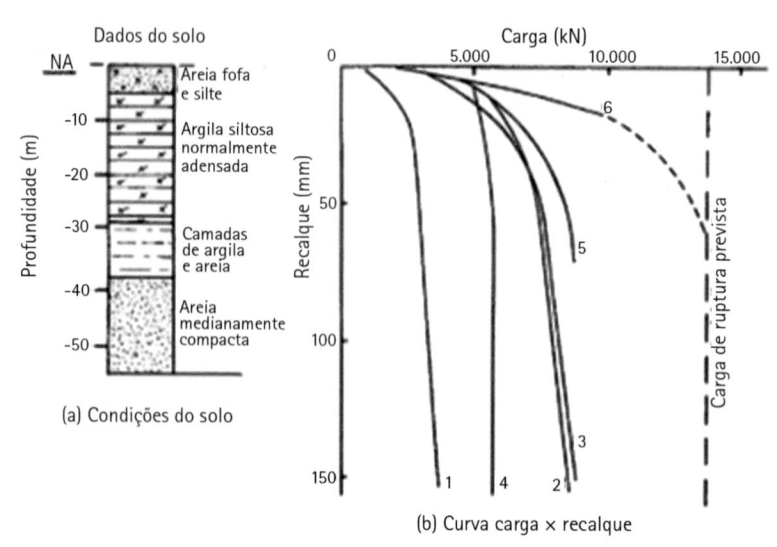

Resultados dos ensaios realizados em estacas escavadas com uso de lama em Porto Toelle, Itália. Prova de carga constante:
(1) Estaca de 800 mm de diâmetro, 42 m de profundidade, escavação com bucket
(2) Estaca de 1.000 mm de diâmetro, 42 m de profundidade, escavação com bucket
(3) Estaca de 1.000 mm de diâmetro, 42 m de profundidade, escavação com bucket
(4) Estaca de 1.000 mm de diâmetro, 43,5 m de profundidade, circulação de lama bentonítica
(5) Estaca de 1.000 mm de diâmetro, 43 m de profundidade, circulação de lama bentonítica
(6) Estaca de 1.000 mm de diâmetro, 46 m de profundidade, escavação com bucket com injeção na base

Fig. 3.10 *Ensaios em estacas escavadas de grande diâmetro de mesma geometria executadas com processos diferentes apresentando dispersão de resposta (Fleming; Sliwinski, 1977)*

Tab. 3.1 Provas de carga dinâmica (estacas de mesmo bloco com idade diversa)

Local	Data de ensaio	Estaca	Composição (m)	Comp. total (m)	Comp. cravado (m)	Resistência máxima mobilizada (kN)
SG3-11	14/12/2011	E-02A	11+11+11	33,00	28,50	2.516
SG3-11	8/12/2011	E-06	11+11+11	33,00	30,20	3.085
SG3-11	16/12/2011	E-06	11+11+11	33,00	30,20	3.544
SG3-11	8/12/2011	E-20	11+11+11	33,00	30,00	3.088
SG3-11	14/12/2011	E-20	11+11+11	33,00	30,00	3.542
SG3-11	8/12/2011	E-24	11+11+11	33,00	29,70	2.080
SG3-11	14/12/2011	E-24	11+11+11	33,00	29,70	2.212

da consideração do processo que resultou na adoção de determinada carga de trabalho de fundações profundas. Por exemplo, se a determinação dos valores de projeto foi resultante de provas de carga estática, realizadas anteriormente ao início do estaqueamento, em área bem caracterizada geotecnicamente, o fator de segurança certamente poderá ser reduzido em relação a projeto desenvolvido usando correlações empíricas baseadas em ensaios de campo (cone ou SPT). Outros aspectos que devem ser considerados na adoção de fatores de segurança são relacionados com os riscos dos efeitos de eventual colapso da fundação e as incertezas quanto aos carregamentos extremos efetivamente possíveis de ocorrer.

Tab. 3.2 Estacas hélice contínua ensaiadas e resultados mostrando ausência de resistência de ponta

Estaca	Área (cm²)	Perímetro (cm)	Comprimento (m)		Data		Carga de Trabalho (tf)	Eficiência do Sistema
			Executado	Abaixo dos sensores	Ensaio	Cravação		
S3-06 E19	2.827,4	188,5	19,0	18,4	19/9/2013	1/9/2013	190	33%
S2-03 E7	2.827,4	188,5	8,0	7,0	19/9/2013	12/9/2013	190	55%
S2-03 E12	2.827,4	188,5	8,0	7,0	19/9/2013	12/9/2013	190	49%

Estaca	Resistência (tf)			Resistência (%)		Nega (mm)	Golpe n°
	Total	Ponta	Lateral	Ponta	Lateral		
S3-06 E19	240,4	35,1	205,2	14,6%	85,4%	1,5	4
S2-03 E7	128,5	0,0	128,5	0,0%	100,0%	13,0	6
S2-03 E12	106,8	0,0	106,8	0,0%	100,0%	16,0	6

Pode-se citar um caso real em que estacas tipo hélice contínua foram projetadas com base em correlação com NSPT e foram adotados fatores de segurança 1,3, para resistência lateral, e 2, para ponta. Ao serem ensaiadas, as estacas mostraram desempenho insatisfatório pela variabilidade dos resultados obtidos (fator de segurança nos ensaios definida como >2 por contrato).

Vários foram os ensaios com resistência de ponta praticamente nula, decorrente de procedimentos construtivos adotados na execução das estacas, como mostrado na Tab. 3.2. O resultado prático foi desastroso pela repercussão dos efeitos dos resultados dos ensaios, com impactos econômicos e nos prazos de obra.

Para o projeto de estacas cravadas ainda existem situações em que os projetistas ou executantes preveem a capacidade de carga das estacas usando as chamadas "fórmulas dinâmicas" (dinamarqueses, holandeses, Janbu e Hiley, *Engineering News Record* etc.). Desde a década de 1950, existe consenso no meio técnico de que tais fórmulas não apresentam a confiabilidade necessária. Negas especificadas podem representar controle construtivo, mas não permitem a determinação da capacidade de carga de estacas. Equipamentos de cravação distintos apresentam eficiência variada (casos de obras com variação entre 25 e 65% de eficiência), resultando em diferentes comprimentos cravados com pilões de mesmo peso em equipamentos de queda livre, para mesma nega especificada, e consequentemente diferentes capacidades de carga (Fig. 3.11).

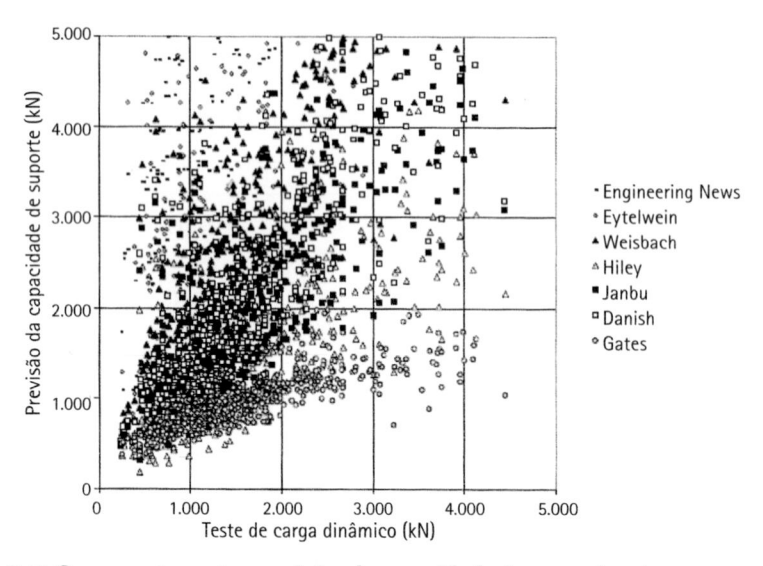

Fig. 3.11 *Comparações entre previsões de capacidade de carga de estacas cravadas com métodos baseados em nega (fórmulas dinâmicas) e valores medidos de desempenho sob carga (Bilfinger; Santos; Hachich, 2013)*

3.2.1 Variabilidade do Subsolo

Na Fig. 3.12 (p. 72) são apresentados perfis de sondagens SPT em local de projeto de parque de aerogeradores, onde torres com 120 m de altura devem ter suas fundações projetadas e executadas de forma segura.

Na Fig. 3.12A são apresentados os resultados dos perfis com grande variabilidade de valores de NSPT com quatro sondagens realizadas em círculo de 18 m de diâmetro. Os quatro perfis foram executados devido à variabilidade das condições construtivas encontradas nessa base. Na Fig. 3.12B são apresentados os valores de NSPT característicos de outra base no mesmo parque, com menor dispersão de valores, conforme expectativa em sondagens realizadas em círculo com 18 m de diâmetro.

Na Fig. 3.12C é feita a comparação entre dois perfis de resistência ainda no mesmo parque, mostrando a enorme diferença de ocorrência de horizontes resistentes em relação à profundidade.

Como usualmente as soluções de fundações de tais estruturas são preferencialmente de mesma natureza, a variabilidade de condições do subsolo tanto local (Fig. 3.12A) quanto geral (Fig. 3.12C) precisam ser definidas *a priori* e consideradas pelo projetista.

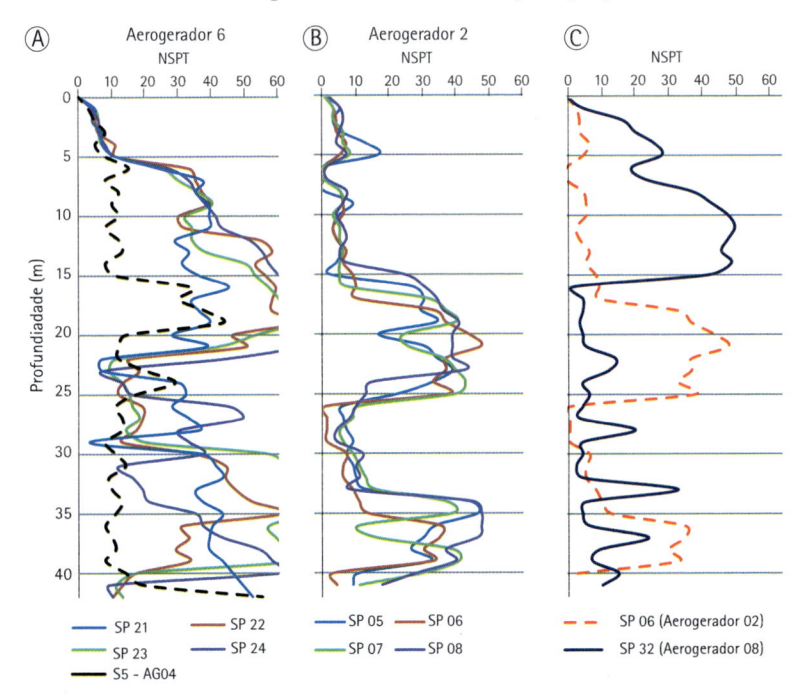

Fig. 3.12 *(A) Perfil com grande variabilidade de valores de NSPT com quatro sondagens realizadas em círculo de 18 m de diâmetro; (B) valores de NSPT característicos de outra base no mesmo parque, com menor dispersão de valores; (C) comparação entre dois perfis de resistência no mesmo parque, mostrando a enorme diferença de ocorrência de horizontes resistentes em relação à profundidade*

Uma ocorrência não rara em projetos de fundações profundas se refere a soluções definidas com a utilização de fórmulas de cálculo sem que a questão da exequibilidade executiva das estacas seja levada em consideração. Projetos elaborados com base em cálculo com estacas projetadas para horizontes de materiais que não podem ser atingidos, seja por insuficiência ou impossibilidade de uso de necessária energia e potência de equipamentos, seja por impossibilidade física do sistema, acabam resultando em condições inseguras de fundações (estacas projetadas com penetração em horizontes de resistência incompatível com o sistema construtivo escolhido).

Questões referentes aos efeitos de carregamentos cíclicos, resultando em fadiga, típicos de fundações de equipamentos industriais e bases de aerogeradores constituem fontes de patologias em longo prazo quando não considerados em projeto.

Finalmente, ressalte-se que o comportamento de fundações profundas, quando solicitadas com cargas com crescimento rápido e evolução lenta, ou com choques, tem respostas diversas, por isso cada caso deve ser estudado com a devida cautela por se tratar de uma área de *expertise* limitada nesse meio profissional.

3.3 Problemas Envolvendo os Mecanismos de Interação Solo-Estrutura

1. Quando uma fundação transfere carga ao solo e essa transferência é considerada de forma isolada, a existência de outra solicitação altera as tensões na massa de solo. Nas situações em que ocorre sobreposição de esforços de fundações superficiais no solo, sem avaliação adequada de seu efeito, os resultados obtidos na análise não são representativos. Os esforços sobrepostos podem ser originados na obra sendo projetada ou, eventualmente, produzidos pela implantação posterior de edificação junto à estrutura já existente (Fig. 3.13).

2. Grupos de estacas apoiadas sobre camadas pouco espessas, sobrepostas a camadas argilosas moles, podem romper nos casos em que a análise de capacidade de suporte desconsidera a camada de solo mole abaixo da ponta das estacas (Fig. 3.14A). Por outro lado, casos onde somente verifica-se a capacidade de carga, sem a análise de recalques da camada compressível inferior, podem con-

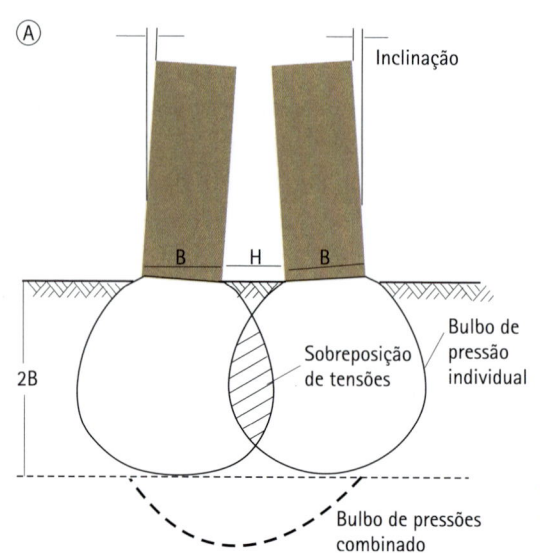

Fig. 3.13 *Superposição de tensões: (A) fundações superficiais*

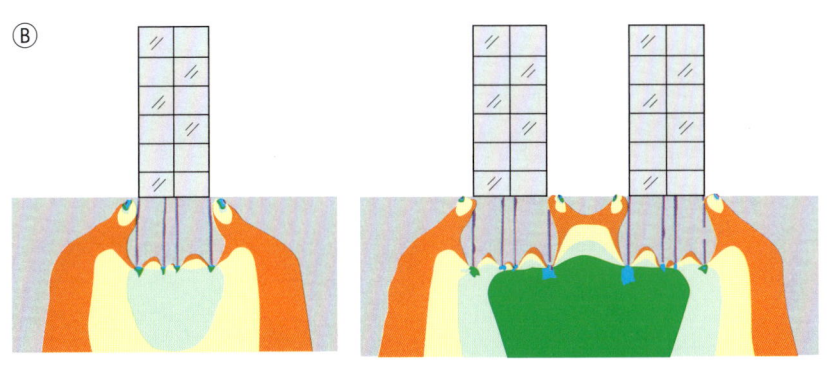

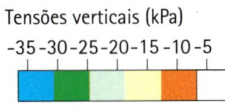

Fig. 3.13 *Superposição de tensões: (B) fundações profundas (simulação com o método dos elementos finitos)*

Tensões verticais (kPa)
-35 -30 -25 -20 -15 -10 -5

duzir a recalques incompatíveis com a estrutura, devido ao acréscimo de tensões provocado pelo conjunto de estacas (Fig. 3.14B).

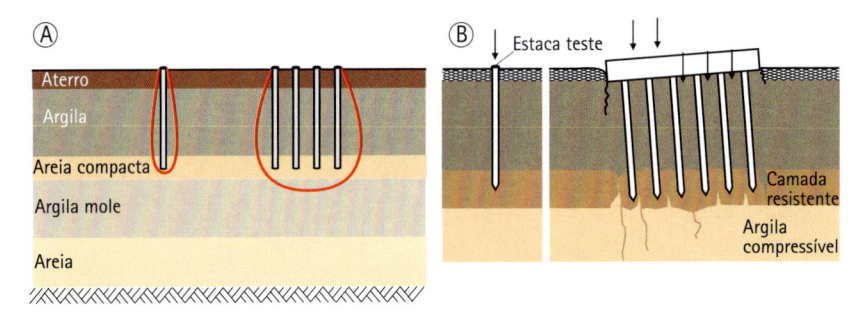

Fig. 3.14 *Grupo de estacas apoiado em camada competente sobre solo mole: (A) ruptura; (B) problemas de recalque*

3. Estimativa de tensões admissíveis com base em resultados de placa, sendo essas extrapoladas para grandes áreas carregadas, como a base de silos ou tanques (Figs. 3.15A e 3.15B). As previsões têm um resultado inadequado pelo comportamento distinto do caso real.
4. Fundação direta adjacente à escavação reaterrada, submetida a esforços horizontais, conforme ilustrado na Fig. 3.16.
5. Projeto de estacas para pilares adjacentes resultando em estacas muito próximas, sem consideração da sobreposição de efeitos ou redução de eficiência nessa situação (Fig. 3.17). A eficiência do estaqueamento pode ficar comprometida, além dos possíveis problemas construtivos de elementos próximos, provocando o comprometimento dos elementos construídos.

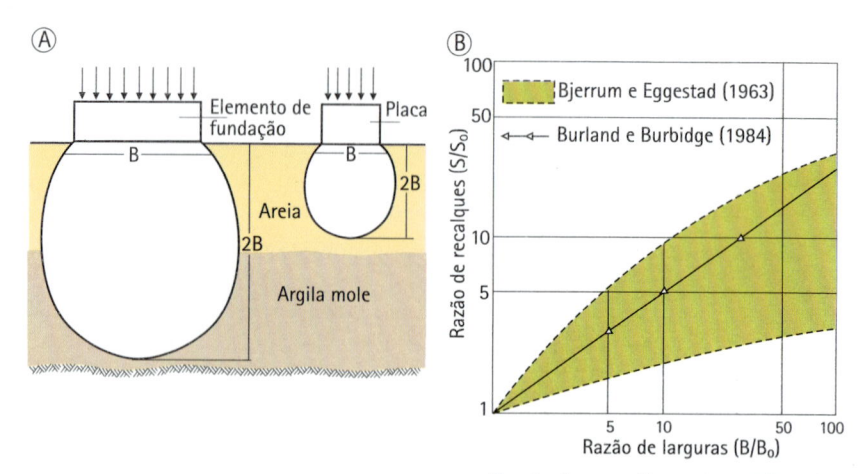

Fig. 3.15 *Estimativa de tensões admissíveis com base em resultados de placa, extrapoladas para grandes áreas carregadas, nos quais o bulbo de tensões (A) atinge camadas de comportamento distinto (solo heterogêneo) em profundidade; (B) atinge camadas mais profundas e maiores tensões de confinamento (Bjerrum e Eggestad, 1963; Burland e Burbidge, 1984)*

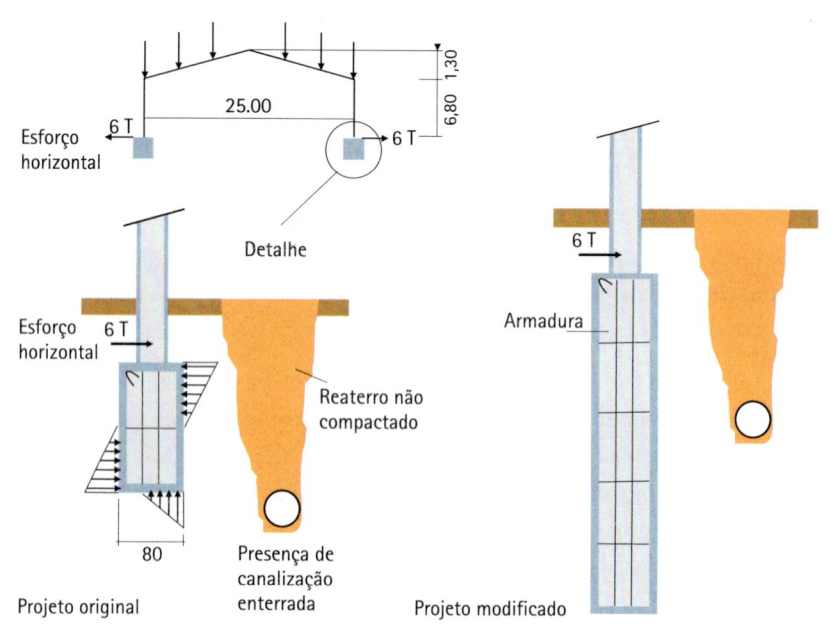

S_0 e B_0 são, respectivamente, os valores de recalque e da dimensão da placa testada

Fig. 3.16 *Fundação direta submetida a esforços horizontais, adjacente a escavação (Socotec, 1999)*

6   Uso de modelos simplificados indevidos, como no caso de verificação pelo método de cálculo do cone de arrancamento, utilizado em fundações superficiais, de fundações profundas tra-

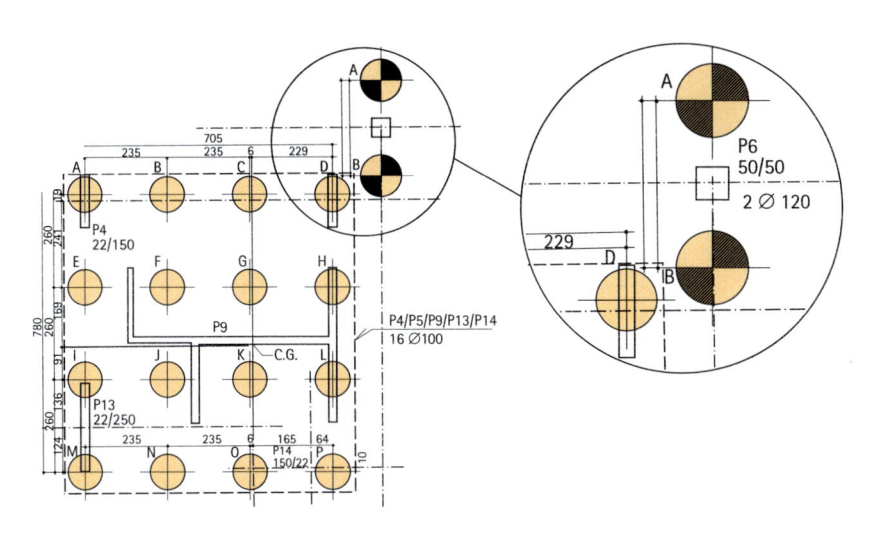

Fig. 3.17 *Fundações em estacas próximas (de diferentes pilares) sem considerar efeitos de sobreposição*

cionadas. Como a cinemática de ruptura é diferente no caso das fundações profundas acabam resultando valores superiores aos reais, e condição insegura (Fig. 3.18).

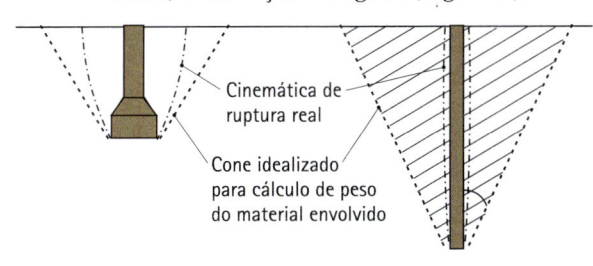

Fig. 3.18 *Uso do modelo do cone de arrancamento em fundações profundas tracionadas*

7. Cálculo de tração de grupo de estacas, a partir da soma das cargas de ruptura de cada uma considerada individualmente, resultando valores superiores ao real (Fig. 3.19). A cinemática de ruptura do grupo é diferente, em muitos casos resultando em valor inferior ao somatório das cargas individuais.
8. Falta de travamento em duas direções no topo de estacas isoladas esbeltas, na presença de solos das camadas superficiais e sub-superficiais de baixa resistência, resultando comprimentos de flambagem maiores que os considerados para os pilares (Fig. 3.20), e induzindo instabilidade estrutural.
9. Utilização de cargas de trabalho nominais sem verificação de flambagem de estacas muito esbeltas em solos moles, caso dos trilhos e perfis simples, estacas constituídas de tubos ou estacas raiz (Fig. 3.21). Nessas condições, pode ocorrer o fenômeno

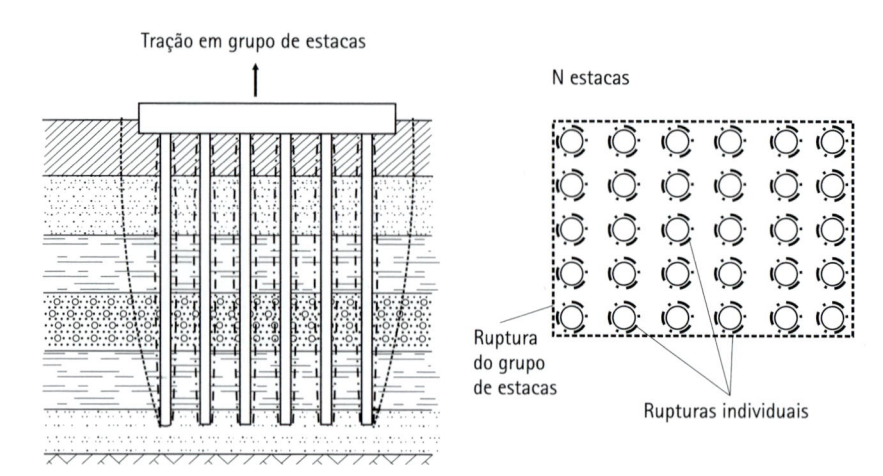

Fig. 3.19 *Tração em grupo de estacas*

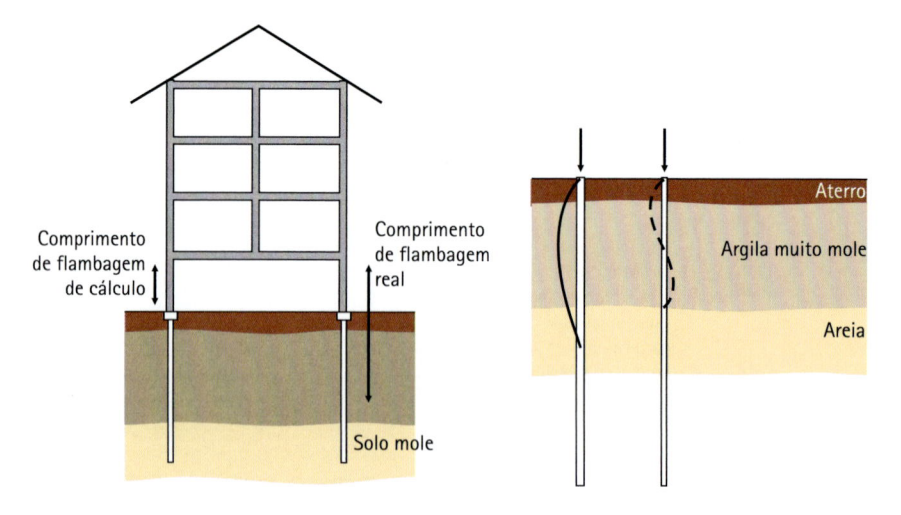

Fig. 3.20 *Comprimento de flambagem real do pilar sobre estaca isolada sem travamento nas duas direções, diferente do cálculo*

Fig. 3.21 *Flambagem de estacas esbeltas em solos moles*

de instabilidade por flambagem, usualmente não considerado em peças totalmente enterradas (Daviston e Robinson, 1965; Azevedo Júnior et al., 1990).

3.4 Movimentos do Solo Induzindo Carregamento Adicional em Fundações Profundas

Na prática da engenharia, existem inúmeras situações em que as cargas e solicitações para as quais as fundações profundas devem ser projetadas são decorrentes de movimentos do solo, além daquelas originadas pelas estruturas que essas fundações devem suportar, como nas condições usuais de projeto. Algumas dessas solicitações fazem parte das publicações clássicas de fundações, embora ainda surpreendentemente desconhecidas de parcela de profissionais. Sua apresentação com essa denominação foi feita de forma didática e sistêmica, com suas soluções analíticas eventuais em certos casos, por Poulos (2006), como indicado na Fig. 3.22.

| Solo em adensamento | Solo expansivo | Estacas próximas a abertura de túnel | Execução de estacas próximas |

| Instabilidade de talude | Estacas junto a aterro assimétrico | Escavação junto a estaqueamento | Construção de prédio vizinho a estaqueamento |

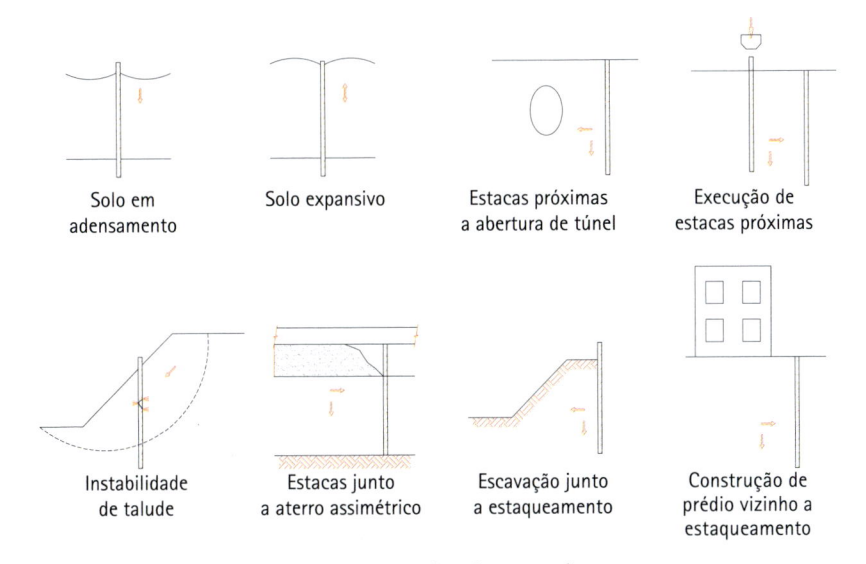

Fig. 3.22 *Fontes de movimento do solo (Poulos, 2006)*

As situações em que ocorrem movimentações ou deslocamentos relativos entre a massa de solo e as fundações profundas são as seguintes:

- adensamento de solo mole provocando atrito negativo nas estacas;
- adensamento de solo mole quando da ocorrência de estacas inclinadas, provocando flexão nas estacas.
- aterros assimétricos ou sobrecargas assimétricas sobre solos moles com estacas inseridas nesse material;
- estacas próximas a escavações;
- estacas em solos expansivos;
- estacas em solos colapsíveis.

3.4.1 Atrito Negativo

Desconsideração da ocorrência do efeito de atrito negativo em estacas. Essa situação é típica de horizontes com aterros recentes sobre solos moles, rebaixamento de nível freático ou estaqueamento executado em solos moles sensíveis à cravação. O deslocamento relativo das camadas de solo em relação ao corpo das estacas provoca uma condição de carregamento nas fundações, e não de resistência às cargas externas. As referências clássicas do tema são: Fellenius (1972), Tomlinson (1975) e Poulos (1989). O caso de grupo de estacas é tratado na referência de Kuwabara e Poulos (1989). A adoção de valores obtidos por meio do simples cálculo de capacidade de carga da estaca, com toda a parcela de atrito considerada como contribuinte, conduz a valores superdimensionados e inseguros dessa capacidade (ver Fig. 3.23).

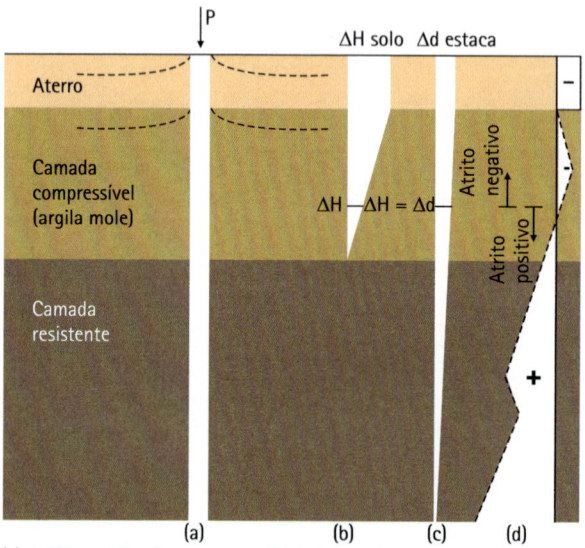

(a) perfil estratigráfico e estaca; (b) deslocamentos de solo pelo adensamento da camada de argila mole sob efeito do aterro; (c) deslocamento da estaca sob carga; (d) distribuição geral do atrito ao longo da estaca, com identificação da parcela negativa e positiva.

Fig. 3.23 *Atrito negativo*

3.4.2 Estacas Inclinadas

Situação de atrito negativo, ou solos em adensamento, sobre estacas inclinadas, provocando solicitações de flexão nos elementos de fundação para as quais elas não foram dimensionadas (Broms et al., 1976; Narashima et al., 1994; Lopes e Mota, 1999).

3.4.3 Aterro ou Sobrecarga Assimétrica

Existência de aterro assimétrico sobre camadas subsuperficiais de solos moles, provocando o aparecimento de solicitações horizontais atuantes nas estacas em profundidade (Efeito Tschebotarioff – Tschebotarioff, 1962, 1967; Velloso e Lopes, 2002), como mostrado na Fig. 3.24. Se o aterro não for levado em consideração no cálculo causará o comprometimento da fundação.

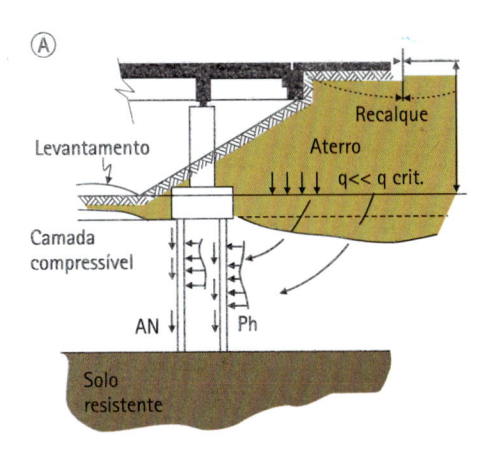

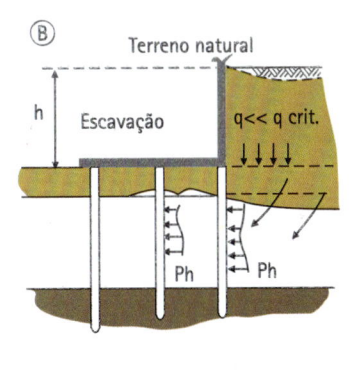

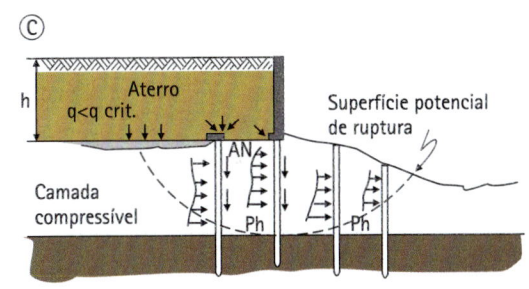

Fig. 3.24 *Condição geométrica caracterizando aterro assimétrico sobre camadas subsuperficiais de solos moles, provocando o aparecimento de solicitações horizontais atuantes nas estacas em profundidade (efeito Tschebotarioff)*

3.4.4 Estacas Próximas a Escavações

Quando são feitas escavações não protegidas próximas a estruturas estaqueadas, o alívio de tensões provoca deslocamentos gerais da massa de solo, como pode ser visto no item 5.2. Escavações internas à obra, como aquelas feitas para a implantação dos blocos de coroamento das estacas, também provocam efeitos, como indicado na Fig. 3.25, que ilustra uma obra com grande escavação junto a estacas executadas. Poulos (2006) mostra formas de cálculo desses efeitos. Quando as estacas não têm armadura adequada para suportar a flexão decorrente desses deslocamentos, acaba com dano considerável.

Fig. 3.25 *Pequenas escavações internas à obra, como a implantação do poço do elevador, usualmente com bloco sobre várias estacas, provocando problemas nos elementos já executados*

3.5 Estacas em Solos Expansivos

A presença de solos expansivos na superfície dos perfis de terreno acaba dando origem a soluções de fundações estaqueadas, em detrimento de soluções em fundações diretas, mesmo para condições de carregamento que usualmente teriam as fundações diretas como apropriadas. A previsão de comportamento, ou seja, o projeto dessas estacas deve considerar a condição de comportamento especial desses materiais (Xiao et al., 2011). Os efeitos do comportamento não usual desses materiais provoca patologias significativas nas fundações e em elementos em contato com elas (Jones; Jefferson, 2012; Bell; Culshaw, 2001; Clayton et al., 2010; Ewing, 2011; Houston et al., 2011; Lawson, 2006).

3.6 Estacas em Solos Colapsíveis

Quando ocorrem solos expansivos superficiais, o que é relativamente comum em vários locais do Brasil, como indicado no item 2.5.2, as soluções de fundações são estaqueadas para evitar o problema, em detrimento de soluções em fundações diretas, mesmo para condições de carregamento que usualmente teria as fundações diretas como apropriadas. A previsão de comportamento, ou seja, o projeto dessas estacas deve considerar a condição de comportamento especial desses materiais, como apresentado por Cintra e Aoki (2010).

3.7 Problemas Envolvendo o Desconhecimento do Comportamento Real das Fundações

1. Adoção de sistemas de fundações diferentes na mesma estrutura, em razão das características de variação de cargas, variação de profundidade das camadas resistentes do subsolo ou condições locais restritas de acesso, sem separação por junta de comportamento ou avaliação adequada de compatibilidade de recalques das diferentes fundações. Esse tipo de procedimento acaba resultando em recalques diferenciais e danos na estrutura Fig. 3.26).

2. Obtenção por correlações com ensaios de penetração, de valores de capacidade de carga de fundações profundas

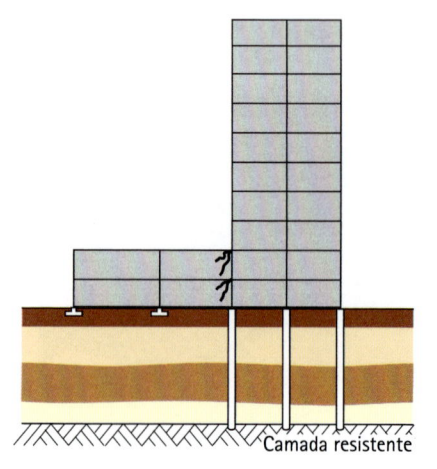

Fig. 3.26 *Sistema de fundações diferentes originados por cargas diferentes, não separados por junta, provocando recalques diferenciais*

sem observar números limites para atrito lateral e resistência de ponta, pela extrapolação para valores elevados ou profundidades dos elementos de fundação impossíveis de serem atingidos. Os resultados obtidos são incompatíveis com os reais e provocam o mau comportamento das fundações submetidas a cargas mais elevadas, superiores àquelas que podem ser transferidas ao solo.

3 Adoção de fundações profundas para as cargas da estrutura de pavilhões, com presença de aterros compactados assentes sobre camadas compressíveis, e elementos leves internos assentes sobre o piso, apoiado diretamente no aterro. O aterro provoca adensamento das camadas compressíveis e, consequentemente, recalques em todas as instalações executadas no aterro, deformando o piso, as paredes e outras estruturas aí apoiadas, com ocorrência de trincamento ou deformações indesejáveis, como exemplificado na Fig. 3.27. Caso típico foi a construção dos pavilhões da Ceasa (Fig. 3.28), em Porto Alegre, na década de 1970, com estacas tipo Franki suportando a estrutura da cobertura e paredes externas, construída em local com presença de espessa camada de argila mole, sobre a qual foi colocado aterro de grande espessura executado com material selecionado e requisitos de compactação rigorosos. As divisórias internas foram apoiadas no piso, em concreto armado, e apresentaram recalques maiores que 30 cm em menos de 10 anos, provocan-

Fig. 3.27 *Fundações profundas para as cargas da estrutura de pavilhões (pequenos recalques), com presença de aterros compactados assentes sobre camadas compressíveis (grandes recalques)*

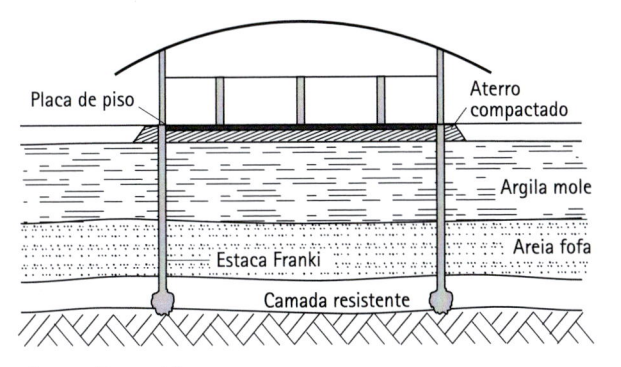

Fig. 3.28 *Ceasa, Porto Alegre*

do complicações nas fundações e também nas instalações enterradas no aterro, que apresentaram problemas de desempenho. Exemplos de ocorrência de aterros de argilas moles são frequentes na costa brasileira, nas Baixadas Santista e Fluminense, na cidade de Recife, entre outros.

4 Desconhecimento do mecanismo de mobilização da resistência de ponta que necessita de deslocamentos proporcionais ao diâmetro das estacas escavadas de grande seção, resultando na adoção de valores seguros do ponto de vista da ruptura (resistência da estaca), mas causadores de recalques incompatíveis com o bom desempenho da superestrutura. No caso de estacas de diâmetro muito diferenciado sob a mesma estrutura, essa condição de desigualdade de recalque necessária à mobilização de resistência pode provocar recalques diferenciais importantes e danos à estrutura (Fig. 3.29).

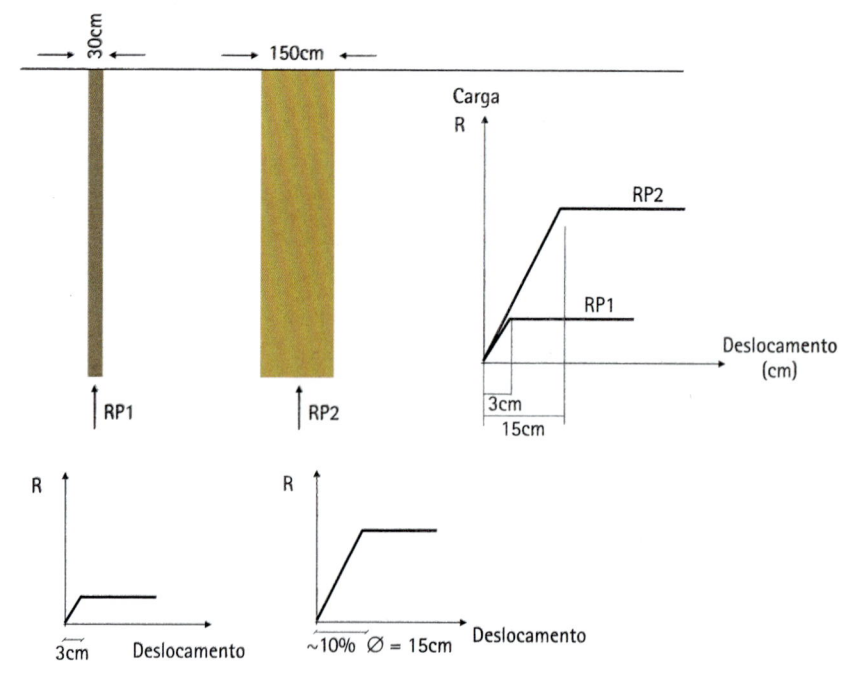

Fig. 3.29 *Mobilização da resistência de ponta em estacas de grande diâmetro*

5 Níveis muito desiguais de carregamento numa mesma estrutura, típico de torres com cargas elevadas e região circundante de carregamento muito inferior, ambas com mesmo tipo de fundação, sem junta de comportamento ou com pilares da junta apoiados na mesma fundação, resultando recalques diferenciais e trincamento da estrutura (Fig. 3.30).

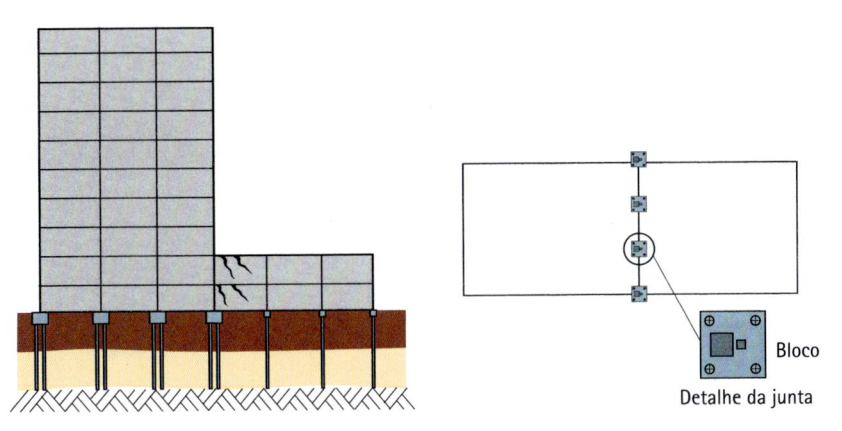

Fig. 3.30 *Níveis diferentes de carregamento sem junta*

6   Uso de elementos de fundação como reforço, no caso de fundações profundas com problema construtivo, sem avaliação do possível efeito no conjunto do novo elemento executado, dos deslocamentos necessários à mobilização de resistência, ou da rigidez no caso de esforços horizontais (Fig. 3.31).

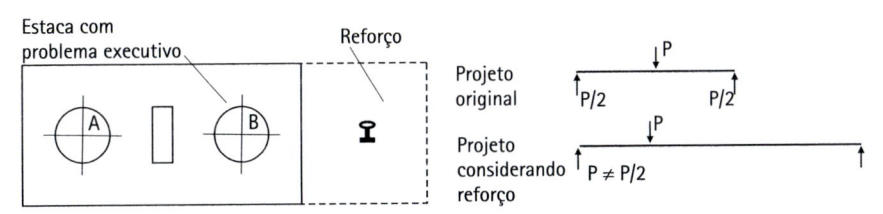

Fig. 3.31 *Reforço com problemas*

7   Uso de fundações de comportamento diferenciado e má avaliação dos efeitos de carregamento especial. Por exemplo, silo com 72 m de diâmetro e 39 m de altura com paredes externas apoiadas em estacas e elemento central sobre sapatas. A análise mostrou recalques excessivos no apoio central com carga de 16 mil toneladas e esforços causados pela sobrecarga não considerados adequadamente no cálculo (Fig. 3.32A). As fundações foram reprojetadas (Fig. 3.32B) (Socotec, 1999).

8   Conjunto estaca-solo submetido a carregamentos horizontais: caracteriza um comportamento não linear. A propagação das tensões no solo próximo à estaca decai rapidamente em função do espaçamento. Porém, para estacas próximas, caracterizando um grupo de estacas, pode haver uma sobreposição de ten-

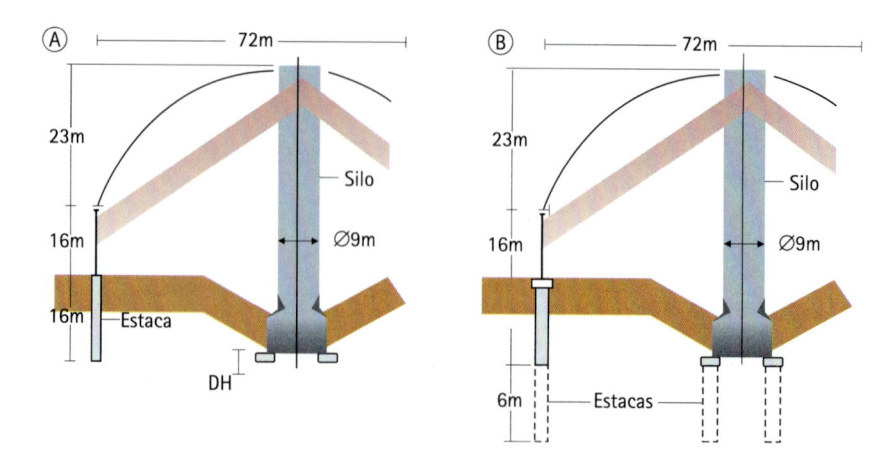

Fig. 3.32 *Má avaliação dos efeitos de carregamento especial: (A) recalques excessivos no apoio central e esforços causados pela sobrecarga provocando atrito negativo e esforços horizontais nas estacas da parede externa do silo, não considerados adequadamente no cálculo; (B) correção do projeto original (Socotec, 1999)*

sões, gerando zonas com tensões elevadas, que formam áreas de plastificação maiores. A interação da sobreposição dessas zonas plastificadas (Fig. 3.33) resulta em maiores deformações (e menores capacidades de transferência de cargas horizontais) para o grupo de estacas, não sendo a capacidade do bloco equivalente à soma da capacidade individual de cada estaca (Chaudhry, 1994).

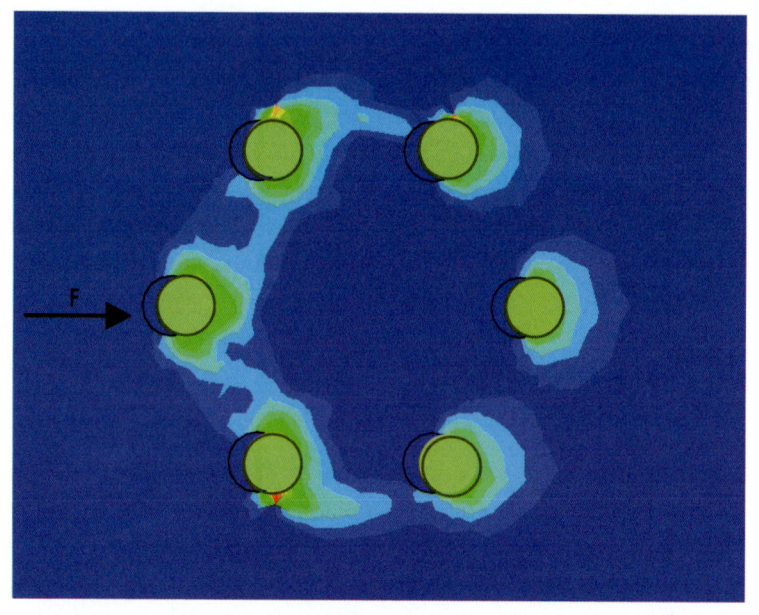

Fig. 3.33 *Propagação das zonas plastificadas*

Brown, Morrison e Reese (1988), por meio de ensaios em escala real de um bloco de 3x3 estacas submetido a esforços laterais cíclicos, introduziram o termo *shadowing*, para indicar o fenômeno no qual a resistência do solo de uma estaca trailing é reduzida pela presença de uma estaca à frente. A Fig. 3.34 exemplifica as denominações dadas às estacas conforme sua posição no bloco. Ainda no mesmo artigo, Brown, Morrison e Reese (1988) introduziram o fator f_m, que é um redutor do valor de carga (p) em relação ao valor de uma estaca única, para levar em conta a interação entre as estacas do grupo (Fig. 3.35). Esse valor pode variar de 0 a 1. As *leading piles* têm fator fm = 1.

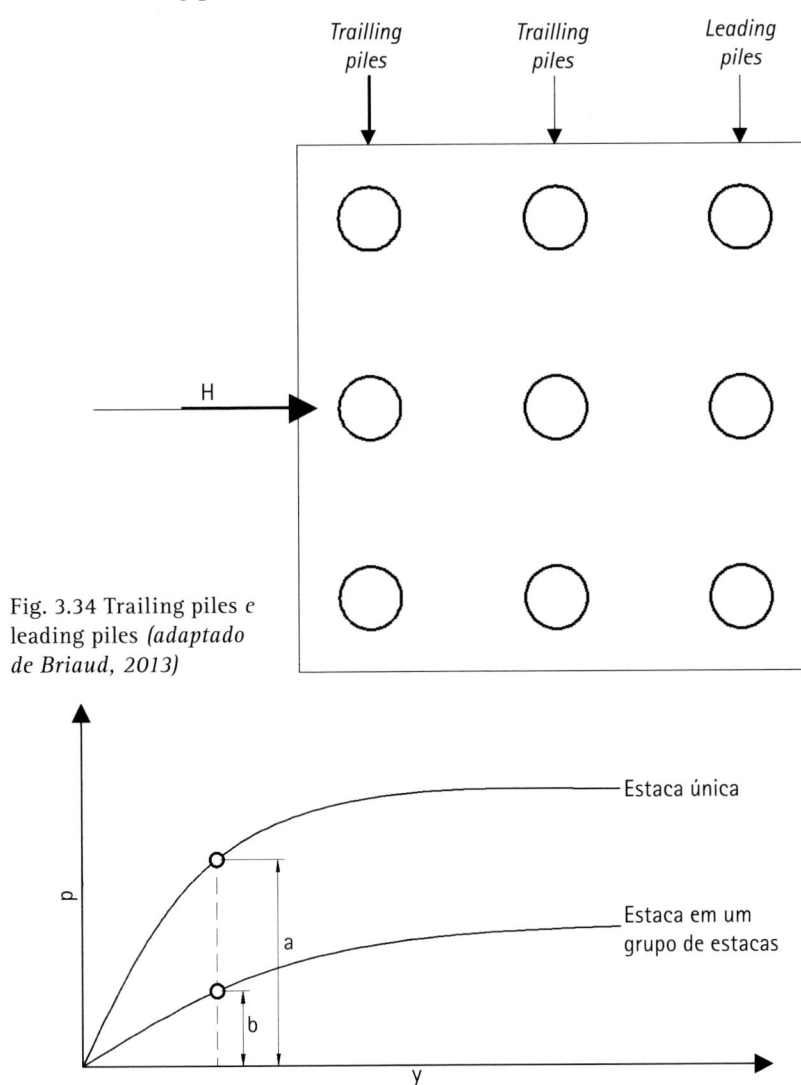

Fig. 3.34 Trailing piles e leading piles *(adaptado de Briaud, 2013)*

Fig. 3.35 Fator f_m para efeito de grupo *(adaptado de Brown, Morrison e Reese, 1988)*

Conclusões práticas dos trabalhos de Brown, Morrison e Reese (1988), Brown e Shie (1990), Mcvay et al. (1994), Rollins, Peterson e Weaver (1998), Mokwa (1999), Rollins, Lane e Gerber (2005), Rollins et al. (2006a, 2006b) e Viggiani, Mandolini e Russo (2012) sobre grupos de estacas são apresentadas a seguir:

9. Os fatores redutores f_m podem ser definidos para linhas perpendiculares à direção da carga. Para estacas em areia, a diferença entre estacas de uma mesma linha pode ser significativa, o que não foi observado para argilas.

↘ Após a terceira linha, o mesmo fator redutor se aplica, exceto para a última linha (*leading trailing*).

↘ O fatores redutores são independentes do tipo de estaca e nível de carregamento, logo, acabam por depender essencialmente do espaçamento.

↘ Com um espaçamento entre 6 a 8 diâmetros na direção do carregamento e de 4 diâmetros na direção perpendicular, a interação entre estacas é praticamente nula, sendo possível considerar o fator redutor como igual a 1.

A Fig. 3.36 apresenta resultados de simulação numérica tridimensional de um bloco de duas estacas (numa mesma linha) de 40 cm de diâmetro e 8 m de profundidade, em solo residual de basalto (NSPT = 5 em toda a profundidade das estacas), variando somente o espaçamento entre eixos das estacas. Resultados de força horizontal *vs.* deslocamento horizontal no topo da estaca confirmam a inexistência do efeito de grupo na *trailing pile* para espaçamentos acima de seis vezes o diâmetro da estaca.

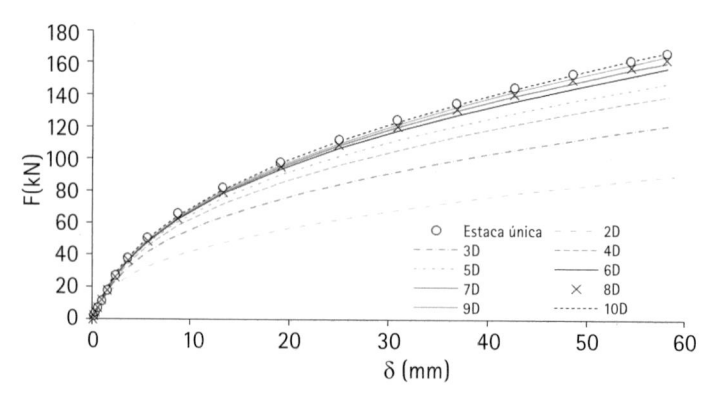

Fig. 3.36 *Resultados do efeito (na* trailing pile*) da variação de espaçamento (em modelo numérico)*

3.8 Problemas Envolvendo a Estrutura de Fundação

1. Erro na determinação das cargas atuantes nas fundações, típico de obras de pequeno porte sem projeto adequado, ou projetistas sem experiência (não qualificados) em situações especiais, tais como estruturas pré-moldadas, obras de arte, indústrias, silos, torres altas, estruturas submetidas a efeitos dinâmicos ou choques.

2. Fundação projetada apenas para a carga final atuante, especialmente crítica em casos de estruturas pré-moldadas, estruturas com etapas construtivas e outras nas quais condições intermediárias são mais críticas para as fundações. Exemplo típico no caso de estruturas pré-moldadas é a a fundação de um pilar com 18 m de comprimento no qual se apoiam vigas a serem montadas e sobre as quais se apoiam lajes. O início de montagem do pilar, sem a carga total da estrutura e sobrecarga, poderá ser mais crítico para as fundações do que a condição de carregamento final, pelos momentos atuantes e reduzida carga vertical. A Tab. 3.3 mostra a complexidade de carregamento de uma obra de grande altura na qual atuam cargas permanentes, cargas acidentais de vento e subpressão. É necessário verificar as fundações não somente para as cargas máximas atuantes, mas para as várias possibilidades de ocorrência.

3. Erros decorrentes de indicação apenas de cargas máximas em casos de fundações em estacas com solicitações de compressão e momentos atuantes. Muitas vezes, o projetista das fundações recebe as cargas de outro profissional e resolve o problema para

Tab. 3.3 Complexidade de carregamento de uma obra na qual atuam cargas permanentes, cargas acidentais de vento e subpressão

	Peso próprio					Vento na direção do eixo Y global (face frontal)				
	Fz (ton)	Fx (ton)	Fy (ton)	Mx (ton.m)	My (ton.m)	Fz (ton)	Fx (ton)	Fy (ton)	Mx (ton.m)	My (ton.m)
P1	632,5	18,5	-2,0	-1,2	0,0	20,7	-1,3	-9,9	-9,1	-3,3
P2	403,6	-8,8	-10,6	6,6	-1,2	56,5	0,1	4,9	-26,7	-0,6
P3	578,4	14,9	3,5	-1,4	-2,9	22,0	-16,1	0,6	-6,4	-8,9
P4	322,0	-11,3	-14	0,6	-1,3	29,8	1,1	-3,7	-912,4	-0,2
P5	616,4	12,5	-6,9	1,4	0,1	1,2	-1,8	7,2	-27,4	-2,7
P6	615,7	-3,6	1,7	-2,5	0,2	12,3	4,7	5,9	-89,1	-2,9
P7	640,5	-26,4	-4,6	40,5	-31,2	113,5	4,2	32,8	-149,3	44,3
P8	248,0	-5,9	19,7	-2,1	-2,9	38,3	1,7	15,8	-2,9	-2,5
P9	613,1	-3,3	1,9	-40,6	-15,7	-157,2	-10,5	34,3	-169,7	-66,0
P10	616,2	2,2	-1,5	-25,3	-13,0	-43,7	7,2	29,2	-197,0	67,6

	VENTO NA DIREÇÃO DO EIXO - Y GLOBAL (face frontal)					VENTO NA DIREÇÃO DO EIXO X GLOBAL (face lateral)				
	Fz (ton)	Fx (ton)	Fy (ton)	Mx (ton.m)	My (ton.m)	Fz (ton)	Fx (ton)	Fy (ton)	Mx (ton.m)	My (ton.m)
P1	-20,8	1,3	9,9	9,1	3,3	-15,0	9,1	-28,8	16,4	28,3
P2	-56,5	-0,1	-14,9	26,7	0,6	-26,4	-3,8	-11,0	6,4	5,5
P3	-22,0	6,0	-0,5	6,4	8,9	5,5	32,7	6,9	9,8	88,1
P4	-29,8	-1,1	-3,7	12,4	0,2	-77,4	-14,1	-6,8	3,9	2,9
P5	-1,2	1,8	-7,2	27,5	2,7	72,9	-0,7	-3,9	10,3	34,5
P6	-12,3	-4,7	-5,9	8,1	2,9	62,9	5,6	-4,0	6,8	82,5
P7	-113,5	-4,2	-32,8	149,4	-44,3	-527,9	78,3	64,3	-410,5	419,9
P8	-38,3	-1,7	-15,8	2,9	2,5	392,2	36,3	-19,1	3,1	39,0
P9	157,2	10,2	-34,3	169,7	66,0	-626,2	91,8	-68,4	430,2	389,8
P10	43,7	-7,2	-29,2	196,9	-67,5	507,3	64,7	47,5	-331,8	343,1
	VENTO NA DIREÇÃO DO EIXO - X GLOBAL (face lateral)					SUBPRESSÃO				
	Fz (ton)	Fx (ton)	Fy (ton)	Mx (ton.m)	My (ton.m)	Fz (ton)	Fx (ton)	Fy (ton)	Mx (ton.m)	My (ton.m)
P1	15,0	-9,1	28,8	-16,4	-28,4	-167,2	-2,8	18,6	-5,1	-0,7
P2	26,4	3,8	11,1	-6,4	-5,5	-148,3	0,1	-0,1	-0,4	0,0
P3	-5,5	-32,7	-6,9	-9,8	-88,1	-110,3	-0,2	0,4	-0,2	0,1
P4	77,4	14,1	6,8	3,9	-2,9	-112,2	0,1	0,0	-0,1	0,0
P5	-72,9	0,7	3,9	-10,3	-34,5	-113,1	0,3	-0,2	-0,2	0,1
P6	-62,9	-5,6	4,0	-6,8	-82,5	-160,5	-0,7	-0,5	0,1	0,0
P7	527,9	-78,3	-64,3	410,5	-419,9	-157,2	69,7	-1,7	-50,0	13,4
P8	-392,2	-36,3	19,1	-3,1	-39,0	-103,6	9,5	-44,0	4,0	-2,2
P9	626,2	-91,8	68,4	-430,2	-389,8	-175,0	3,8	-1,8	58,6	-9,1
P10	-507,3	-64,7	-47,5	331,7	-343,1	-179,9	-10,5	9,4	81,9	3,1
	CARGA TOTAL COM SOBRECARGA REDUZIDA				
---	---	---	---	---	---
	Fz (ton)	Fx (ton)	Fy (ton)	Mx (ton.m)	My (ton.m)
P1	1011,0	54,2	2,0	-3,2	2,3
P2	679,1	-10,1	-36,5	16,6	-1,5
P3	940,2	-5,9	16,1	-1,5	-6,4
P4	595,6	-18,5	-6,3	2,2	-2,2
P5	1214,4	14,8	-16,4	3,8	-1,0
P6	976,5	-15,0	2,6	-4,7	-0,9
P7	1237,6	-35,1	-4,6	54,1	-49,9
P8	563,0	-8,4	28,1	-3,1	-5,0
P9	1259,9	-8,1	4,2	-64,9	-33,3
P10	1381,0	3,7	-0,5	-39,4	-14,6

a condição conhecida e informada. Não considerar a condição de carregamento vertical mínimo pode levar à solução inadequada (Fig. 3.37). Exemplo dessa situação é a de reservatórios metálicos elevados sob ação do vento, com fundações calculadas e verificadas apenas para reservatório cheio. A situação do reservatório vazio implica em alteração das cargas limites, em geral, caracterizada como crítica para os elementos de fundação em tração.

	P = 1000 kN			P = 400 kN		
	M = 500 kN.m			M = 500 kN.m		

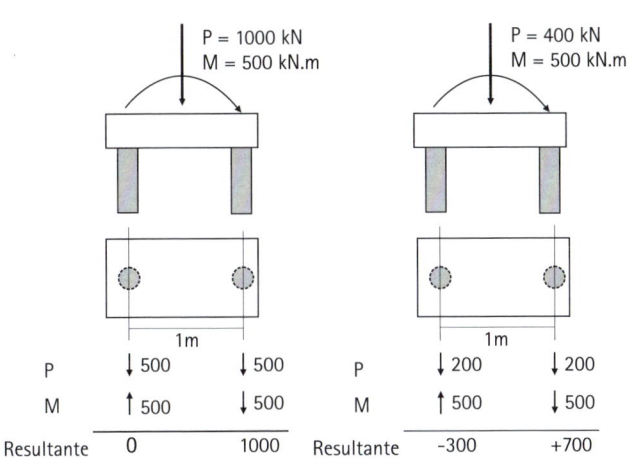

	1m			1m	
P	↓ 500	↓ 500	P	↓ 200	↓ 200
M	↑ 500	↓ 500	M	↑ 500	↓ 500
Resultante	0	1000	Resultante	−300	+700

Fig. 3.37 *Uso apenas de cargas máximas em situação com momentos nas fundações*

4 Erros no dimensionamento de elementos estruturais das fundações, tais como vigas de equilíbrio, estacas com cargas horizontais inadequadamente armadas, uso de vigas de grande rigidez calculadas como vigas contínuas, blocos com dimensionamento equivocado resultando solicitações mal distribuídas (Fig. 3.38) (Butterfield; Banerjee, 1971).

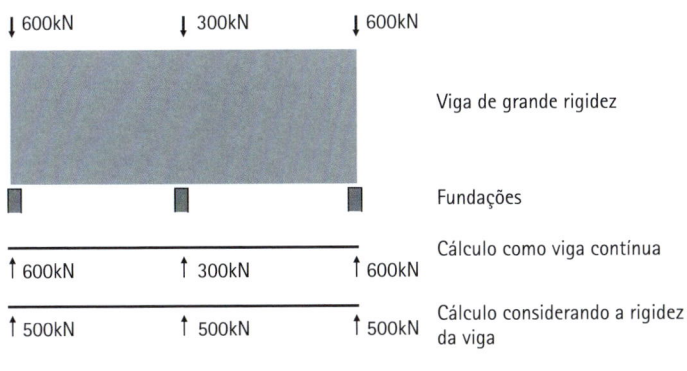

↓ 600kN	↓ 300kN	↓ 600kN	
			Viga de grande rigidez
			Fundações
↑ 600kN	↑ 300kN	↑ 600kN	Cálculo como viga contínua
↑ 500kN	↑ 500kN	↑ 500kN	Cálculo considerando a rigidez da viga

Fig. 3.38 *Desconsideração da rigidez das estruturas de fundação, resultando solicitações incorretas*

Análise e projeto

5 Armaduras de estacas de concreto armado tracionadas, calculadas sem previsão da fissuração do concreto (ABNT NBR 6118/2003). A abertura de fissuras em meio agressivo pode acarretar a degradação da armadura, projetada apenas para solicitações atuantes.
6 Uso de emendas padrão em estacas metálicas, não verificadas para carregamento de tração a que elas são submetidas, acarretando sua instabilidade.
7 Adoção de solução estrutural na qual os esforços horizontais não são equilibrados pelas fundações. Eles são considerados equivocadamente suportados pela estrutura apoiada nas fundações (Fig. 3.39), ou seja, o projeto não verifica a estabilidade global.
8 Carência de detalhes estruturais adequados, tais como a ligação da armadura de estacas tracionadas ao bloco de coroamento – moldadas *in loco* (Fig. 3.40A), ou pré-moldadas de concreto e metálicas (Fig. 3.40B), o que re-

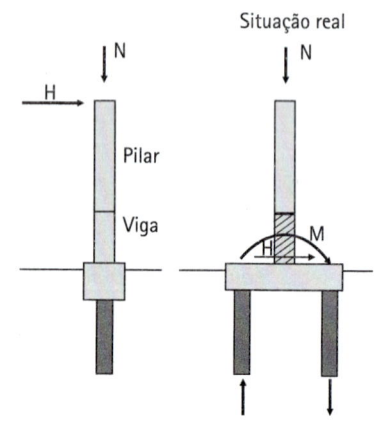

Fig. 3.39 *Esforços horizontais não equilibrados*

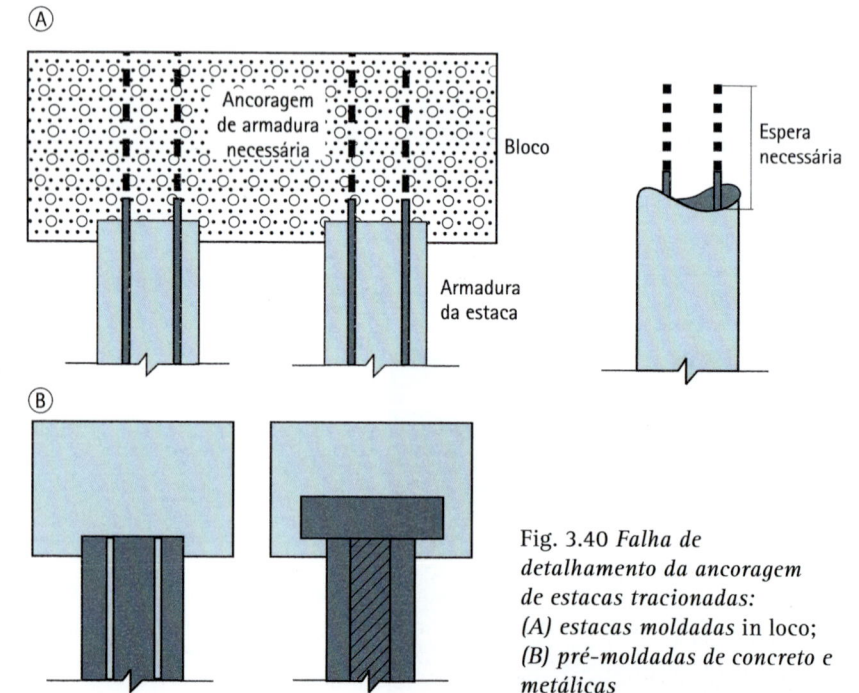

Fig. 3.40 *Falha de detalhamento da ancoragem de estacas tracionadas: (A) estacas moldadas in loco; (B) pré-moldadas de concreto e metálicas*

Fig. 3.40 *(C) detalhamento adequado: ilustrações*

sulta em ausência de transferência de carga às fundações e detalhes de recobrimento insuficientes (ABNT NBR 6118/2003). Esse fator é especialmente relevante em casos de ambiente agressivo, ou mesmo ausência de detalhamento, resultando em degradação da armadura e dano ao desempenho de longo prazo. Detalhes adequados do bloco de coroamento e da ancoragem de estacas metálicas são apresentados na Fig. 3.40C.

9 Uso de armadras muito densas no projeto, causando dificuldades construtivas como falta de integridade ou ausência de recobrimento, especialmente em fundações profundas (Fig. 3.41), que resultam em falhas nos elementos ou suscetibilidade em ambiente agressivo.

10 Ausência de exame da situação "como construído" ou *as built* das fundações em estacas, com relação ao dimensionamento dos blocos e vigas de equilíbrio projetadas. É comum a execução resultar em excentricidades significativas, provocando alteração nas solicitações, que podem tornar o projeto original inseguro;

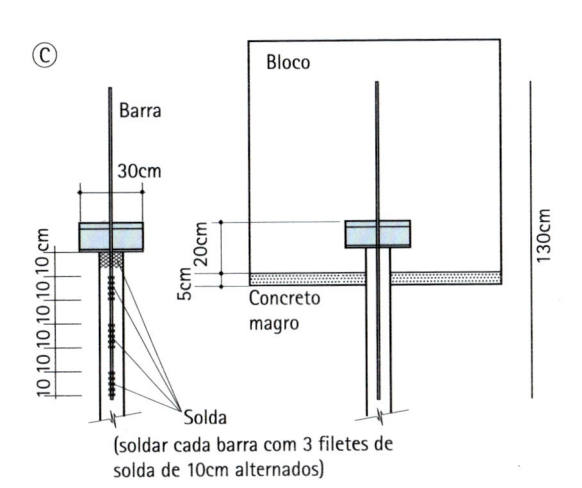

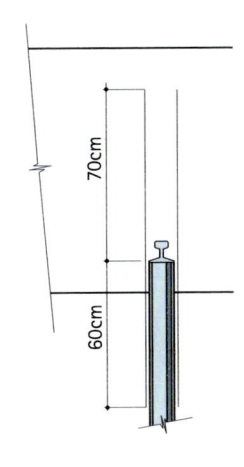

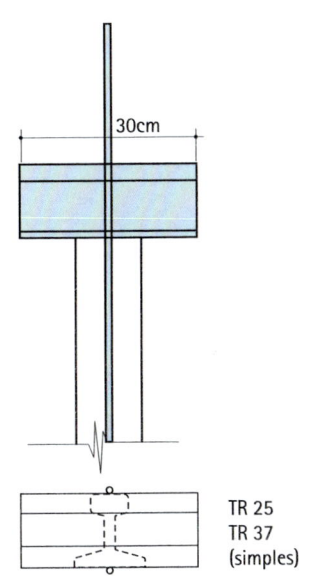

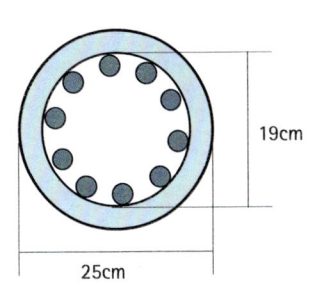

Fig. 3.41 *Armaduras muito densas causando falta de integridade ou ausência de recobrimento (caso típico da estaca raiz)*

11 Uso das solicitações obtidas ao nível do terreno para o dimensionamento de fundações enterradas, sem a consideração das alterações por exemplo, o possível aumento dos momentos atuantes (Fig. 3.42).

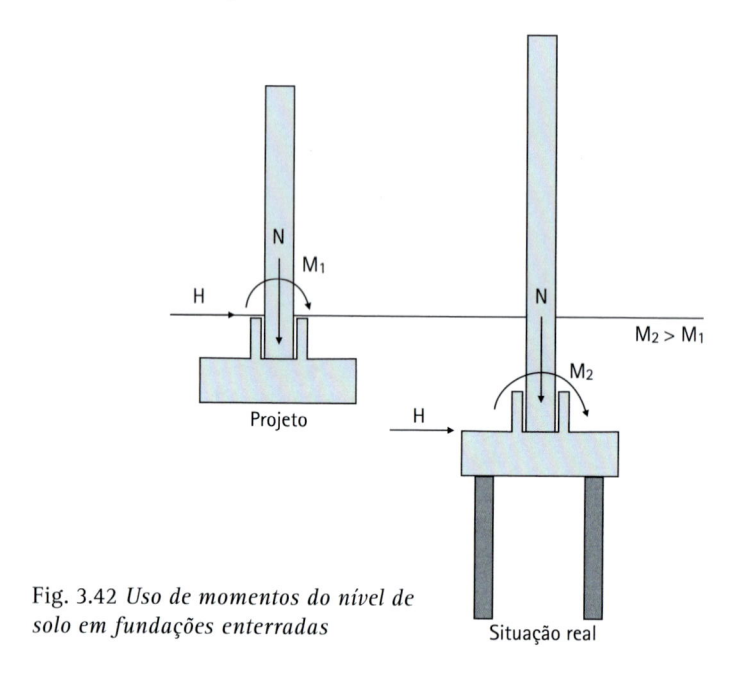

Fig. 3.42 *Uso de momentos do nível de solo em fundações enterradas*

3.9 Problemas Envolvendo as Especificações Construtivas

As especificações construtivas devem atender a critérios de projetos tanto de fundações diretas como profundas.

3.9.1 Fundações diretas – problemas podem ser causados pela ausência de indicações precisas com relação a:

- cota de assentamento das fundações, resultando na implantação das sapatas na profundidade equivalente à sua altura ou definida no canteiro, e inadequada às condições de ocorrência do solo (Fig. 3.43);

- tipo e características do solo a ser encontrado e onde as fundações deverão ser assentadas, implicando na definição dessas características pelos executantes, em geral não qualificados tecnicamente para a tarefa;

- ordem de execução no caso de elementos adjacentes em cotas diferentes, quando o elemento destinado à cota inferior deve ser implantado primeiro, para evitar o descalçamen-

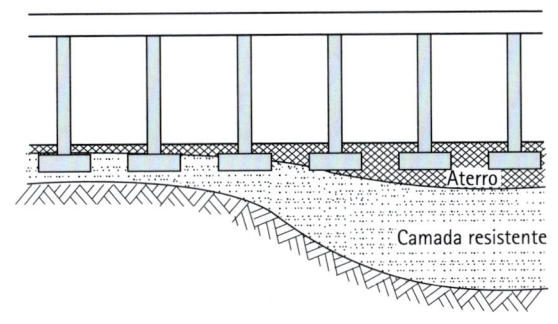

Fig. 3.43 *Efeito da falta de identificação da cota de assentamento de fundações diretas*

to do elemento da cota superior (item 6.4.5 da ABNT NBR 6122/2010, ilustrado na Fig. 3.44);

↘ tensão admissível do solo, adotada em projeto sem a devida identificação das condições a serem satisfeitas pelo material na base das fundações;

↘ características do concreto (resistência e trabalhabilidade), indispensáveis para a obtenção de elemento estrutural íntegro e de resistência adequada ao problema;

↘ recobrimento das armaduras, dando origem a elementos expostos ou não protegidos e degradáveis a médio e longo prazos (Fig. 3.45).

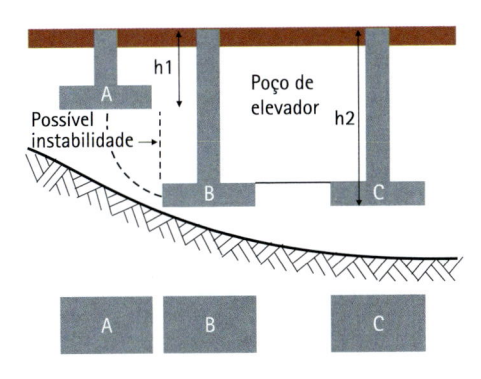

Fig. 3.44 *Falta de indicação de ordem de execução de sapatas adjacentes em níveis de implantação diferentes*

Fig. 3.45 *Recobrimento de armadura não especificado*

3.9.2 Fundações profundas – nos projetos correntes são comuns problemas causados pela ausência de indicações referentes a:

↘ profundidades mínimas de projeto, deixando a definição ao executante, normalmente não habilitado para a decisão, e permitindo que ocorram situações em que as cargas não são transmitidas adequadamente ao solo;

- peso mínimo ou características do martelo de cravação e nega (penetração da estaca para dez golpes do martelo, usado como critério de controle executivo) nas estacas cravadas, resultando em elementos com insuficiência de embutimento no solo competente;

- características mínimas do equipamento de execução, tais como comprimentos mínimos de ferramentas ou acessórios, torque etc., resultando na incapacidade de execução até as profundidades necessárias, e elementos de menor capacidade de carga;

- tensões e características dos materiais das estacas, resultando em elementos construídos com materiais de resistência menor que a necessária, ou problemas de integridade pela inadequação dos materiais utilizados;

- detalhamento de emendas, especialmente importante nos elementos submetidos a solicitações de tração, transversais ou momentos, resultando em resistência limitada ou inadequada e insegurança estrutural;

- exigência de controle de comportamento de estacas (levantamento) quando da cravação de elementos adjacentes em blocos com várias, muito importante nas estacas de deslocamento, ou seja, em cuja execução é deslocada massa significativa de solo, resultando em danos às estacas ou redução acentuada de sua resistência de ponta;

- proteção contra a erosão em locais sujeitos à ela, tendo como consequência a médio e longo prazos o alívio significativo de tensão e, às vezes, redução da resistência lateral, possibilidade de flambagem em elementos esbeltos ou mesmo a instabilidade geral e colapso da fundação.

3.9.3 Geral

- falta de indicação das cargas consideradas no projeto, bem como sua origem (data e identificação da planta de carga nas fundações, se recebida de outro profissional); em algumas circunstâncias ocorrem mudanças de projeto, e consequentemente das cargas, não informadas ao projetista das fundações, ocasionando situação de insegurança ou inadequação da solução projetada;

- ausência da indicação da referência e localização das sondagens ou ensaios nos quais o projeto se baseou, podendo ocorrer alterações na geometria do terreno (aterros ou cortes) modificando as condições de projeto, como comprimentos mínimos ou máximos, entre outras.

3.10 Fundações sobre Aterros

A execução de fundações em solo criado ou aterro constitui uma fonte significativa de problemas, provocados pelos aspectos especiais do tema. Esses aspectos não são geralmente considerados no projeto por não especialistas em geotecnia, por desconhecimento dos mecanismos envolvidos. Fundações apoiadas sobre aterro têm, além dos aspectos usuais inerentes a qualquer fundação, características únicas no que se refere aos recalques a que estarão submetidas.

Os recalques de fundações assentes sobre aterros podem ter três causas distintas:

- Deformações do corpo do aterro por causa do seu peso próprio, bem como por carregamento provocado pela fundação ao transferir a carga da superestrutura.
- Deformações do solo natural localizado abaixo do aterro, em razão do acréscimo de tensões ocasionado pelo peso próprio do aterro e pelas cargas da superestrutura (expectativa da ocorrência de recalques significativos quando da execução de aterros sobre camadas de solos moles).
- Nos casos de execução de aterros e/ou carregamento externos sobre lixões ou aterros sanitários desativados, os mesmos estarão sujeitos a ações bioquímicas decorrentes da degradação da matéria orgânica de seus componentes.

3.10.1 Recalque do Corpo do Aterro

Recalques totais e diferenciais do corpo do aterro, causados pelo seu peso próprio e/ou pelo carregamento provocado pela fundação, ocorrem normalmente nos seguintes casos:

- Quando da execução de aterros cujo material é disposto sem compactação (no caso de solos argilosos) ou sem vibração (no caso de solos arenosos). Tomlinson (1996) observou em tais casos a ocorrência de recalques lentos, porém contínuos, contabilizando a diminuição de 1 a 2% da espessura da camada de aterro no período de 10 anos.
- Quando da disposição de solo por aterros hidráulicos. Ainda segundo Tomlinson (1996), areias depositadas por meio de aterros hidráulicos apresentam pequenos recalques na camada deposi-

tada acima do nível de água, devido à consolidação causada por fluxo descendente. Contudo, quando a areia é depositada na água, pode permanecer em estado fofo, tornando-se suscetível a recalques quando da aplicação de carga externa. Segundo Consoli e Sills (2000), quando da disposição submersa de material da dimensão silte, a formação de solos ocorre pelos processos simultâneos de sedimentação e adensamento, finalizando em índice de vazios altos (entre 3 e 6), sendo, portanto, suscetível a recalques causados por carregamento externo.

↘ Quando da execução de aterros com compactação deficiente, por lançamento de camadas muito espessas e/ou uso de equipamentos que não têm a capacidade de transmissão de energia ao solo especificada em projeto. Nesse caso, só a parte superior de cada camada é compactada, resultando em lentes com altos índices de vazios. Como recomendação geral, a eficiência da compactação do aterro é obtida através da deposição de camadas de espessura entre 20 e 40 cm, em estado fofo, sendo comum o uso de camadas de 30 cm (ver Badillo e Rodriguez, 1980; DNER, 1996), com material selecionado compactado na umidade ótima. Os parâmetros de compactação devem ser determinados experimentalmente para cada solo, sendo função também da energia aplicada e do equipamento utilizado.

↘ Quando da execução de aterros com materiais inadequados. Deve ser evitado o uso de solo superficial contendo raízes e outros materiais vegetais, argilas ou materiais expansivos, turfas e argilas orgânicas (ver Badillo e Rodriguez, 1980; DNER,1996). Os materiais utilizados devem ter propriedades que atendam as características técnicas pré-selecionadas para a execução do aterro, tais como resistência ao cisalhamento e deformabilidade, de acordo com ensaios geotécnicos completos; ou ao menos atender a boa prática, com o uso de valores de CBR ou densidade e expansão como indicadores de boas condições de comportamento.

↘ Quando da execução de aterros com materiais heterogêneos, caso em que o aterro é feito com solo misturado a restos de construção – tais como resíduos de alvenaria, concreto, madeira, aço e demais rejeitos de obra – e troncos de árvores cortadas e deixadas no local. A ocorrência de recalques diferenciais em razão de elementos rígidos no meio da massa de solo é usual, mesmo porque em tais condições é impossível a compactação do aterro. Se forem necessárias fundações profundas atravessando tal aterro, a existência dos restos de construção e a possível necessidade de sua remoção podem aumentar consideravelmente seu custo, sejam as estacas cravadas ou escavadas.

No Brasil existe considerável experiência das empresas na execução de aterros controlados, sendo frequentes os relatos de casos bem-sucedidos. Um exemplo internacional relevante é apresentado por Burford e Charles (1992), que utilizaram um aterro experimental na Inglaterra para investigar a eficiência de vários tipos de tratamento (compactação dinâmica, aplicação de sobrecarga, inundação), com o objetivo de reduzir os recalques totais e diferenciais de fundações superficiais apoiadas no aterro causados por carregamentos externos. Os autores concluíram que o tratamento mais eficiente foi o pré-carregamento, através do uso de sobrecarga viabilizada por um sobreaterro depois removido.

3.10.2 Aterro sobre Solos Moles

Aterros construídos sobre solos moles podem apresentar um desempenho inadequado, na forma de ruptura ou magnitude dos recalques. A ocorrência de espessas camadas de solos moles é frequente em grandes centros urbanos, principalmente em áreas localizadas ao longo da costa brasileira, conforme os relatos de Collet (1985); Souza Pinto (1992); Almeida (1996); Schnaid et al. (2001) e nas regiões sedimentares próximas a rios e lagos, entre outros.

A possibilidade de ruptura é normalmente verificada pela análise de estabilidade, adotando-se um valor médio para a resistência ao cisalhamento não drenada (Su) da camada de argila. Os recalques definem o comportamento adequado ou não das fundações. As patologias decorrentes de recalques ocorrem por um processo gradual pelo qual, em argila saturada, observa-se uma redução de volume do solo devido à compressão de esqueleto sólido, volume igual de água expulso durante o processo. Tal fenômeno é denominado de adensamento e seu tempo de duração é normalmente medido em anos.

A compreensão e modelagem do processo de adensamento unidimensional é relativamente simples. Quando um carregamento é aplicado a uma massa de solo compressível, saturada, de baixa permeabilidade, o carregamento é, no início, suportado pela água. O acréscimo de tensão resultante é chamado de excesso de poropressão. O excesso vai sendo dissipado e as tensões vão sendo gradativamente transferidas à estrutura do solo, ocasionando um acréscimo de tensão efetiva. Esse fenômeno é observado na medida em que as variações volumétricas produzem recalques, cuja magnitude pode afetar a superestrutura de obras de engenharia.

Construções sobre unidades geotécnicas adversas podem contemplar diferentes alternativas de projeto: (a) evitar o problema pela remoção da camada de argila; (b) construir o aterro em etapas para possibilitar o adensamento gradativo da argila durante o período de construção, (c) usar mantas geotêxteis na interface aterro-fundação, a fim de melhorar as condições de estabilidade; e (d) instalar drenos geotêxteis para aceleração do processo de adensamento. Qualquer uma das soluções envolve custos consideráveis e tempo de execução e, por esse motivo, é frequente a adoção de alternativas de projeto que impliquem na redução dos custos de implantação, combinada a custos de manutenção elevados pela correção das patologias observadas durante a vida útil da obra.

Incertezas quanto às premissas de projeto e riscos associados à construção sobre materiais altamente compressíveis podem exigir a avaliação de desempenho da obra através de instrumentação. São frequentes as referências ao emprego de medidores de recalques e monitoramento dos excessos de poropressões. Exemplo recente foi relatado por Schnaid et al. (2001) na construção do Aeroporto Internacional Salgado Filho, em Porto Alegre (RS), cujos resultados da instrumentação (leituras de recalques realizadas desde o início da construção da obra, juntamente com as cotas de elevação do terreno) são apresentados na Fig. 3.46. Um aterro de 4 m de altura para regularização do pátio de estacionamento de aeronaves foi construído sobre uma camada de argila mole de aproximadamente 8 m de espessura. O aterro foi executado em um período de mais ou menos três meses, os recalques praticamente estabilizaram em dezoito meses para uma área tratada com drenos geotêxteis, porém permaneceram ativos por mais de três anos para a área não tratada.

Portanto, aterros sobre solos moles podem exibir recalques consideráveis durante vários anos após a conclusão da obra, resultando em patologias ativas com manifestações contínuas e prolongadas. Existem muitos exemplos em várias regiões metropolitanas brasileiras de execução de aterros sobre solos moles, por causa do baixo custo da terra, com a construção de loteamentos e casas para a população de baixa renda nesses locais, e o aparecimento dos problemas anteriormente indicados.

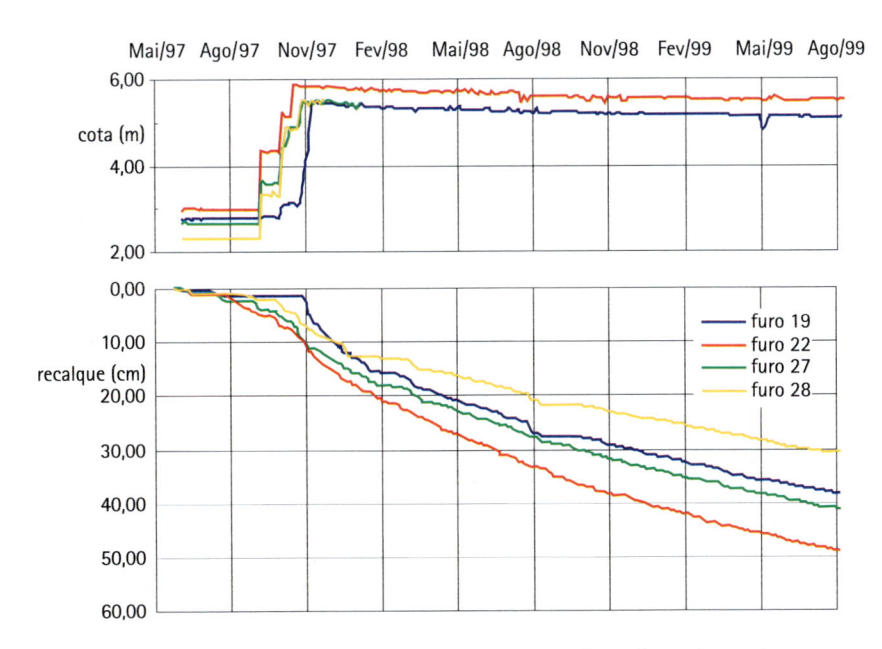

Fig. 3.46 *Resultados da instrumentação no aterro sobre solo mole no Aeroporto Internacional Salgado Filho, em Porto Alegre (RS)*

Além da execução de aterros compactados diretamente sobre a camada mole, outro exemplo frequente nas costas brasileiras é a ocorrência de camadas arenosas sobre depósitos argilosos. A camada arenosa absorve as cargas de pequenas construções. Grandes obras, com carregamento elevado transmitido ao solo de fundação, exigem a adoção de soluções por grupos de estacas, ou melhoramento da camada de argila com estacas de brita e areia. Passos et al. (2002) relatam um exemplo de melhoramento com estacas de compactação na cidade de Recife (PE). Nesses casos, a distribuição das cargas na área de projeção da base das estacas é significativa e o bulbo de tensões gerado pelo carregamento pode atingir a camada argilosa subjacente.

O carregamento na argila gera excessos de poropressões, cuja dissipação produz recalques que afetam a superestrutura. O impacto desses recalques, e suas possíveis consequências, devem ser analisados caso a caso, para que efeitos indesejáveis, tais como recalques muito elevados, sejam controlados e se mantenham dentro de limites admissíveis. O mecanismo de interação solo-estrutura é complexo, tanto para grupo de estacas como para melhoramento de solos, sendo seus efeitos normalmente estabelecidos a partir de regras empíricas e na própria experiência acumulada pelos projetistas.

3.10.3 Aterros Sanitários e Lixões

Historicamente, o uso de terrenos onde houve a disposição de resíduos sólidos urbanos de forma controlada (aterros sanitários) ou sem controle (lixões) tem se limitado a ocupações urbanas voltadas a áreas de lazer. Nos últimos anos, por causa do crescimento acentuado do tecido urbano, locais de deposição de resíduos passaram a ter também valor imobiliário para a construção de prédios comerciais e residenciais, bem como de toda a infraestrutura circundante (rede de água e esgoto, pavimentação etc.). Projetos geotécnicos nesses materiais requerem o estudo do comportamento reológico de rejeitos, considerando os recalques em razão da degradação do material existente no aterro em função do tempo. Além disso, segundo Tomlinson (1996), a degradação dos resíduos orgânicos em tais locais pode gerar gás metano, que pode ser potencialmente explosivo em altas concentrações. Na Inglaterra, são exigidos testes para a detecção/quantificação desse gás antes do início da construção de edificações sobre tais aterros.

Inúmeros artigos foram publicados sobre a previsão de desempenho de aterros sanitários com o tempo, especialmente nas últimas décadas (ver Sowers, 1973; Marques et al., 2003). Jucá (2003) apresenta um relato da geração e destinação dos resíduos sólidos no Brasil. No entanto, existem poucos relatos sobre projeto, acompanhamento e manutenção de edificações e de infraestrutura, de forma a compatibilizar as deformações do aterro sanitário às obras civis circundantes. Como exemplo da magnitude de recalques em aterros sanitários, na Fig. 3.47 são apresentadas as curvas de nível dos recalques previstos (superando dois metros) em um aterro sanitário na Califórnia (Keech, 1995).

No tocante às edificações assentes em aterros sanitários, o uso de fundações superficiais é limitado a estruturas provisórias que podem tolerar recalques diferenciais, sendo desejável que o aterro superior de solo (selamento) seja o mais espesso possível, para conferir capacidade de suporte ao sistema (Dunn, 1995). Estruturas permanentes exigem o uso de fundações profundas. O projeto de estacas em aterros sanitários e lixões requer:

↘ A análise de atrito negativo em razão do recalque causado pela decomposição dos resíduos (muitas vezes exigindo o emprego de metodologias construtivas que reduzam o efeito do atrito negativo, tais como o uso de camada betuminosa na face lateral da estaca, conforme ilustrado na Fig. 3.48).

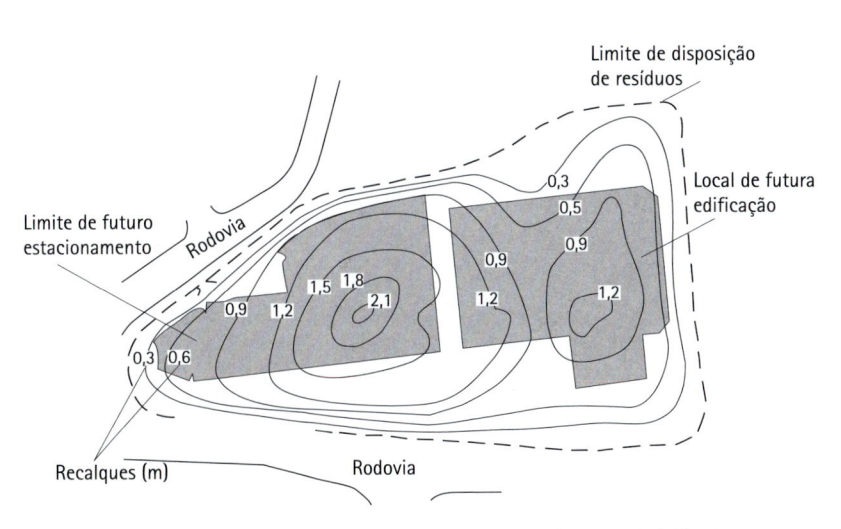

Fig. 3.47 *Curvas de nível de recalque em aterro sanitário na Califórnia*

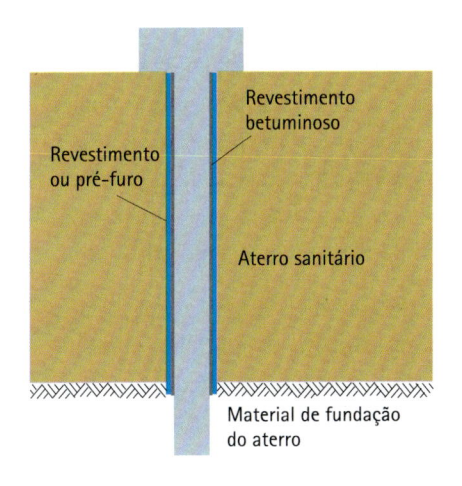

Fig. 3.48 *Emprego de metodologias construtivas para redução do efeito do atrito negativo de estacas em aterros sanitários/lixões, como o uso de camada betuminosa na face lateral da estaca*

- A garantia da integridade da estaca na sua execução em tal ambiente, por meio do pré-furo para a instalação de estacas cravadas (reduzindo o potencial de quebra pelas obstruções devidas à heterogeneidade do material).
- A verificação da continuidade no uso de estacas escavadas (Fig. 3.49), pela escavação do solo circundante para exposição do fuste.
- A avaliação do impacto de substâncias líquidas deletéreas, que se formam pela decomposição dos materiais existentes no aterro sanitário/lixão, tais como cloretos (causam corrosão no aço), ácidos e sulfatos (atacam o concreto). Recomendações específicas sobre a redução do potencial de corrosão de estacas de concreto armado e de aço nesses ambientes, tais como o aumento do recobrimento

Fig. 3.49 *Escavação para verificação da continuidade quando do uso de estacas escavadas atravessando aterros sanitários/lixões*

de concreto nas armaduras, redução do fator água/cimento – com o consequente aumento de resistência e diminuição da permeabilidade do concreto –, o aumento da seção transversal de aço e o encapsulamento por concreto da estaca de aço no ambiente corrosivo são apresentadas em detalhe por Rinne et al. (1994).

↳ Garantia da estanqueidade do selante de fundo de aterros sanitários na instalação das estacas, com o uso de revestimentos permanentes (preenchidos por bentonita) que penetrem no selante.

Considerações especiais (Keech, 1995) precisam ser feitas para projeto das conexões da rede de infraestrutura circundante às edificações apoiadas em antigos sítios de disposição de resíduos. Nas vias de acesso ao prédio é necessário o uso de lajes somente apoiadas no prédio (Fig. 3.50), permitindo rotações angulares para acomodar deslocamentos verticais. Canalizações (água, esgoto etc.) vinculadas ao prédio precisam ser projetadas com uma flexibilidade que permita acomodar recalques previstos para a vida útil da obra (Fig. 3.51).

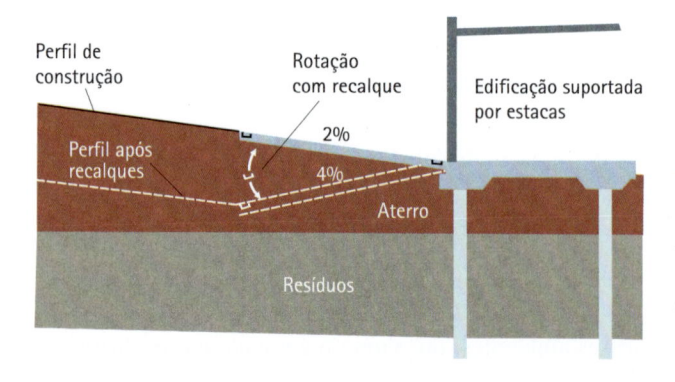

Fig. 3.50 *Uso de lajes somente apoiadas no prédio, permitindo rotações angulares para acomodar deslocamentos verticais*

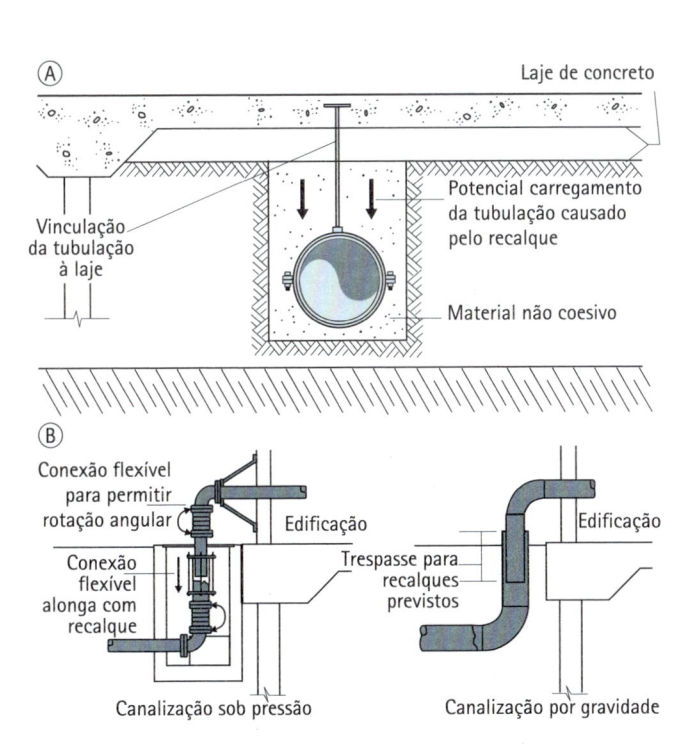

Fig. 3.51 *Vinculações e conexões da rede de infraestrutura circundante às edificações apoiadas em estacas sobre antigos sítios de disposição de resíduos: (A) canalizações vinculadas à laje; (B) conexões flexíveis (apud Keech, 1995)*

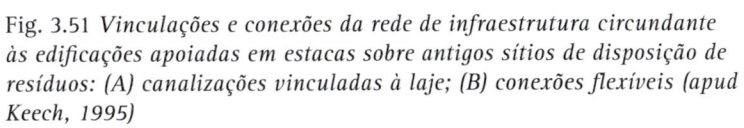

3.11 Desafios para Melhoria – Análise e Projeto

- "O conhecimento geotécnico e o controle de execução são mais importantes para satisfazer os requisitos fundamentais de segurança de uma fundação do que a precisão dos modelos de cálculo e os coeficientes de segurança adotados" (Eurocode 7, 1990).
- A escolha adequada do tipo de solução de um problema de fundações, considerando a real natureza do subsolo, das solicitações atuantes e o desempenho da estrutura sendo suportada permite iniciar o processo de análise e projeto de forma mais segura, evitando problemas executivos, de segurança ou de desempenho.
- Modelos de cálculo e fórmulas de previsão de desempenho precisam ser utilizados com pleno conhecimento de sua representatividade, limitações e da variabilidade de comportamento de fundações profundas sobre carga, com a adoção de fatores de segurança correspondentes.
- Somente utilizar métodos de previsão que tenham sido "calibrados" com provas de carga realizadas em perfis de subsolo

semelhantes ao da obra, preferencialmente comparando mais de um modelo de cálculo.

- Questões como incertezas na obtenção das propriedades dos perfis de solo, sua variabilidade, adoção de perfis de projeto representativos e efeitos dos processos executivos das fundações ou serviços necessários a sua implantação nas propriedades precisam ser consideradas na adoção de fatores de segurança que realmente cubram a disparidade entre as previsões e o real comportamento sobre carga das fundações de todos os elementos construídos.
- Em projetos executivos em que se faz necessário o conhecimento da resistência de argilas moles, parâmetros de compressibilidade e propriedades relacionadas com o estado de tensões (K_0, por exemplo, ou pré-adensamento) correlações de propriedades com os ensaios de SPT não devem nem podem ser utilizados, devendo ser feita a caracterização pelo uso de ensaios apropriados específicos.
- Necessidade de especificação/obrigatoriedade de mudança da prática dos processos de investigação, com determinação de propriedades de deformabilidade dos materiais, especialmente nos projetos de fundações diretas.
- Realização de pré-qualificação de estacas em obras complexas como garantia de bom desempenho e publicação dos resultados, aumentando o conhecimento sobre o comportamento de diferentes soluções de fundações.
- Projetos com especificações claras e objetivas (itens de controle referidos na ABNT NBR 6122/2010) e seu atendimento são fundamentais para o sucesso na execução de fundações;
- Os controles e ensaios necessários à supervisão devem ser estabelecidos na fase de projeto, com limites de aceitabilidade, detalhamento dos elementos a serem obtidos, tanto no que se refere ao solo quanto a materiais, procedimentos e efeitos da construção nas estruturas adjacentes, de acordo com os graus de complexidade e risco da obra;
- Especificação e exigência de execução de ensaios nas fundações profundas de acordo com os requisitos da ABNT NBR 6122/2010 (provas de carga estática e ensaios dinâmicos);
- Revisão de projeto. Uma forma de superar boa parte dos problemas indicados no item sobre análise e projeto seria o uso da prática de "revisão de projeto", adotada largamente em obras especiais e em situações que exigem programas de qualidade total ou de certificação ou de seguro (a partir de que complexidade seria desejável?).

EXECUÇÃO

As falhas de execução constituem o segundo maior responsável pelos problemas de comportamento das fundações. O sucesso na concepção e construção de uma fundação depende não somente de uma caracterização conveniente das condições do subsolo, de cálculo e projeto adequados da solução a implantar, mas também de especificações precisas e detalhadas de materiais e procedimentos em conformidade com a boa prática, uso de processos construtivos apropriados executados com pessoal experiente e equipamento adequado, acompanhados de supervisão e controle construtivo rigoroso.

Mesmo no caso de contratação de empresas especializadas para a execução de fundações, é sempre necessário fiscalizar a execução, com registro de todos os dados relevantes, para informar ao projetista das reais condições executivas, verificar a conformidade com as especificações de normas vigentes (ABNT NBR 6122/2010 – Projeto e Execução de Fundações) e da boa prática, além de preservar as informações das fundações efetivamente construídas para eventuais necessidades futuras. Referências relativas à prática brasileira e internacional de execução de fundações podem ser encontradas nas publicações a seguir listadas: ICE (1996); Teixeira e Godoy (1998); Décourt et al. (1998); Maia et al. (1998); Wolle e Hachich (1998); Federation of Piling Specialists (1999) O'Neill e Reese (1999); FHWA (2007); Fleming et al. (2009); ABEF (2012).

Em casos especiais existe a necessidade de realização de ensaios complementares nas fundações para comprovar sua adequação e segurança, como apresentado de forma suscinta nos itens 4.5 e 4.6. Ver estacas – prova de carga estática (ABNT NBR 12131/2006), estacas – ensaio de carregamento dinâmico (ABNT NBR 13208/2007) ou verificação de integridade (Niyama, Aoki e Chameki (1998), ABNT NBR 13208/2007 e Cintra et al. (2013) entre as referências brasileiras; e Weltman (1977), Goble e Rausche (1981), Goble, Rausche e Likins (1980, 1985), Sliwinski e Fleming (1984), Baker (1985), Starke e Janes (1988), Baker et al. (1991), Kyfor et al. (1992), Schellingerhout (1992, 1996), Turner (1997), Amir (2002), Leibich (2002), DFI (2004, 2012), Brettmann e Nesmith (2005), FHWA (2005), Hertlein e Davis (2005), Stain (2005), ASCE (2007, 2008, 2010), ASTM (2007b, 2008), Jalinoos, Mekic e Hanna (2008) e Mullins (2010) entre as internacionais.

Deveria constituir-se em prática corrente e regular a certificação dos serviços de fundações, com a realização de ensaios de acompanhamento e controle dos materiais e processos, bem como verificação de integridade e desempenho das fundações prontas. Os procedimentos modernos de ensaio (PDA – *Pile Driving Analyzer* e PIT – *Pile Integrity Testing*) permitem a identificação de problemas de integridade e caracterizam cargas mobilizadas de forma rápida e econômica, podendo se constituir em elementos importantes no processo de garantia de qualidade das fundações, e ter seu uso mais disseminado.

A apresentação do tema dos problemas decorrentes do processo construtivo abordará os seguintes tópicos: fundações superficiais, fundações profundas, controle dos volumes concretados, preparo da cabeça das estacas de concreto, ensaios de integridade e provas de carga.

4.1 Fundações Superficiais

Os problemas de execução de fundações diretas serão apresentados segundo a sua origem, agrupando-se aqueles envolvendo aspectos relacionados com o solo sob o qual a fundação se apoia e os relacionados com a estrutura dos elementos de fundação.

Pela facilidade construtiva e larga utilização em construções de pequeno porte, as fundações superficiais são, muitas vezes, executadas sem projeto realizado por pessoal qualificado e sem supervisão e acompanhamento por profissional experiente, resultando em problemas variados e frequentes. São comuns os projetos baseados em soluções de obras vizinhas, ou em abordagens empíricas provenientes de publicações onde são indicados valores típicos de tensão admissível não adequados ao problema.

A execução de ensaios em placa no terreno (ABNT NBR 6489/1984), forma segura de definir o comportamento do solo sob carregamento, é extremamente rara e utilizada apenas em casos especiais, como comprovação de comportamento em solos desconhecidos, ou por procedimentos padronizados de controle de qualidade do contratante.

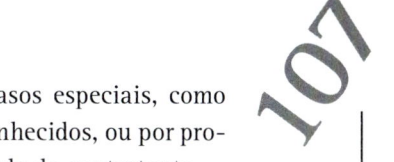

4.1.1 Problemas Envolvendo o Solo

Dentre os problemas de fundações superficiais causados pelo processo construtivo envolvendo o solo, pode-se referir os seguintes:

- Construção de elementos de fundação assentes em solos de diferente comportamento, típico de situações onde ocorrem cortes e aterros mas as fundações são construídas na mesma cota, ou existe uma variação de profundidade da camada resistente sem que as fundações fiquem assentes no material para o qual foram projetadas, resultando recalques diferenciais ou mesmo o colapso das fundações (Fig. 4.1).
- Amolgamento de solo (destruição da estrutura do solo com a consequente redução de resistência) no fundo da vala, causado pela falta de cuidado na escavação e limpeza, ou à falta de limpeza de material caído das paredes ou remanescente de escavação, provocando recalques incompatíveis com o projeto (Fig. 4.2).
- Sobre-escavação preliminar e reaterros mal executados, apoiando-se as sapatas em condições diferentes das estimadas, pelas características precárias do material simplesmente colocado sem

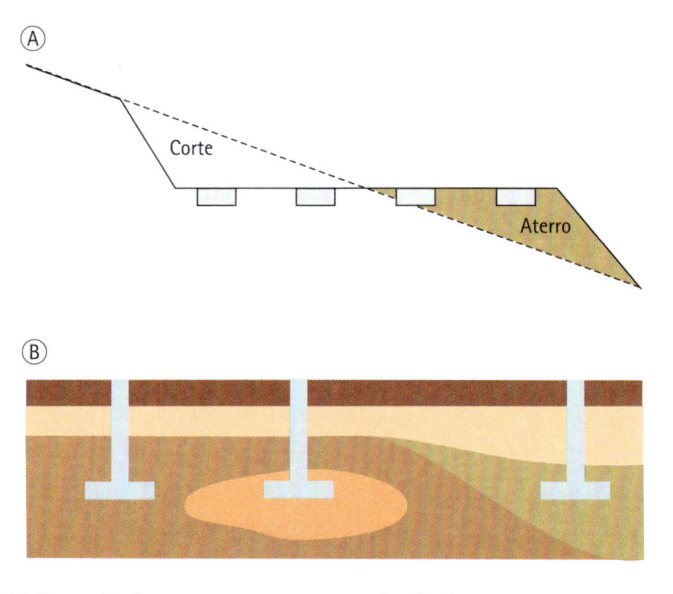

Fig. 4.1 *(A) Situação de corte e aterro com as fundações assentes na mesma cota; (B) Fundações diretas apoiadas em solos com características diferentes*

os cuidados necessários de compactação, resultando na ocorrência de recalques.

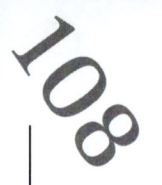

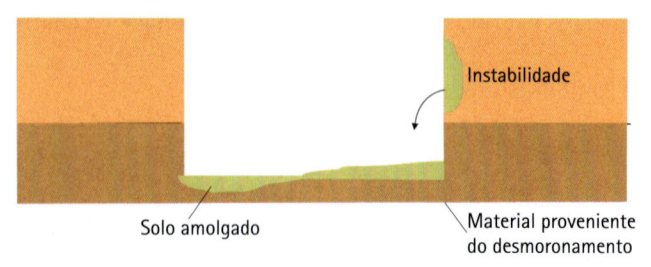

Fig. 4.2 *Amolgamento do solo ou falta de limpeza da cava de fundação*

↘ Situações de substituição de solo com uso de material não apropriado ou executado sem compactação adequada. Essa situação é frequente e ocorreu, por exemplo, em prédio escolar no Rio Grande do Sul, no qual a presença de solos moles superficiais exigiu a substituição de solo para utilização de projeto padrão de sapatas. Os trabalhos de reaterro não foram executados com materiais adequados (pela distância da jazida disponível), nem compactados com controle, resultando instabilização das fundações após a inundação pela ação das chuvas, previamente ao carregamento das fundações, conforme ilustrado na Fig. 4.3. A solução do problema foi a escavação do material colocado impropriamente e a execução de aterro com solo selecionado, como originalmente previsto, e compactação controlada, garantindo a segurança da solução.

↘ Sapatas executadas em cotas diferentes com desmoronamento ou alívio da fundação apoiada no nível superior, provocados pela posterior escavação para a sapata situada na cota inferior, contrariando o item 6.4.5 da ABNT NBR 6122/2010 e a boa prática.

↘ Sapatas executadas em cota superior a canalizações em projeto ou já existentes no terreno. A posterior escavação para implantar canalizações ou sanar vazamentos compromete as fundações (Fig. 4.4). É bastante comum a implantação de canalizações em reaterros mal executados e sem cuidados especiais. Os reaterros deformam, as canalizações vazam e ocorre o carreamento do solo, al-

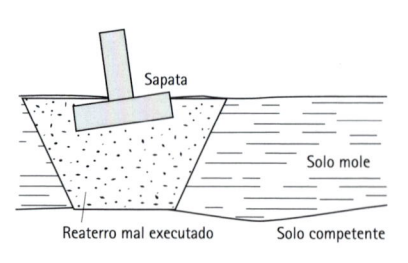

Fig. 4.3 *Sapatas apoiadas sobre solo substituído não selecionado, sem compactação adequada*

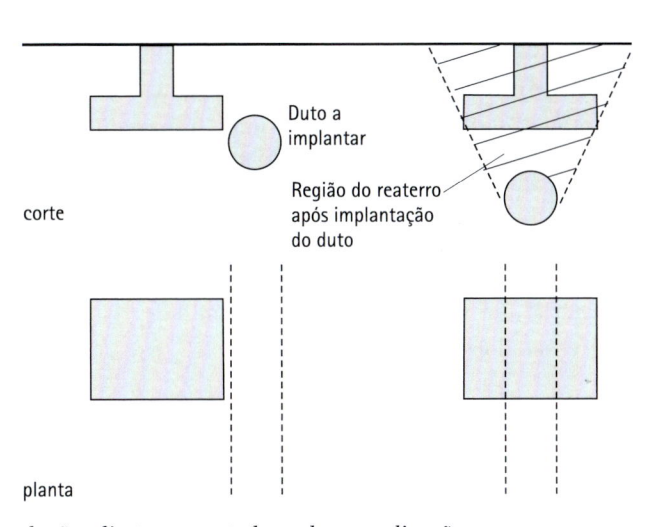

Fig. 4.4 *Fundações diretas executadas sobre canalizações*

Fig. 4.5 *Apoio excêntrico de pilar metálico de estrutura de acesso à ponte sobre fundação direta*

gumas vezes em extensões significativas, envolvendo a base das fundações já implantadas.

4.1.2 Problemas Envolvendo Elementos Estruturais da Fundação

Os problemas originados pelos elementos estruturais das fundações superficiais são os relacionados a seguir:

↘ Qualidade inadequada do concreto, com tensão característica inferior a de projeto, resultando condição insegura, ou abatimento inadequado às necessidades de lançamento e adensamento, repercutindo na integridade dos elementos construídos.

↘ Ausência de regularização com concreto magro do fundo da cava de fundação, para posterior construção de sapata, com contaminação do concreto e recobrimento inadequado da armadura, resultando em degradação a médio e longo prazos (Fig. 4.6). É comum a regularização com camada de brita, resultando muitas vezes na ocorrência de problemas de recobrimento da armadura e de perda de água do concreto da sapata, produzindo um material poroso e inadequado do ponto de vista de resistência à agressão do meio.

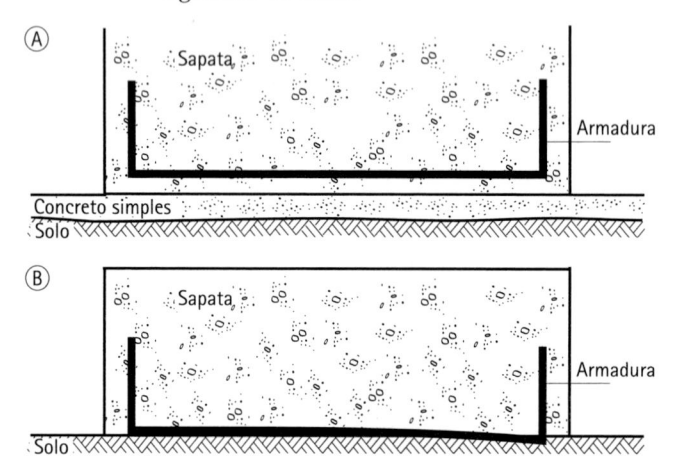

Fig. 4.6 *Ausência de concreto magro na base de fundação direta causando contaminação da armadura: (A) projeto; (B) execução*

↘ Execução de elementos de fundação com dimensão e geometria incorretas. Essa é uma situação relativamente comum em sapatas com altura variável ou escalonadas, resultando em tensões incompatíveis com a estrutura ou com o solo. A Fig. 4.7A mostra uma situação em que foi necessário o reforço de fundações em prédio com três pavimentos, assente sobre fundações diretas, nas quais o uso de geometria diferente da indicada em projeto induziu ao puncionamento das sapatas e recalque significativo da estrutura. A Fig. 4.7B apresenta uma situação em que a espessura da sapata executada (5 cm) é menor que a de projeto (60 cm).

↘ Presença de água na cava durante a concretagem, prejudicando a qualidade e integridade da peça em execução. A concretagem deve ser realizada sem nenhuma ocorrência de água, ou deve ser utilizado o processo de concretagem submersa para a obtenção de elemento íntegro de fundação.

↘ Adensamento deficiente e vibração inadequada do concreto, resultando em peças sem a geometria ou integridade projetadas e falta de recobrimento de armadura. Essa situação dá origem a condição insegura do elemento de fundação e propicia sua degradação ou mesmo colapso sob carga, dependendo da extensão do problema (Fig. 4.8).

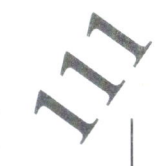

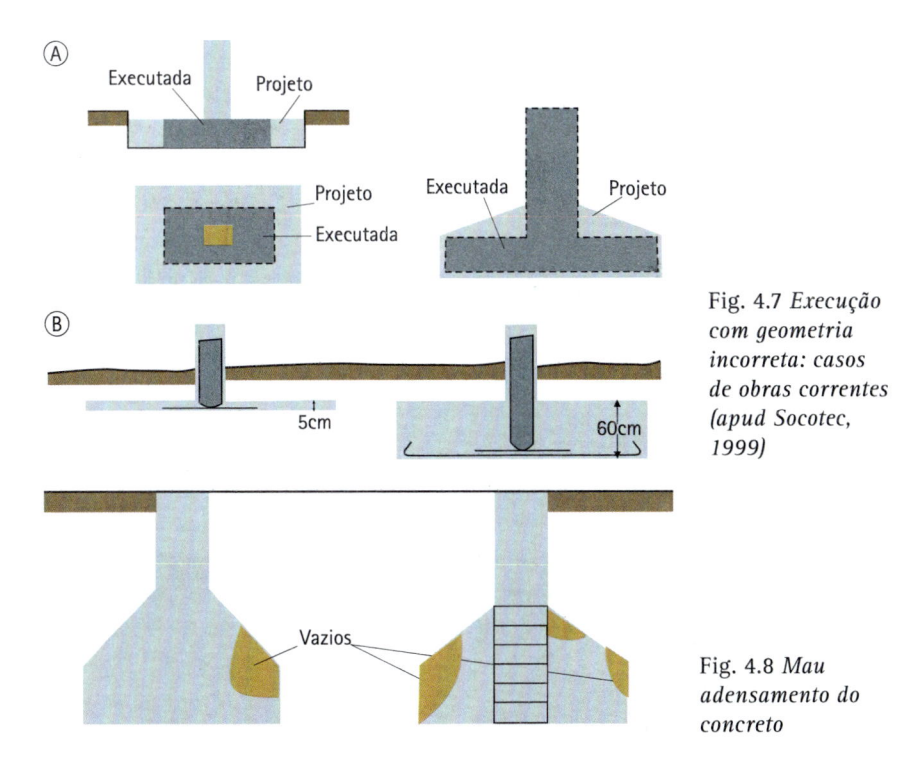

Fig. 4.7 *Execução com geometria incorreta: casos de obras correntes (apud Socotec, 1999)*

Fig. 4.8 *Mau adensamento do concreto*

↳ Estrangulamento de seção de pilares enterrados em razão da armadura densa, estribos mal posicionados, concreto de trabalhabilidade inadequada ou falta de limpeza interna da forma e desforma para inspeção. Na experiência dos autores, essa situação foi verificada em estrutura que entrou em colapso e em mais três casos de ocorrência de problemas, incluindo um em que sapatas apoiadas em rocha apresentaram evidente mau comportamento das fundações. É típico de casos com concretagem difícil, por instabilidade da escavação ou presença de água, nas quais não é feita a desforma para inspeção da integridade dos elementos, sendo simplesmente reaterrada a escavação sem retirada da forma dos pilares enterrados. A Fig. 4.9 identifica tal situação, responsável pelo desabamento de prédio com quatro pavimentos, em Porto Alegre, com sapatas assentes em material de excelente comportamento. A presença de serragem na base

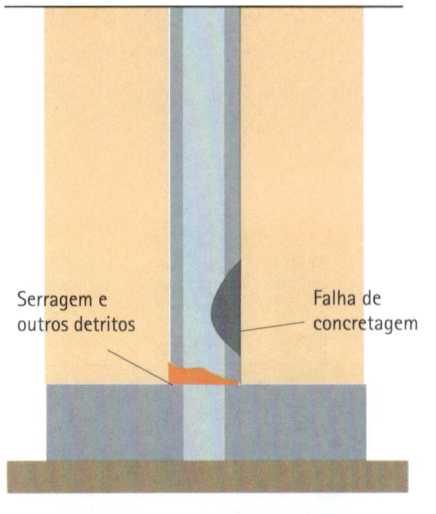

Fig. 4.9 *Estrangulamento de seção de pilares enterrados*

(Serragem e outros detritos / Falha de concretagem)

dos pilares foi verificada na inspeção após o acidente, em alguns casos abrangendo toda a seção, causando a ruptura da peça sob carregamento. Na Fig. 4.10, são exibidas sapatas concretadas com pilaretes sem desforma e desmoronamento do solo (areia abaixo do nível freático), causando grande problema de integridade e patologia no prédio construído.
↘ Armaduras mal posicionadas ou insuficientes, provocando problemas de recobrimento (integridade a longo prazo) ou, por não atender às necessidades das solicitações, conduzindo à insegurança estrutural (Fig. 4.11).
↘ Junta de dilatação mal executada (Fig. 4.12).

Fig. 4.10 *Sapatas concretadas com pilaretes sem desforma e desmoronamento do solo*

Fig. 4.11 *Armadura sem recobrimento*

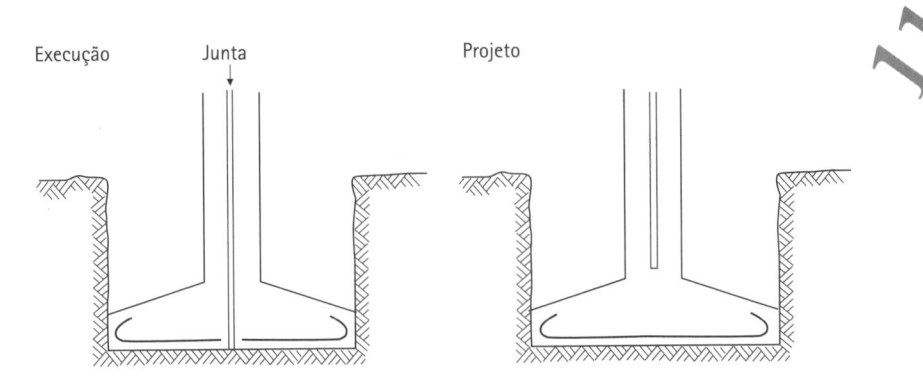

Fig. 4.12 *Junta de dilatação mal executada (Socotec, 1999)*

4.2 FUNDAÇÕES PROFUNDAS

As fundações profundas apresentam peculiaridades que as tornam diferentes dos demais elementos das edificações. A elaboração do projeto está diretamente relacionada às características de execução de cada sistema de fundações profundas, não envolvendo apenas a adoção de perfil típico do solo e a análise através de teoria ou método específico de cálculo.

Uma estaca nem sempre é executada conforme os requisitos definidas no projeto, pois depende da variabilidade das condições de campo. Além da possibilidade de variação das características do subsolo identificadas na etapa de investigação, existem limitações de capacidade de equipamento e de geometria (comprimentos e diâmetros, por exemplo), e as condições de campo, muitas vezes, obrigam a mudanças substanciais no projeto original.

Fundações por estacas exigem uma comunicação eficiente entre o projetista e o executante, de forma a garantir que as reais condições construtivas sejam observadas e o projeto se adéque à realidade.

Detalhes do processo construtivo são essenciais ao bom desempenho das fundações profundas. Segundo Biarrez (1974), estas práticas, considerando os detalhes e cuidados construtivos e sua possível repercussão no sucesso ou fracasso de desempenho do elemento construído, pode ser comparada à culinária, onde um pequeno detalhe esquecido ou mal executado pode resultar em fracasso total.

A evolução no desenvolvimento de equipamentos construtivos de fundações e de materiais resultou no aumento da capacidade de carga dos elementos individuais, fazendo com que, em grande número de casos, seja utilizada uma única estaca para cargas elevadas, ao contrário da solução clássica de bloco sobre várias estacas para essa condição. Ocorreu também um aumento das tensões características de projeto, conduzindo a elementos individuais com cargas mais elevadas que as anteriormente adotadas. A responsabilidade e a repercussão da falha de uma estaca é pois, diferenciada atualmente, se comparada à situação de grupos de estacas em que a falha de um elemento individual não provoca, necessariamente, o colapso do bloco.

Deve-se também considerar que a execução de uma fundação profunda afeta o solo e as fundações vizinhas já executadas, provocando alterações nas condições iniciais consideradas no projeto. Cada sistema de fundação afeta de forma diferente o solo e os elementos já executados, exigindo a análise detalhada em cada caso para avaliar a adequação do método de cálculo e examinar a estabilidade e eficiência da solução projetada.

Por condicionantes de espaço e objetividade, as fundações profundas serão classificadas em dois grandes grupos, a saber:

- Estacas escavadas, definidas como aquelas em que o processo executivo é realizado com a retirada de solo.
- Estacas cravadas, com execução sem a retirada do solo.

Apresentam-se os principais problemas decorrentes da execução, encontrados na prática de engenharia para o grupo e especificamente para os tipos comuns de estacas.

Não serão abordadas as estacas mistas por se constituírem em casos especiais, utilizadas em situações não correntes, usualmente projetadas e executadas por especialistas e com ampla possibilidade de combinações de tipo de procedimento construtivo.

4.2.1 Problemas Genéricos

Apresentam-se a seguir os problemas que ocorrem nas fundações profundas e que são comuns a mais de um tipo de procedimento construtivo (Fleming; Lane, 1971).

- Erros de locação, com estacas executadas fora da posição de projeto, causando solicitações não previstas em vigas de equilíbrio e blocos de coroamento, ou nas próprias estacas. Situação bastante comum quando não há verificação de posicionamento pós-execução e recálculo da estrutura para a condição real de execução, ou quando existe proximidade excessiva entre elementos, afetando o funcionamento e reduzindo sua eficiência, como mostrado nas Figs. 4.13 e 4.14.

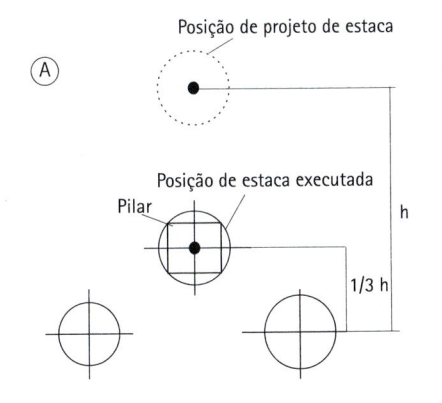

Fig. 4.13 *(A) Erros de locação ou excentricidade não consideradas; (B) exemplo de excentricidade de estacas*

Fig. 4.14 *(A) Apoio excêntrico em estaca pré-moldada de ponte; (B) bloco excêntrico sobre estaca hélice contínua em escavação realizada para implantação de subsolo não previsto em projeto inicial*

↘ Erros ou desvios de execução, comuns em casos de presença de obstruções (matacões ou blocos disseminados na massa de solo), ou, simplesmente, desatenção no início da execução de cada elemento produz os mesmos efeitos anteriormente referidos.

↘ Erros de diâmetro ou lado do elemento (estaca com seção inferior ao projetado), resultando em resistência insuficiente, conforme Fig. 4.15.

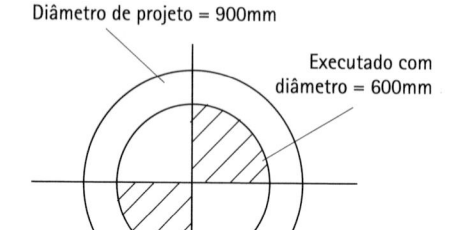

Fig. 4.15 *Erros de tamanho ou diâmetro de estacas*

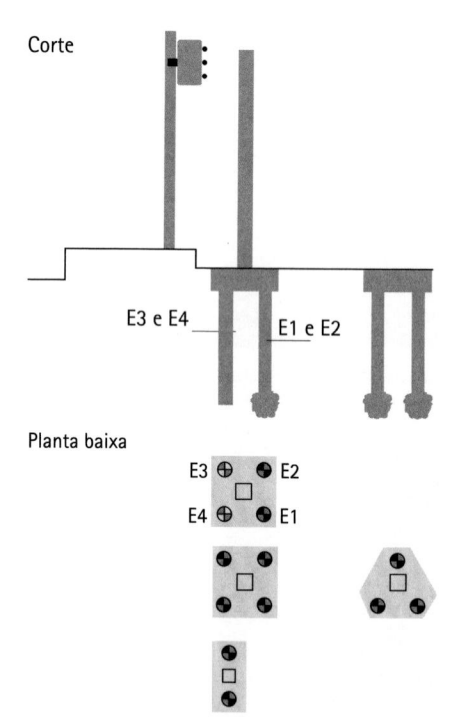

● E1 e E2 - estacas Franki ∅ 450mm
⊕ E3 e E4 - estacas Strauss ∅ 500mm

Fig. 4.16 *Execução de estacas diferentes num mesmo bloco resultando rigidez diferente da projetada*

↘ Substituição no canteiro da estaca projetada por elementos "equivalentes" na ausência de ferramenta, ou material, com erros conceituais de eficiência e comportamento. Típica de soluções por pessoal não qualificado, ou uso de solução padrão sem justificativa. Exemplos: estacas escavadas mais curtas que o projetado por ocorrência de obstrução, com aumento de diâmetro não calculado; estacas pré-moldadas de determinada dimensão substituídas por duas de dimensão menor, sem cálculo, resultando em alteração do centro de gravidade do estaqueamento e distribuição de cargas não prevista nas estacas; colocação de reforços em elementos pré-moldados quebrados sem consideração de proximidade ou alteração de geometria do bloco e seus efeitos etc.

A Fig. 4.16 mostra projeto de bloco suportando pilar da extremidade do prédio, com carga projetada de 300 toneladas, com quatro estacas tipo Franki de 450 mm de diâmetro, próximo a poste com transformador. Por problema de acesso do equipamento na execução das duas estacas próximas ao poste, houve substituição por estacas tipo Strauss de 500 mm de diâmetro. Essas estacas executadas com equipamento de menor porte não apresentavam interferência e risco pela proximidade com os cabos de alta tensão. Como resultado da "solução" adotada na obra, ocorreu deficiência de capacidade de carga geral do bloco e, consequente, desaprumo do prédio com doze pavimentos, que teve de sofrer reforço de fundações nesse bloco com perfis metálicos, em regime de urgência. As estacas tipo Strauss executadas não só tinham baixa resistência como acabaram afetando o comportamento das estacas cravadas, pela escavação necessária à sua implantação, reduzindo o confinamento dos elementos já implantados.

- Inclinação final executada em desacordo com o projeto, por dificuldade construtiva ou erro, resultando em solicitações diferentes das previstas e conduzindo a situação insegura, como mostrado na Fig. 4.17.
- Pilaretes com excentricidade apoiados sobre estacas sem bloco de coroamento e excêntricos ou com blocos sem a devida rigidez e não vinculando adequadamente as estacas na estrutura a suportar (Fig. 4.18).
- Falta de limpeza adequada da cabeça da estaca para vinculação ao bloco, originando deformações durante o carregamento; ou casos de demora na execução da concretagem do bloco, sem nova limpeza da cabeça das estacas, em locais onde pode haver contaminação ou presença de sujeira na interface, como mostra a Fig. 4.19.

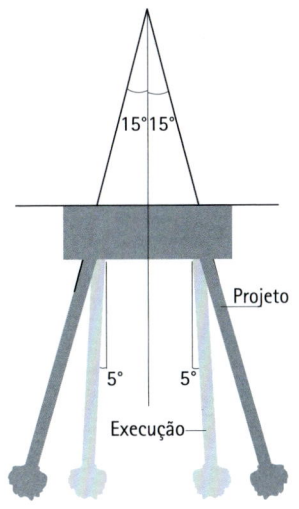

Fig. 4.17 *Inclinação diferente da projetada*

- Falta de vinculação entre as estacas e o bloco de coroamento em obras de pontes por erosão do concreto fresco do bloco devido à elevação do nível do rio, como mostrado na Fig. 4.20.
- Ausência ou posição incorreta de armadura de fretagem de projeto no bloco ou topo do elemento de fundação, quando necessária. Deve ser verificada a necessidade de uso da armadura sempre que houver mudança de seção entre elementos estruturais (Fig. 4.21).

Fig. 4.18 *Patologias e má prática em fundação de residência com estacas expostas ao ser escavado o terreno para implantação de estacionamento (estacas ligadas por viga, falta de vinculação estacas x viga, estacas com pilar excêntrico, estacas inclinadas, estaca seccionada em bloco com duas estacas)*

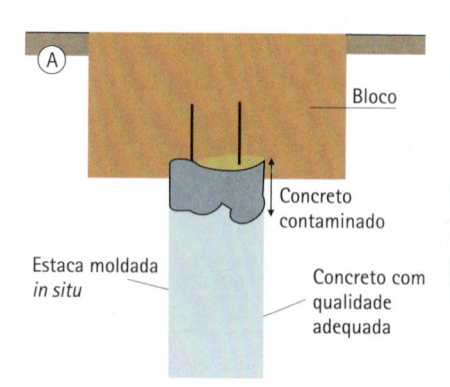

Fig. 4.19 *(A) Falta de limpeza na cabeça da estaca; (B) falta de vinculação estaca x bloco, verificada após o aparecimento de trincas na edificação apoiada no bloco*

> Cota de arrasamento diferente do essencial resultando em necessidade de emenda ou perda de espera de pilar (Fig. 4.22). Em algumas situações, é executado elemento em concreto simples, como prolongamento do corpo da estaca, sem vinculação de qualquer natureza. Essa situação pode ser instável ou produzir solicitações que as peças envolvidas não suportam com segurança.

> Posicionamento indevido de armadura ou falta de efetiva vinculação nos casos de estacas tracionadas, não transmitindo a solicitação a elas (Fig. 4.23).

Fig. 4.20 *Bloco concretado sobre estacas pré-moldadas com nível do rio em elevação, sem inspeção posterior, resultando perda de concreto com falta de vinculação estacas x bloco - ponte Marechal Rondon*

↘ Características do concreto inadequadas. Complicação típica das estacas moldadas *in situ*, responsável por inúmeros problemas construtivos e também de degradação. Referências abrangentes e atuais sobre o tema são Federation of Piling Specialists (1999) e Henderson et al. (2002).

4.2.2 Estacas Cravadas

As estacas executadas por cravação de elementos na massa de solo podem ter os seguintes problemas:

↘ Falta de energia de cravação, problemas genéricos de peso insuficiente do martelo ou baixa energia do sistema de cravação em relação à estaca cravada, ou insuficiência para ultrapassar eventuais obstruções ou horizontes intermediários resistentes, resultando elementos cravados aquém das necessidades (ABNT NBR-6122/2010 especifica peso mínimo de martelo relacionado com o peso da estaca sendo cravada e energia especificada nas estacas tipo Franki). Martelos leves em relação ao peso da estaca produzem nega ou impossibilidade de penetração, sem que o comprimento atingido seja suficiente para a transmissão de carga ao solo.

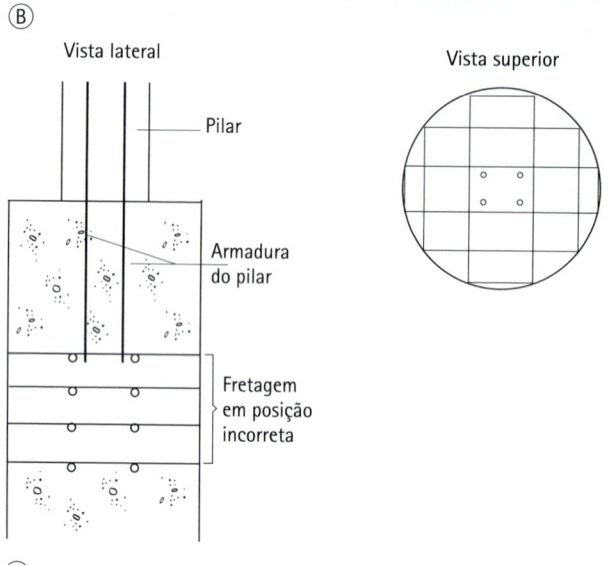

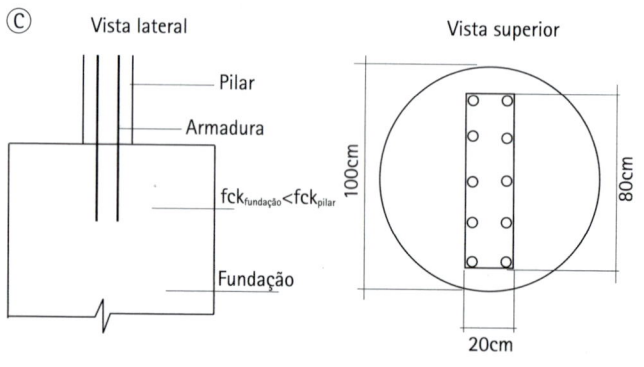

Fig. 4.21 (A) armaduras de fretagem de seção circular e retangular; (B) posição incorreta; (C) ausência de armadura de fretagem

↘ Excesso de energia de cravação, pelo uso de martelos muito mais pesados que o adequado em relação ao elemento sendo cravado ou altura de queda excessiva, provocando danos estruturais aos elementos de fundações (madeira, metálicos, pré-moldados etc.). Se não detectados, resultam em mau desempenho das fundações (Fig. 4.24).

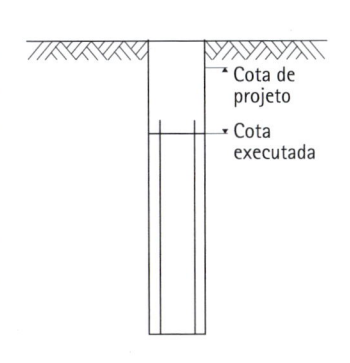

Fig. 4.22 *Cota de arrasamento diferente da do projeto*

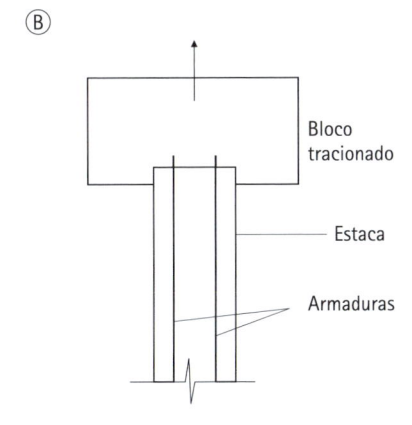

Fig. 4.23 *Falta de vinculação nos casos de estacas tracionadas, não transmitindo a solicitação do bloco às estacas: (A) caso de torre de transmissão com problemas de vinculação; (B) exemplos de falta efetiva de vinculação*

Fig. 4.24 *Excesso de energia de cravação em estacas pré-moldadas de concreto*

↳ Compactação do solo (Meyerhof, 1963, Nataraja e Cook, 1983), especialmente os granulares nas estacas cravadas com deslocamento de solo, como as pré-moldadas de concreto e tipo Franki. Isso pode induzir a comprimentos diferenciados em blocos com grande número de estacas (Fig. 4.25) e até impossibilitar execução com espaçamento inicial de projeto, sendo necessário em alguns casos a execução de pré-furo para permitir a cravação até a profundidade necessária. O efeito é benéfico do ponto de vista de resistência individual da estaca (Nataraja e Cook, 1983).

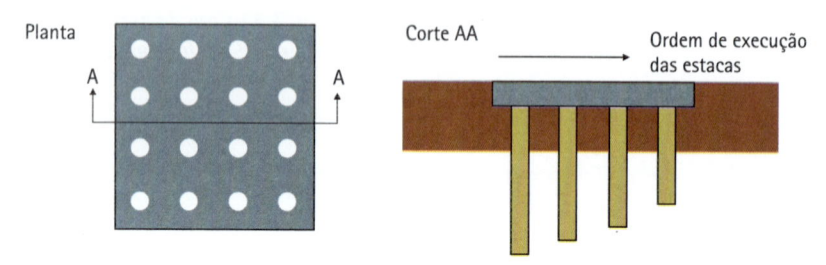

Fig. 4.25 *Compactação do solo granular pela cravação de estacas de deslocamento, provocando assimetria de bloco com muitas estacas*

↳ Levantamento de elementos já cravados pela execução de novos elementos, típico de blocos com várias estacas que provocam deslocamento do solo na cravação (Franki, pré-moldada de concreto, tubulares de ponta fechada). Dependendo da magnitude do levantamento, pode haver prejuízo no desempenho das fundações. A Fig. 4.26 mostra o efeito da cravação da estaca em elementos já executados (Massarsch e Broms, 1989). Tendência de levantamento de estacas devido a cravação de elementos adjacentes, função do espaçamento entre as mesmas, é apresentada na Fig. 4.27 (Sagaseta e Whittle, 2001). A Fig. 4.28A mostra foto de estaca Franki exposta onde fica evidente a descontinuidade de fuste provocada pela cravação de outros elementos (Clark, 1978). Na Fig. 4.28B são apresentados dois blocos com estacas Franki nos quais durante a cravação verificou-se o levantamento geral da massa de solo, bem como o levantamento das estacas já cravadas (Clark, 1978). Outro efeito indesejável é o deslocamento lateral de estacas já executadas. Um exemplo semelhante ocorreu em caso recente de bloco com 184 estacas pré-moldadas com seção de 50 cm x 50 cm, afastadas dois metros, em que houve levantamento geral da massa de solo de 70 cm, e levantamento das estacas de até 12 cm, como indicado na Fig. 4.28C. Foi verificado, por meio de provas de carga es-

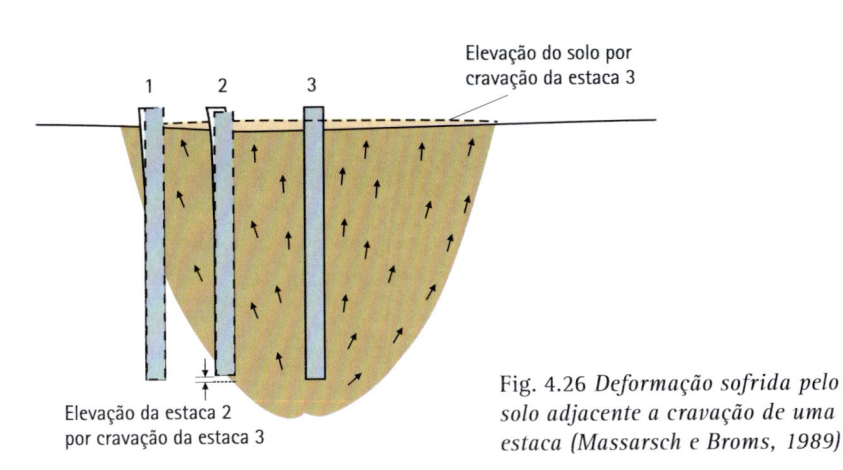

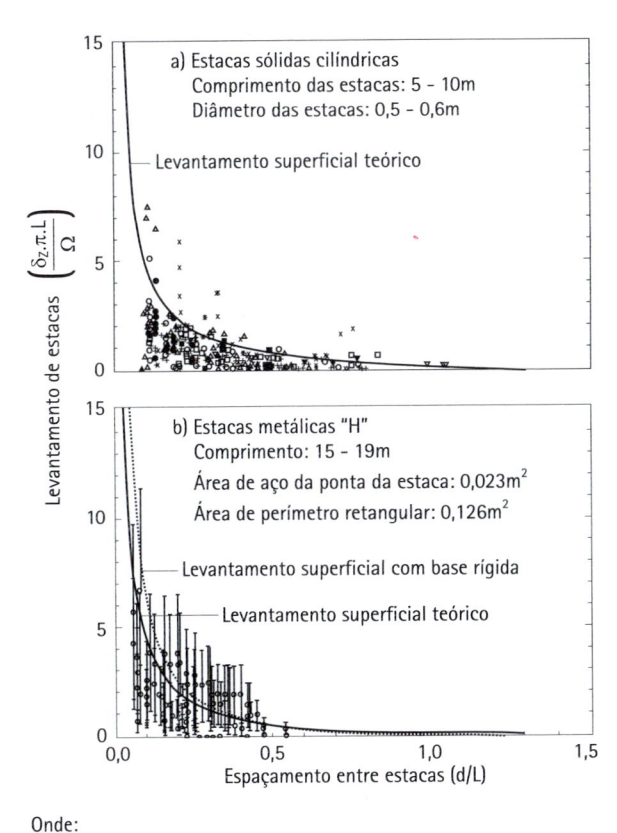

Fig. 4.26 *Deformação sofrida pelo solo adjacente a cravação de uma estaca (Massarsch e Broms, 1989)*

Fig. 4.27 *Levantamento de estacas por causa da cravação de elementos adjacentes (Sagaseta e Whittle, 2001)*

Onde:
δ_Z = levantamento da estaca
L = comprimento da estaca
Ω = área de ponto da estaca
d = distância entre estacas

táticas (Fig. 4.28D), um caso com resistência de ponta da estaca praticamente nula (estaca PCC-12), bem como outro no qual após deslocamento de aproximadamente 50 mm, houve uma retomada de mobilização de resistência de ponta (estaca PCC-19), demonstrando o comprometimento das estacas que haviam sofrido levantamento de vários centímetros devido a cravação de elementos adjacentes. O prosseguimento da execução das estacas do bloco foi feito com a realização de pré-furo nas estacas ainda não cravadas, e recravação de todas as estacas levantadas, com desempenho resultante satisfatório, comprovado pela realização de prova de carga estática em uma estaca e PDA em número representativo nas demais.

↘ Falsa nega. Após se obter a nega na cravação, ao verificar-se a penetração na recravação a estaca penetra facilmente. Esse fenômeno pode ter origem em vários mecanismos de comportamento do solo, tais como a geração de poropressões negativas durante a cravação ou relaxação do solo. Quando a falsa nega não é identificada, a estaca apresenta reduzida capacidade de carga. De acordo com a boa prática, em situações novas, as estacas devem sempre ser recravadas após 24 horas, para verificação de desempenho. Referências sobre casos em que o problema foi identificado são Yang (1970), Gupta (1970) e Davie e Bell (1991).

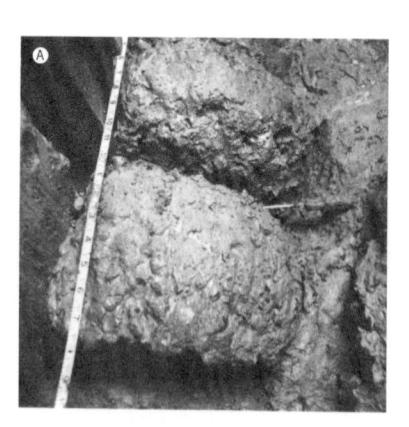

Fig. 4.28 *Levantamento de estacas: (A) estaca Franki exposta em que fica evidente a descontinuidade de fuste provocada pela cravação de elementos adjacentes (Clark, 1978); (B) levantamento geral de estacas causados pela cravação de outros elementos em mm (Clark, 1978)*

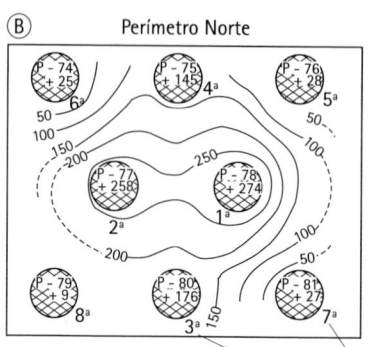

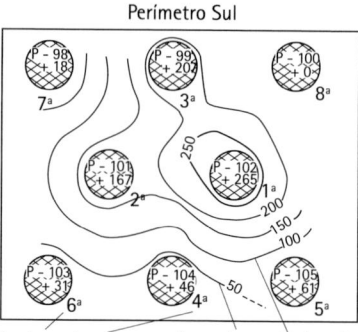

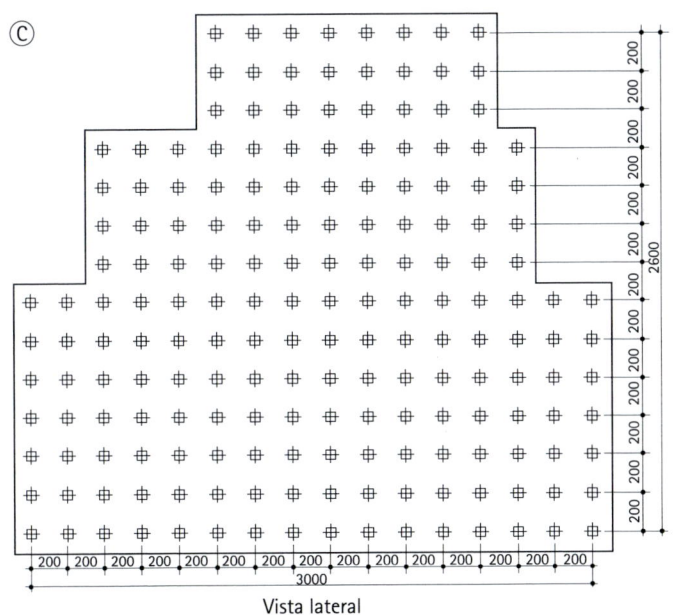

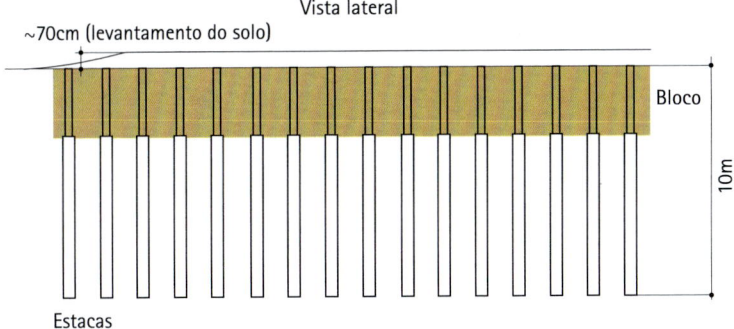

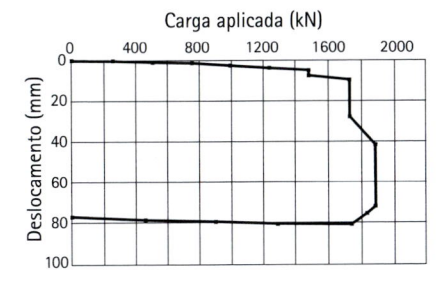

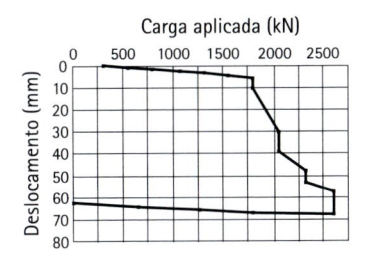

Fig. 4.28 *Levantamento de estacas: (C) caso recente de levantamento de estacas pré-moldadas de concreto; (D) verificação do comprometimento de estacas pré-moldadas de concreto devido a cravação de elementos adjacentes, por meio de provas de carga estática (Milititsky, 2003)*

- Flexão dos elementos sendo cravados. O deslocamento lateral das estacas durante a cravação pode afetar seu desempenho, reduzindo a resistência lateral, e também provocar danos ou flambagem de elementos esbeltos durante o processo (Aoki e Alonso, 1988; Poskitt, 1991).
- Elevação da pressão neutra em solos argilosos saturados (Bjerrum e Johannessen, 1960; Holtz e Boman, 1974), podendo resultar, no caso de grupos de estacas muito próximas a taludes, em ruptura.
- Amolgamento de solos argilosos saturados e consequente redução de resistência.
- Influência do uso de jato de água ou da pré-perfuração na capacidade de carga em razão da resistência lateral das estacas: quando são correlacionados valores de resistência do solo obtidos por ensaios realizados na condição original, e as estacas executadas com pré-furo ou jato de água para permitir penetração até certa profundidade, pode ocorrer redução de capacidade de carga. O único trabalho conhecido relativo ao tema é dos autores Jaime et al. (1992), no qual ficou bem caracterizada a redução em caso de variação de dimensão do pré-furo em argilas.

Na publicação de Healy e Wealtman (1980) apresenta-se, de forma detalhada, vários problemas causados por estacas que provocam deslocamento da massa de solo durante sua execução.

i) Madeira

No caso de utilização da madeira como elemento de fundação, devem ser adotados cuidados especiais na seleção do material e sua geometria. Os seguintes problemas podem ocorrer na execução desse tipo de estaca:

- Uso de material inadequado, pela baixa resistência e degradabilidade, ou elemento sem a geometria adequada para servir de elemento de fundação, em geral esbeltos, não retilíneos.
- Falta de proteção na cabeça da estaca, provocando dano e amortecimento na cravação.
- Danos na ponta da estaca, provocados por obstruções existentes e cravação enérgica.
- Emendas inadequadas, não resistindo a cravação ou esforços de serviço. O uso de talas como mostrado na Fig. 4.29 não atende aos princípios da boa técnica, nem da ABNT NBR 6122/2010.

ii) Metálicas

Nas fundações profundas constituídas de elementos metálicos, tais como trilhos, perfis e tubos, os problemas que podem ocorrer são os a seguir descritos:

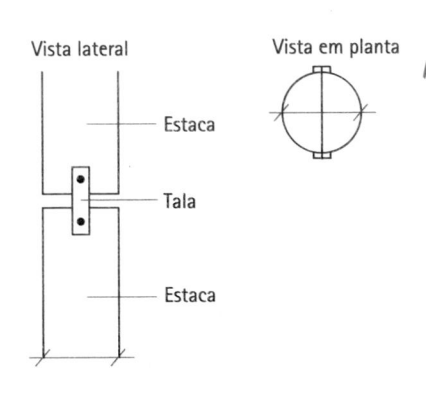

Fig. 4.29 *Armaduras muito densas causando falta de integridade ou ausência de recobrimento (caso típico da estaca raiz)*

↘ Problemas de soldagem entre elementos, como uso de eletrodo inapropriado, cordão sem o comprimento necessário ou técnica de soldagem inadequada (Clarke et al., 1981), resultando quebra na cravação ou problemas de transmissão de cargas à estaca abaixo da solda.

↘ Emenda de estacas metálicas cravadas com problema de dimensionamento, resultando resistência insuficiente para resistir cravação ou solicitações de projeto, especialmente tração ou momento.

↘ Elementos muito esbeltos podem desviar da verticalidade durante a cravação, resultando comprimentos surpreendentes, muito maiores do que os previstos, em algumas situações não atingindo a nega especificada (Fig. 4.30).

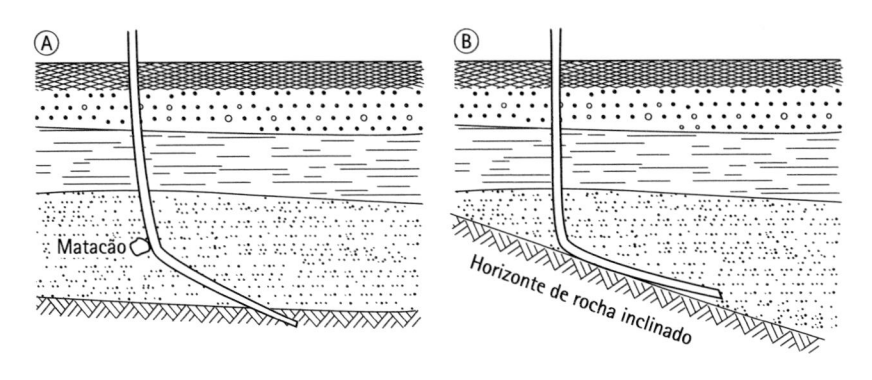

Fig. 4.30 *Comprimento excepcional de estacas metálicas esbeltas causado pelo desvio de verticalidade: (A) ocorrência de matacões; (B) ocorrência de horizonte de rocha inclinado*

↘ Elementos esbeltos em solos moles, que apresentam problemas de estabilidade e flambam em casos especiais (Fig. 4.31).

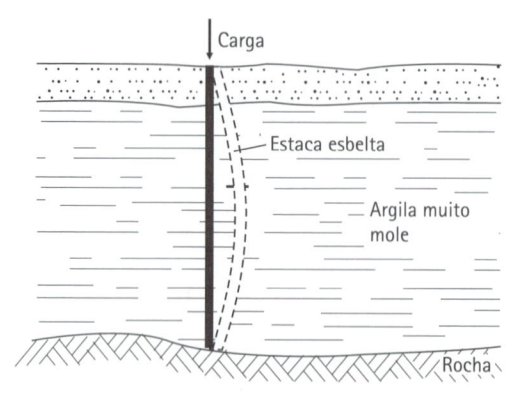

Fig. 4.31 *Flambagem de estacas metálicas esbeltas em solos moles, por ocasião da cravação*

↘ Presença de obstruções e/ou excesso de energia de cravação, ou problemas de excentricidade do choque do martelo na estaca, como apresentado na Fig. 4.32, resultando em danos estruturais no elemento de fundação sendo executado. Tal situação pode induzir falsa nega, quebra não constatada da estaca ou limitação inadequada de comprimento, casos em que a carga transmitida pela estaca é inferior à de projeto.

Fig. 4.32 *Estacas metálicas danificadas em cravação enérgica com ponta em rocha basáltica*

iii) Pré-moldadas de concreto

As referências específicas relativas às estacas pré-moldadas de concreto são Broms (1978), Healy e Wealtman (1980) e Gonçalves, Bernardes e Neves (2010). Esta referência brasileira, intitulada *Estacas pré-fabricadas de concreto*, aborda o tema de forma sistemática e profunda e é essencial para o entendimento e soluções de problemas desse tipo de estacas.

Patologias em estacas pré-moldadas podem ser agrupadas nas seguintes categorias:

- Fatores associados às características e qualidade do concreto e processo construtivo (produção) das estacas:
  - concreto de baixa resistência (na condição final de cura);
  - cravação de estacas ainda em processo de cura do concreto;
  - insuficiência ou mau posicionamento de armadura (fretagem e ao longo do corpo das estacas);
  - emendas inadequadas.
- Fatores associados às características dos solos nos quais as estacas serão cravadas:
  - execução em locais com obstruções naturais (matacões) ou produzidas por aterros com blocos e elementos de grande volume e dureza, resultando em dano estrutural comprometedor das estacas.
- Patologias decorrentes ou causadas por condições executivas não adequadas:
  - cravação sem que a estaca tenha atingido a resistência projetada do material;
  - manuseio descuidado da estaca, acarretando solicitações não previstas ou choques;
  - falta de proteção ou proteção ineficiente da cabeça da estaca, resultando em dano comprometedor do processo de cravação, emenda e desempenho na transferência segura de cargas ao solo;
  - martelo e capacetes com problemas de geometria, alinhamento ou com mau uso, originando dano.
- Fatores associados às exigências de cravação:
  - relação peso do martelo *vs.* peso da estaca inadequado;
  - excesso de cravação, causando fadiga.

No caso de utilização de estacas pré-moldadas de concreto, podendo ser as mesmas de concreto armado ou protendido, incluindo as executadas por centrifugação, os possíveis problemas são os abaixo apresentados:

- Estacas cravadas com concreto de baixa resistência, decorrente de utilização da estaca sem que tenha decorrido tempo pós-concretagem mínimo para que ela atingisse a resistência adequada, cura não apropriada ou dosagem pobre, com aparecimento de trincas no manuseio, e danos na cabeça da estaca (trincas ou mesmo ruptura do corpo do elemento em execução) na cravação, como mostrado nas Figs. 4.33 e 4.34.

Fig. 4.33 *Estacas com concreto de baixa resistência com danos na cravação*

↘ Danos no manuseio da estaca, descarga e colocação junto ao equipamento de cravação, resultantes de manipulação inadequada no canteiro (Fig. 4.35). Alonso (1996) propõe valores limites para aceitação de trincas originadas nessas condições em pré-moldadas.

Fig. 4.34 *Estacas pré-moldadas: (A) quebrada no processo de cravação; (B) exumada após o resultado de ensaio de PIT, com problemas na emenda;*

Fig. 4.34 *Estacas pré-moldadas: (C) exumada com ruptura ocorrida no processo construtivo por excesso de cravação; (D) cravada em aterro com obstruções danificando a ponta; E) com desvio durante a execução provocando o dano; (F) com dano devido à rotação do fuste durante a cravação; (G) com problema construtivo resultando em armadura danificada no processo de cravação; (H) com deficiência de armadura (falta de estribos), danificada no processo de cravação;*

Fig. 4.34 *Estacas pré-moldadas: (I) ruptura durante a cravação devido ao mau posicionamento de armadura; (J) com dano devido à insuficiência de armadura no topo (fretagem); (K) com ruptura por cravação excessiva; e (L) excentricidade do martelo causador de dano no corpo da estaca*

Fig. 4.35 *Danos em estacas pré-moldadas devido ao manuseio impróprio*

↘ Falta de proteção na cabeça da estaca durante a cravação, provocando danos pelo choque do martelo ou equipamento e prejudicando a transferência da energia à estaca. A eventual nega obtida será fictícia e não representa condição adequada de profundidade e transferência de carga ao solo. A norma especifica capacete metálico com cepo de madeira interno (a ser substituído sempre que danificado) para evitar dano (Fig. 4.36).

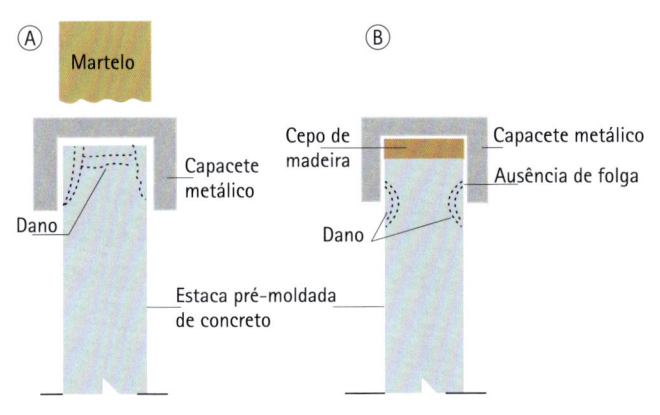

Fig. 4.36 *Falta de proteção na cabeça da estaca durante a cravação: (A) ausência de cepo de madeira interno ao capacete, provocando dano; (B) capacete metálico sem folga danificando topo de estaca pré-moldada*

↘ Choque excêntrico do martelo, danificando a cabeça da estaca, situação típica de uso de capacete com distâncias diferentes de seu centro de gravidade à corrediça da torre, com os mesmos problemas acima referidos (Fig. 4.37).
↘ Estacas com armaduras inadequadas ao longo do fuste, típica de elementos longos, apresentando problemas no manuseio.
↘ Estacas muito esbeltas e longas, com necessidade de cravação enérgica na camada inicial do subsolo, flambando ou fissurando nesse momento.
↘ Estaca com armadura inadequada por insuficiência de seção de aço na cabeça ou ponta da estaca. Também armadura mal posicionada, com esmagamento da seção do elemento durante a cravação, mesmo utilizando capacete e cepo de madeira (Fig. 4.38).
↘ Uso de emendas inadequadas, não resistindo a cravação ou esforços de serviço. O uso disseminado de talas metálicas, como mostrado na Fig. 4.39, não atende aos princípios da boa técnica em inúmeros casos, como em estacas com solicitações horizontais ou tração, quando as indicações da ABNT NBR 6122/2010 não são atendidas.

iv) Moldadas *in situ* – Franki

Nas estacas cravadas moldadas no local, do tipo Franki, os problemas que podem ocorrer, específicos do sistema de execução, são os abaixo indicados:

↘ Estrangulamento do fuste na etapa de concretagem, quando a execução é feita em solos muito moles, pelo efeito do apiloamento do concreto e ruptura do solo externo ao tubo, com a contaminação da estaca.

↘ Injeção de volume menor que o projetado de material na base alargada na extremidade inferior da estaca.

↘ Problema de integridade, por procedimento construtivo inadequado no levantamento do tubo. Sem o cuidado de manter uma altura de segurança do concreto dentro do tubo, ocorre descontinuidade do fuste.

↘ Danos causados em estaca recém-executada pelo efeito da cravação de elemento próximo, comum em subsolos com camadas de solos muito moles, como mostrado na Fig. 4.40.

↘ Baixa resistência estrutural pelo uso de agregados inetes contaminados ou cimento já em processo de hidratação.

↘ Baixa resistência estrutural pela mistura inadequada dos agregados e cimento.

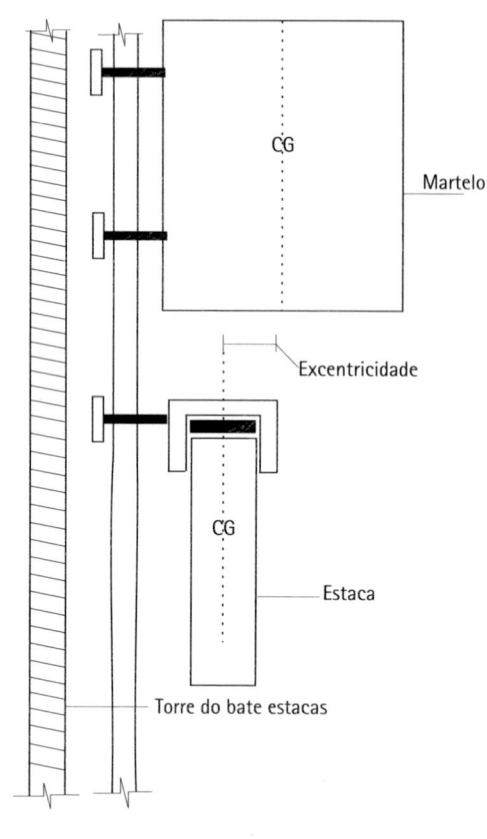

Fig. 4.37 *Choque excêntrico do martelo em estacas pré-moldadas, danificando o topo*

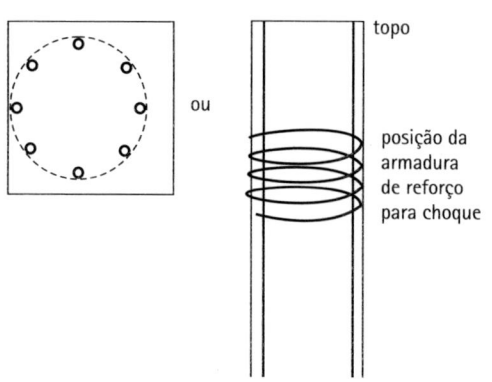

Fig. 4.38 *Armaduras mal posicionadas ou região do topo das estacas sem armadura*

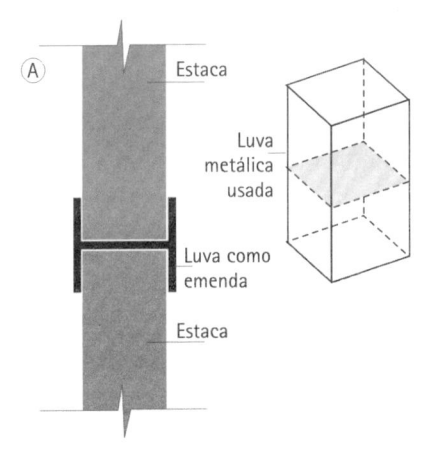

Fig. 4.39 *Emendas de estacas cravadas: (A) uso de talas metálicas; (B) foto de tala metálica*

↘ Falta de ancoragem da armadura na base, quando há possibilidade de levantamento da estaca pela cravação de estacas próximas ou em estacas tracionadas, nas quais a vinculação da armadura na base é fundamental para o bom desempenho da fundação, como mostra a Fig. 4.41. A Fig. 4.42 ilustra estacas Franki da ponte sobre o rio Toropi (RS) expostas por erosão da ombreira do rio. Já as Figs. 4.43 e 4.44 ilustram, respectivamente, estrangulamento e deslocamento de fuste de estaca Franki.

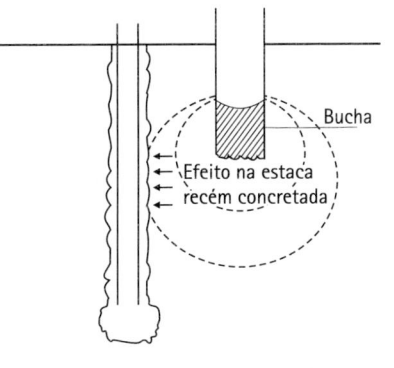

Fig. 4.40 *Dano em estaca Franki recém-executada pela cravação de estaca próxima*

v) Ômega

As estacas Ômega foram introduzidas recentemente no Brasil, e seu uso ainda não

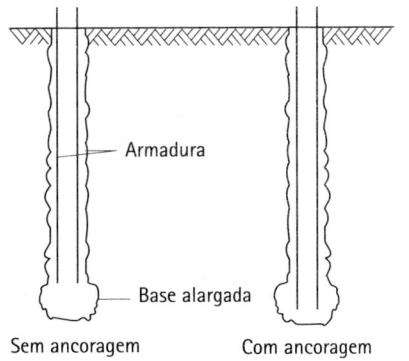

Fig. 4.41 *Falta de ancoragem da armadura na base alargada Franki, com estaca tracionada projetada considerando a contribuição do alargamento*

está disseminado em todo o território. São executadas em geral por pessoal especializado, com equipamento moderno. Os problemas que podem ocorrer com esse sistema são:

- Equipamento sem capacidade (torque insuficiente ou haste curta) para atingir profundidade de projeto, resultando em estacas de resistência inferior à projetada.
- Concreto inadequado, com trabalhabilidade e agregado graúdo em desacordo com a boa prática e necessidades para o bombeamento.
- Descontinuidade causada por execução sem controle (velocidade de subida da ferramenta excessiva).
- Impossibilidade de colocação da armadura projetada por problemas de detalhamento da armadura, baixa trabalhabilidade do concreto ou demora no processo.

Fig. 4.42 *(A) Estacas Franki expostas por erosão da ombreira e (B) o mesmo tipo de estaca com sinais de "recuperação" - ponte sobre o rio Toropi (RS)*

Fig. 4.43 *Estrangulamento de fuste de estaca Franki causado pelo levantamento do tubo de revestimento sem adequado controle, exposto em inspeção anterior*

Fig. 4.44 *Estaca Franki com deslocamento de fuste e exposição de armadura*

vi) Mega

As estacas Mega são usualmente utilizadas em processos de reforço de fundações, devendo ser executadas somente por pessoal especializado e sob a direção técnica de profissional especialista.

Os problemas que podem ocorrer na execução desse tipo de elemento de fundação são:

- Falta de resistência do elemento estrutural no qual a estaca está sendo apoiada para permitir sua penetração, danificando-o;
- Má vinculação entre elementos macaqueados, resultando em elemento não contínuo.

4.2.3 Estacas Escavadas

O grupo denominado de estacas escavadas, aquelas em que ocorre a retirada do solo para sua confecção, tem como referências clássicas relativas a problemas de execução: Baker e Khan (1971); LCPC (1978); Owens e Reese (1982); O'Neill (1991); Baker et al. (1993) e O'Neill e Reese (1999). Os problemas correntes são discutidos na sequência:

- Problemas de integridade ou continuidade (Fig. 4.45). Esse é o principal causador de mau desempenho das estacas escavadas. Não sendo detectado o defeito, o desempenho será desastroso. A concretagem deve ser executada de forma compatível (material e processo) com o sistema construtivo (Beckhaus, 2014), com supervisão estrita para garantir a qualidade da estaca. Problemas genéricos e seus mecanismos observados nesse tipo de estaca são apresentados nas Figs. 4.46 a 4.50.

Fig. 4.45 *Fotos de estacas (A) escavada mecanicamente; (B) Strauss, com problema de integridade*

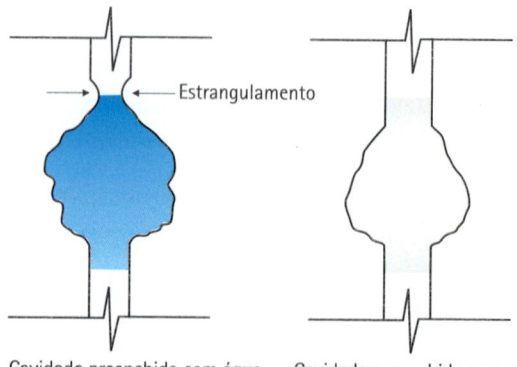

Fig. 4.46 *Aspecto de estacas concretadas em perfurações contendo cavidades deixadas por desmoronamentos*

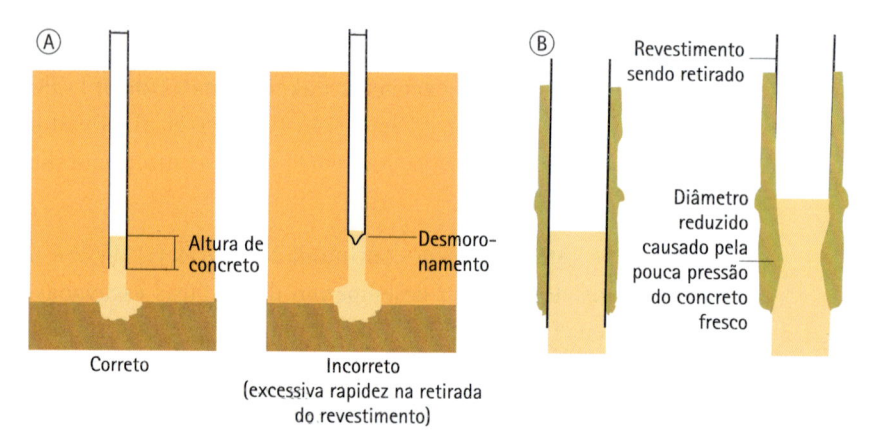

Fig. 4.47 *(A) Seccionamento do fuste de estaca moldada no local em razão do desmoronamento de solo causado pela velocidade excessiva de retirada do revestimento (Logeais, 1982); (B) retirada do revestimento com altura interna de concreto insuficiente em solos moles (O'Neill e Reese, 1999)*

- Dosagem do concreto pobre em cimento, com traço inadequado, resultando em segregação na concretagem. A estaca construída terá baixa resistência ou problema de integridade.
- Demora na concretagem, com concreto já em processo de início de pega, e o cimento já em processo de hidratação, resulta em elemento concretado de baixa resistência ou sem integridade.
- Presença de armadura pesada ou mal posicionada (na Fig. 4.51A são apresentadas as colocações de espaçadores), dificultando a concretagem de estacas, especialmente as de diâmetro inferior a 50 cm. Deve-se ter cuidado especial nas estacas de grande diâmetro quando é colocado enrijecimento em sua armadura, muitas vezes, dificultando ou prejudicando a concretagem (Fig. 4.51B).

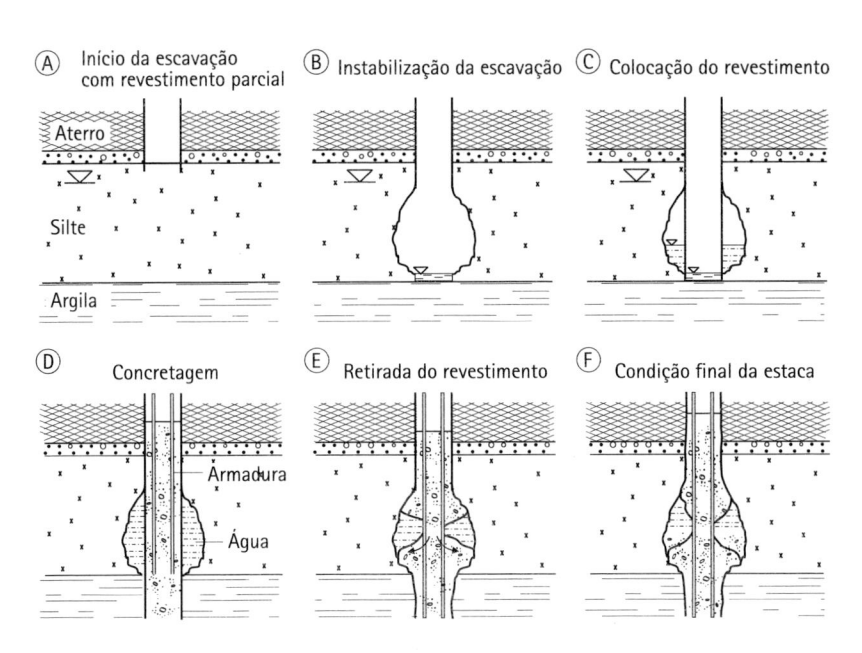

Fig. 4.48 *Estrangulamento do fuste de estacas moldadas no local pela ação da água em cavidades deixadas por desmoronamentos, com uso de revestimento* (Thorburn e Thourburn, 1977)

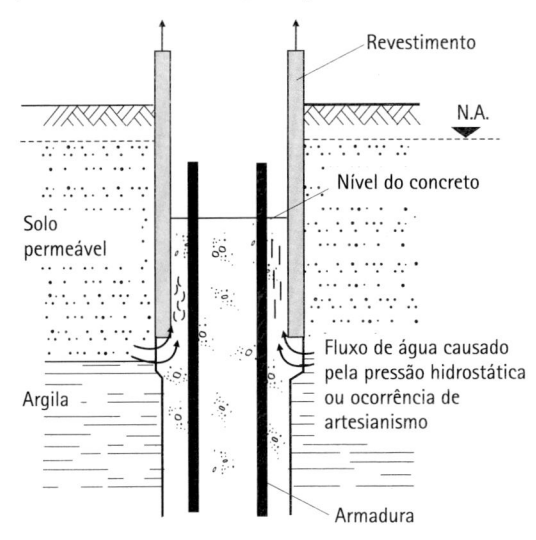

Fig. 4.49 *Penetração de água no fuste próximo à cabeça da estaca durante a retirada do revestimento* (Fleming et al. 1985)

- Limpeza de base inadequada, resultando em comprometimento do contato entre o concreto e o material abaixo dele, com a consequente redução da resistência de ponta da estaca (O'Neill, 1991).
- Presença de água na perfuração por ocasião da concretagem, sem o emprego de lama bentonítica, como mostra a Fig. 4.52, resultando em elemento com problema de integridade ou baixa resistência (O'Neill e Reese, 1999).

Fig. 4.50 *Estrangulamento de fuste de estacas escavadas de grande diâmetro, executadas com o auxílio de lama bentonítica, causado por procedimentos construtivos inadequados e detectado em ensaio de PIT*

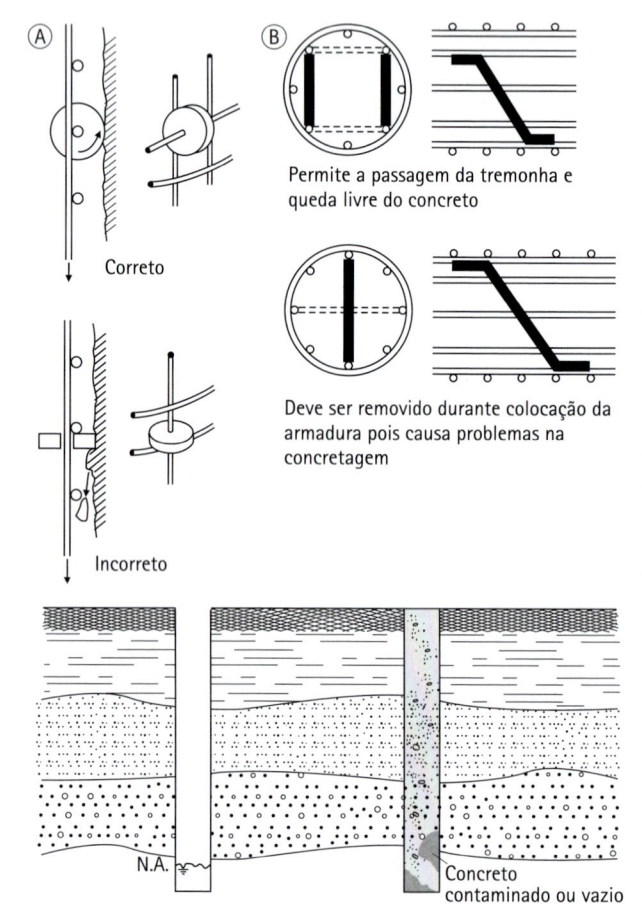

Correto

Incorreto

Permite a passagem da tremonha e queda livre do concreto

Deve ser removido durante colocação da armadura pois causa problemas na concretagem

Fig. 4.51 *Problemas de armadura: (A) colocação correta e incorreta de espaçadores na armadura; (B) presença de enrijecedores de armadura bem e mal posicionados (LCPC, 1978)*

N.A.

Concreto contaminado ou vazio

Fig. 4.52 *Presença de água na concretagem*

↘ Desmoronamento das paredes de escavação não protegidas durante a concretagem e interferência na continuidade da estaca, comprometendo seu desempenho.
↘ Execução de estaca próxima a elemento recentemente concretado, em condição de solos instáveis ou pouco resistentes,

afetando sua integridade. Em algumas situações verifica-se a alteração de posição do topo do elemento concretado anteriormente (Fig. 4.53).

↳ Variação de diâmetro da estaca pela presença de solos muito moles, incapazes de resistir à pressão do concreto fluido, tornando-se instáveis e provocando o seccionamento do fuste.

↳ Presença de situação de artesianismo (água sob pressão) comprometendo a concretagem, ou impedindo procedimento usual de execução. Situações de artesianismo são de difícil identificação na fase de investigação de subsolo; ensaios de piezocone são recomendados para essa finalidade em locais de possível ocorrência.

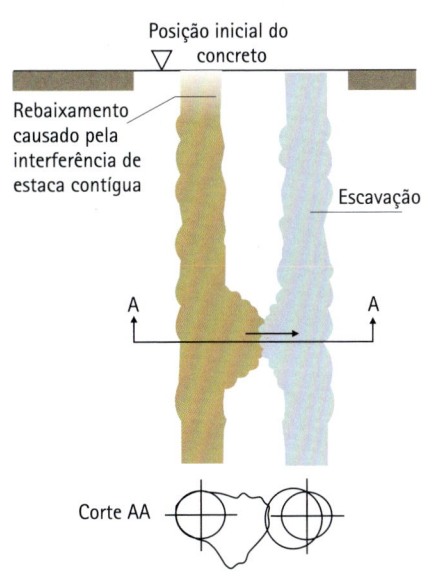

Fig. 4.53 *Execução de estacas próximas com concreto fresco*

↳ Redução de resistência lateral das estacas pelo amolgamento do solo na colocação do revestimento, colocação após o uso inicial de lama fortemente contaminada, ou uso intencional de lama como lubrificante entre o revestimento e o material lateral para facilitar a retirada do revestimento (Owens e Reese, 1982).

↳ Falta de integridade do fuste ao ser utilizado concreto com baixa trabalhabilidade (abatimento reduzido) em estacas armadas, com a armadura impedindo o contato do concreto com o solo e resultando redução de resistência, comprovada pelo trabalho de Owens e Reese (1982).

↳ Amolgamento ou recobrimento de parte do fuste da estaca por solo transportado de camada muito mole pela ferramenta de escavação ou problemas de execução da estaca (O'Neill e Reese, 1999).

↳ Seccionamento do fuste das estacas devido a problemas durante a retirada do revestimento usado para proteger a escavação (Fig. 4.54).

Fig. 4.54
Descontinuidade em estaca escavada provocada pela extração de revestimento, identificada na escavação para execução do bloco de coroamento

i) Broca – executadas com trado manual ou mecânico

As estacas broca tem como problemas específicos:

- Má qualidade do sistema, com mão de obra não preparada para trabalhos de fundações, resultante da execução por pessoal deslocado de outros serviços na obra, e baixo custo do equipamento, possibilitando seu uso de forma disseminada sem a participação de profissionais qualificados ou experientes.
- Uso indevido do sistema em terrenos instáveis ou abaixo do nível de água, resultando em sérios problemas de integridade e continuidade das estacas.
- Prática de execução de escavação de várias estacas para posterior concretagem como forma de trabalho usual, originando problemas de limpeza de base (desmoronamento), presença de água no fuste das estacas e redução ou comprometimento de resistência.
- Problemas de mistura inadequada do concreto, em geral feito a mão, pelo pequeno volume envolvido em cada elemento, resultando má mistura e trabalhabilidade em geral inadequada. O concreto desse tipo de estaca sempre deve ser fluido; o problema maior neste caso é de integridade e não de resistência, em geral baixa.

ii) Strauss

As estacas tipo Strauss apresentam como problemas específicos do sistema construtivo:

- Concreto de trabalhabilidade inadequada ao sistema. Prática de usar concreto com abatimento baixo (*slump* inferior a 10 cm) ou material seco (fator água/cimento baixo) provoca segregação na concretagem e problemas operacionais no levantamento do revestimento, com arqueamento da massa de concreto que adere ao tubo, causando falha e mau desempenho (Fig. 4.55).

Fig. 4.55 *Estacas Strauss com concreto de baixa trabalhabilidade, provocando descontinuidade de seção na retirada do revestimento*

- Concreto não homogêneo (mal misturado) por causa da mistura de forma manual, utilizado em função do reduzido volume de cada estaca, resultando baixa resistência.
- Instabilidade das paredes da escavação, sem uso de revestimento no trecho necessário.
- Concreto de má qualidade pelo uso de cimento estocado inadequadamente (hidratado). Os canteiros, em geral, ainda não estão instalados no início do estaqueamento e a armazenagem do cimento algumas vezes é precária.
- Uso de revestimento em comprimento pequeno (em geral de 3,5 a 5 m), e o restante da escavação apenas com a ferramenta de corte (sonda), resultando diâmetro executado menor que projetado e consequente capacidade de carga menor (Fig. 4.56).

iii) Escavadas Mecanicamente

As estacas escavadas mecanicamente têm os seguintes problemas decorrentes do processo construtivo:

- Uso de equipamento sem a capacidade de escavação necessária (ou com limitação de comprimento) para atender às premissas do projeto, não atingindo o material adequado ou de cálculo (especialmente no caso de rochas alteradas, pedregulhos e materiais de alta resistência), resultando capacidade de carga insuficiente.

Fig. 4.56 *Estaca Strauss com revestimento curto, resultando em redução de diâmetro concretado*

↘ Concreto de trabalhabilidade inadequada, com abatimento (*slump*) reduzido, resultando descontinuidade. A boa prática indica a necessidade de utilização de concreto fluido, especialmente em estacas armadas.

↘ Contaminação no concreto da cabeça da estaca sem a devida limpeza, e execução de bloco sem correção e recuperação do trecho comprometido.

↘ Escavação provocando instabilidade e revestimento colocado tardiamente (Fig. 4.57), ou concretagem feita com material sem a devida trabalhabilidade.

↘ Falha na concretagem causado pela instabilidade do solo externo ao revestimento, por ocasião de sua retirada, e colapso localizado, provocando redução de seção ou seccionamento da estaca.

↘ Concretagem interrompida por falta de fornecimento do concreto e reiniciada posteriormente, resultando em falha ou problema sério de integridade ou ausência de continuidade (Fig. 4.58). Esse procedimento resulta em junta seca de concretagem, que deve ser evitada para garantir a continuidade da estaca.

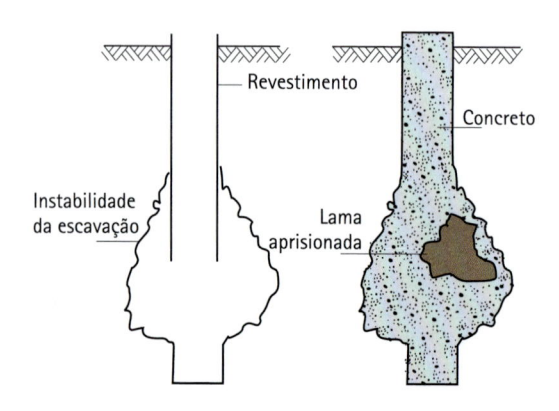

Fig. 4.57 *Estaca escavada com revestimento colocado após a verificação de instabilidade (apud O'Neill e Reese, 1999)*

↘ Abertura de várias estacas para posterior concretagem. Absolutamente contra-indicado, pois não há como garantir a permanência das condições de limpeza de base, ausência de água e estabilidade das paredes.
↘ Demora na concretagem de elementos escavados, reduzindo a resistência lateral.

iv) Escavadas com Auxílio de Lama

Nas fundações onde a escavação e concretagem são executadas com auxílio de lama, podem ocorrer os problemas acima referidos, típicos das estacas escavadas mecanicamente, além de outros decorrentes de procedimentos tais como:

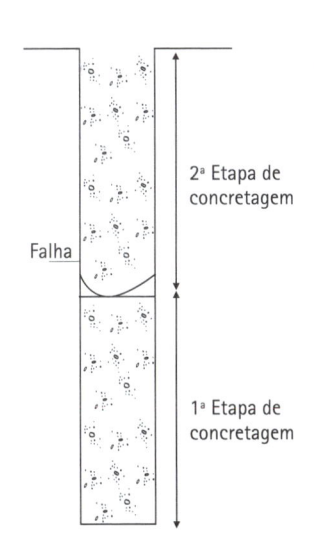

Fig. 4.58 *Defeito causado por concretagem interrompida e reiniciada após algum tempo*

↘ Início do uso da lama somente após a ocorrência de instabilidade da escavação, conduzindo à situação identificada na Fig. 4.59.

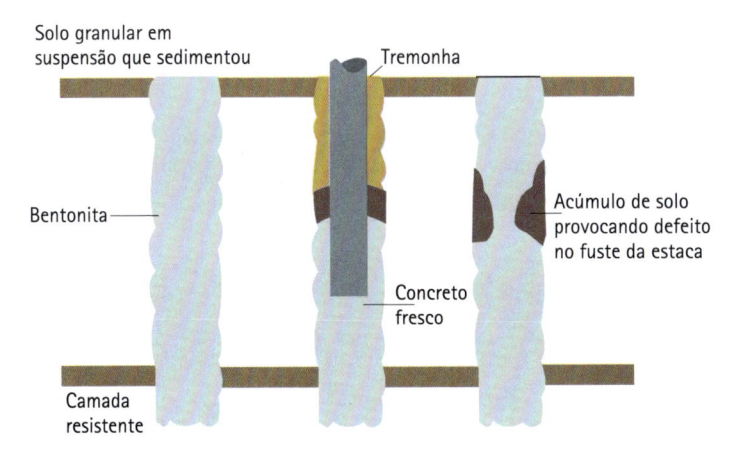

Fig. 4.59 *Concretagem com lama bentonítica contaminada (O'Neill e Reese, 1999)*

↘ Falta de controle de posição do tubo tremie (tremonha), resultando seccionamento do fuste da estaca.
↘ Parada e reinício da concretagem, prática absolutamente contra-indicada, provocando grave problema de continuidade do fuste do elemento em execução.

↘ Falta de verificação da densidade da lama, conteúdo de areia etc., resultando em contaminação do material da estaca ou problemas de integridade, como mostra a Fig. 4.60.

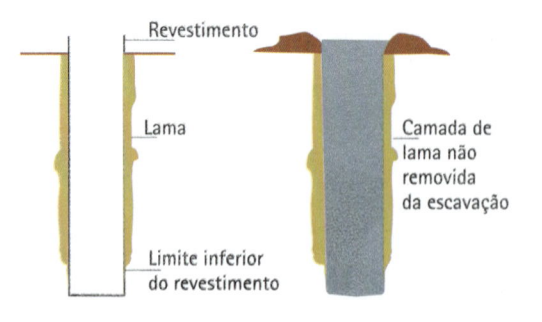

Fig. 4.60 *Colocação de revestimento em perfuração com lama contendo excesso de material em suspenso (O'Neill e Reese, 1999)*

↘ Uso de concreto sem o consumo mínimo do cimento indicado (400 kg de cimento por metro cúbico) e condições de fluidez (Slump 20 ± 2 cm) – ver ABNT NBR 6122/2010, causando graves problemas de integridade/continuidade/contaminação.
↘ Demora na concretagem de elementos escavados, reduzindo a resistência lateral ou mesmo causando problemas na execução com auxílio de lama (Baker, 1970; Fleming, 1977; Thasnanipan et al., 1998).
↘ No caso de estacas apoiadas na rocha, a Fig. 4.61 identifica situações de redução significativa de resistência, a saber: presença de camada de rocha desintegrada e não rocha sã na interface estaca-geomaterial, falta de limpeza adequada de material depositado por sedimentação e presença de concreto contaminado e, portanto, de baixa resistência na base da estaca (O'Neill e Reese, 1999).

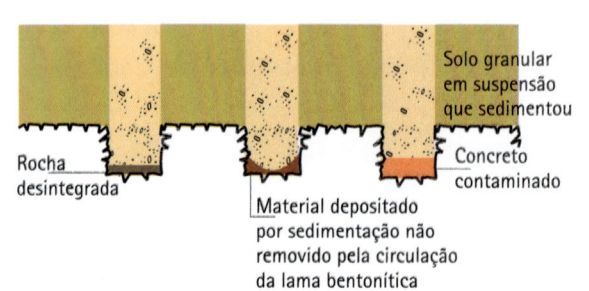

Fig. 4.61 *Problemas na base de estacas escavadas apoiadas na rocha (O'Neill e Reese, 1999)*

v) Injetadas de Pequeno Diâmetro (raiz)

As estacas injetadas de pequeno diâmetro, também identificadas como raiz, presso-ancoragem ou microestacas, têm os possíveis problemas decorrentes do processo construtivo:

↘ Problema de emenda de armadura nas estacas tracionadas, resultando na ausência de efetiva transmissão de carga ou dificuldade de injeção.
↘ Estrangulamento do fuste por interferência da armadura, injeção ou trabalhabilidade inadequada da arga-massa (Fig. 4.62).
↘ Descontinuidade do fuste causada pela retirada do revestimento sem controle.
↘ Seccionamento do fuste provocado pela presença de espessa camada muito mole com execução inadequada (somam-se os casos em que o uso de revestimento permanente se torna necessário), conforme ilustrado nas Figs. 4.63 e 4.64.
↘ Efeito de artesianismo, prejudicando a injeção e resultando em elemento sem integridade.
↘ Uso de material inadequado para concretagem, seja pelo abatimento, seja pelo baixo consumo de cimento, seja pela proporção dos materiais.
↘ Ausência de pressurização em elemento projetado para essa condição.

Fig. 4.62
Seccionamento do fuste de estaca raiz por interferência da armadura, injeção ou trabalhabilidade inadequada da argamassa

vi) Hélice Contínua

O aumento da disponibilidade de equipamentos para execução de estacas hélice contínua no Brasil, muitas vezes em empresas sem o devido conhecimento e experiência, resultou em ampliação de problemas nesse tipo de solução de fundações. Os principais problemas desse tipo de estaca são os indicados a seguir:

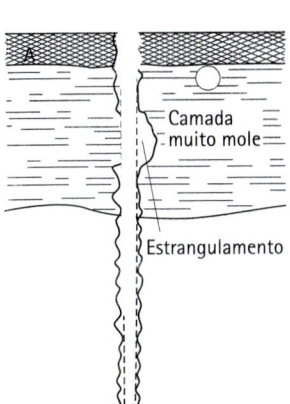

Fig. 4.63 *(A) Presença de camada muito mole provocando estrangulamento do fuste de estaca raiz esbelta; (B) Proximidade de poço artesiano em estaca armada com barra de 32mm e perda de argamassa em trecho de 2m*

↘ Remoção do solo durante o processo de introdução do trado, aliviando as tensões horizontais existentes quando da execução da estaca e reduzindo consideravelmente a resistência lateral antes verificada (Van Weel, 1988; Van Impe et al., 1991 e Lacy et al., 1994). Fleming (1985) mostra esse efeito em solos granulares sem coesão.

↘ Equipamento sem capacidade (torque insuficiente ou haste curta) para atingir profundidade de projeto, resultando em estacas de resistência inferior à projetada.

Fig. 4.64 *Armadura fora do corpo de estaca raiz executada em espessa camada muito mole*

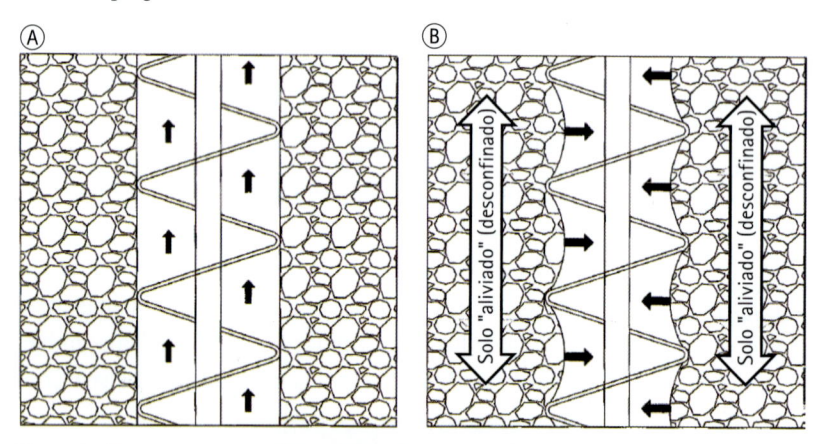

Fig. 4.65 *Representação esquemática clássica de escavação de estaca hélice contínua. (A) condição ideal; (B) escavação sem a penetração do trado no solo naquela profundidade* (overflight) *provocando alívio de tensões e perda de material*

↘ Falha no início da concretagem, com levantamento excessivo do trado para permitir a concretagem, resultando em estaca sem resistência de ponta.

↘ Adoção de procedimento executivo inadequado, identificado como "hélice contínua modificada", no qual a hélice é utilizada como ferramenta para realizar a escavação, retirando o trado e inserindo a armadura e concretagem da estaca com concreto

lançado. Esse procedimento geralmente é adotado por executantes e projetistas inexperientes em situações em que a armadura tem grande comprimento e é difícil de ser inserida.
↘ Descontinuidade causada por execução sem controle, com velocidade excessiva de subida do trado.
↘ Dificuldade ou impossibilidade de colocação da armadura projetada por problemas em seu detalhamento, baixa trabalhabilidade do concreto utilizado ou demora no processo (Fig. 4.66).

Fig. 4.66 *Dificuldade de colocação da armadura da estaca hélice contínua*

↘ Dano na estaca provocado pela colocação de armadura de forma inadequada (choque ou uso de equipamento mecanizado impróprio, como pá carregadeira ou retro-escavadeira). Em solos muito moles, já foi verificada por inspeção a posição da armadura fora do corpo da estaca devido a procedimentos impróprios de colocação.

↘ Execução de concretagem não pressurizada até o topo da estaca, provocando descontinuidade ou falha no corpo do elemento (Figs. 4.67 e 4.68).

Fig. 4.67
Execução de concretagem não pressurizada

Fig. 4.68
Estaca hélice contínua com descontinuidade de fuste

↘ Concreto inadequado

A execução de estacas tipo hélice contínua monitorada tem como requisito fundamental para sua adequada segurança a utilização de concreto com características especiais. As especificações do material muitas vezes induzem as concreteiras a fornecer misturas inadequadas. O registro de Fck > 20 MPa, mesmo com a especificação de 400 kg/m³ de consumo mínimo de cimento, acaba resultando em misturas pobres em cimento (somente para atender ao Fck, padrão usual de fornecimento para outras finalidades). A indicação de *slump* de 22 ± 2 cm resulta muitas vezes em adição de água para aumentar a trabalhabilidade do material. Em outras situações, a questão de permitir o bombeamento é a única a definir a mistura fornecida.

São comuns problemas de segregação (separação entre a argamassa e os agregados graúdos) e exsudação (separação da água do traço das partículas finas) do concreto, resultantes de curvas granulométricas dos agregados utilizados nos concretos.

Entre os motivos de problemas relativos ao concreto das estacas, podem ser referidos os seguintes:

- consumo de cimento inferior aos 400 kg/m³, pela prática de "venda de resistência" em vez de "venda de desempenho" ou "fornecimento de produto" por parte dos fornecedores;
- adição de água no recebimento do concreto em obra, para "ajuste da trabalhabilidade" (*slump* especificado de 22 ± 2 cm);
- uso de cimento fabricado com escórias "vitrificadas", resultando em exsudação do concreto;
- inadequação da granulometria dos agregados, em geral pelo uso de areia artificial (pó de pedra).

Para dirimir dúvidas quanto à composição do concreto utilizado em estacas com problemas, pode-se realizar a "reconstituição de traço de concreto endurecido" por meio de ensaios químicos específicos.

4.2.4 Tubulões

Problemas correntes:

- Material na base do tubulão não compatível com a tensão de projeto adotada, provocando o mau comportamento da fundação.
- Dimensões e geometria incorretas de elementos de fundação, comum em tubulões não circulares, resultando tensões incompatíveis com a estrutura ou solo.
- Instabilidade do solo durante a execução, resultando em elementos concretados sobre material instabilizado após liberação da base do tubulão e, consequente, mau desempenho da fundação.
- Presença de água durante a concretagem, prejudicando a qualidade e integridade da peça em execução.
- Mau adensamento do concreto, resultando em peças sem a geometria ou integridade projetadas e falta de recobrimento de armadura. Essa situação dá origem a condição insegura do elemento de fundação e propicia sua degradação, ou mesmo colapso sob carga, dependendo da extensão do problema (Fig. 4.69). A situação ideal é o uso de concreto autonivelante.
- Armaduras mal posicionadas ou insuficientes, resultando em problemas de recobrimento (integridade a longo prazo) ou não

atendendo necessidades das solicitações (Fig. 4.70A e 4.70B).

↘ Qualidade inadequada do concreto (tensão característica inferior à de projeto e abatimento inadequado às necessidades de lançamento e adensamento).

↘ Colocação de "pedras de mão" no fuste dos tubulões para reduzir custos, originando elementos sem a devida integridade, como mostrado na Fig. 4.71.

↘ Ausência ou colocação da armadura de fretagem no topo dos tubulões, causando problemas estruturais.

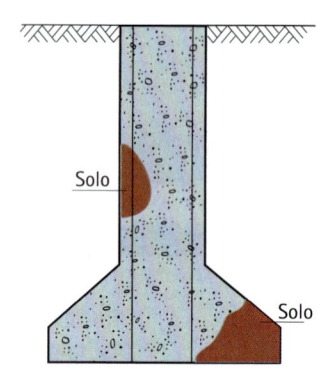

Fig. 4.69 *Concretagem de tubulão com problema*

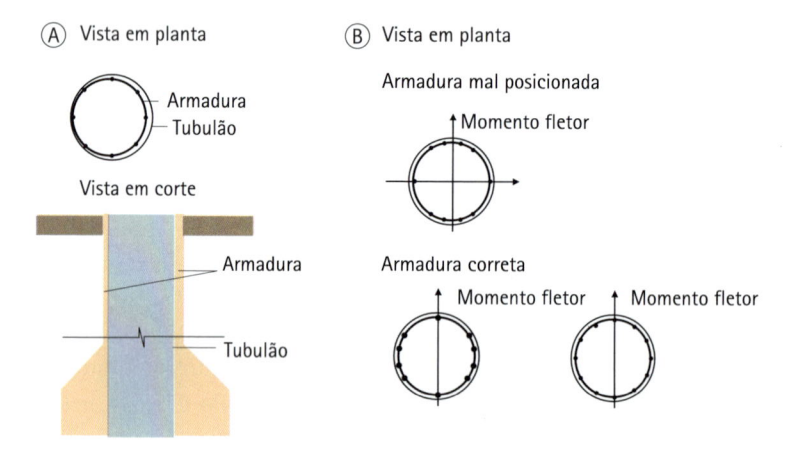

Fig. 4.70 *Armaduras mal posicionadas: (A) armaduras de tubulão mal posicionadas; (B) armadura não simétrica colocada em posição equivocada*

4.3 Controle Preciso dos Volumes Concretados

Uma das formas de detecção de defeitos ou problemas na execução de estacas moldadas no local é a realização de controle preciso dos volumes concretados à medida que o processo é realizado. Ao ser feita a comparação entre o volume teórico e sua evolução com o real, é possível detectar situações anômalas.

As Figs. 4.72A, 4.72B e 4.72C mostram essa condição para diferentes ocorrências (LCPC,1978; ADSC/DFI,1989) e são extremamente úteis no entendimento das informações possibilitadas por tal controle.

4.4 Preparo da Cabeça das Estacas de Concreto

Uma fonte de problemas nas fundações profundas é a forma com que o preparo da cabeça (topo das estacas) é reduzido ao nível necessário. Esse preparo se faz necessário tanto nas estacas moldadas no local como nas pré-moldadas. Em geral, o topo das estacas após execução encontra-se em cota diferente da necessária à implantação do bloco, ou precisa ser limpo de concreto contaminado. Em algumas obras, para acelerar o pro-

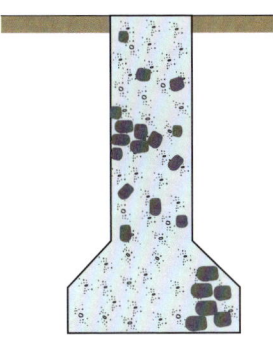

Fig. 4.71 *Uso de agregado graúdo com dimensão de "pedra de mão" no concreto do tubulão, provocando problema de integridade*

cesso de preparação, no caso das estacas moldadas no local, o preparo inicia-se antes que o concreto tenha atingido a necessária resistência. Em outras circunstâncias é utilizada na ferramenta pesada, em geral marteletes de impacto, provocando grandes danos ao topo das estacas e eventual trincamento do fuste. Esse tipo de ocorrência é de difícil constatação, e acaba causando problemas a longo prazo em situações de meio agressivo, ou mesmo a curto prazo, quando o dano provocado é significativo e compromete a transmissão de carga às zonas inferiores da estaca.

Existem recomendações específicas, como o Manual ABEF (2012), referentes à boa prática de preparo da cabeça das estacas, de forma a evitar danos que comprometam sua integridade.

Nas estacas armadas, o uso de ferramentas inadequadas dá origem a trincamento do concreto junto à armadura, criando caminho preferencial para possíveis agentes agressivos.

4.5 Ensaios de Integridade

O custo de prover reforços de fundação após a implantação da estrutura a ser suportada, ou seja, em estágio mais avançado da obra, pode ser extremamente elevado. Além da questão do custo, a dilatação do prazo construtivo, responsabilidades e problemas de imagem profissional dos envolvidos e desprestígio ao projeto tornam essa condição extremamente negativa e deve ser sempre evitada. Uma indicação precoce de problema é altamente desejável, por meio da utilização das ferramentas atuais disponíveis, com a aplicação do método ou procedimentos adequados.

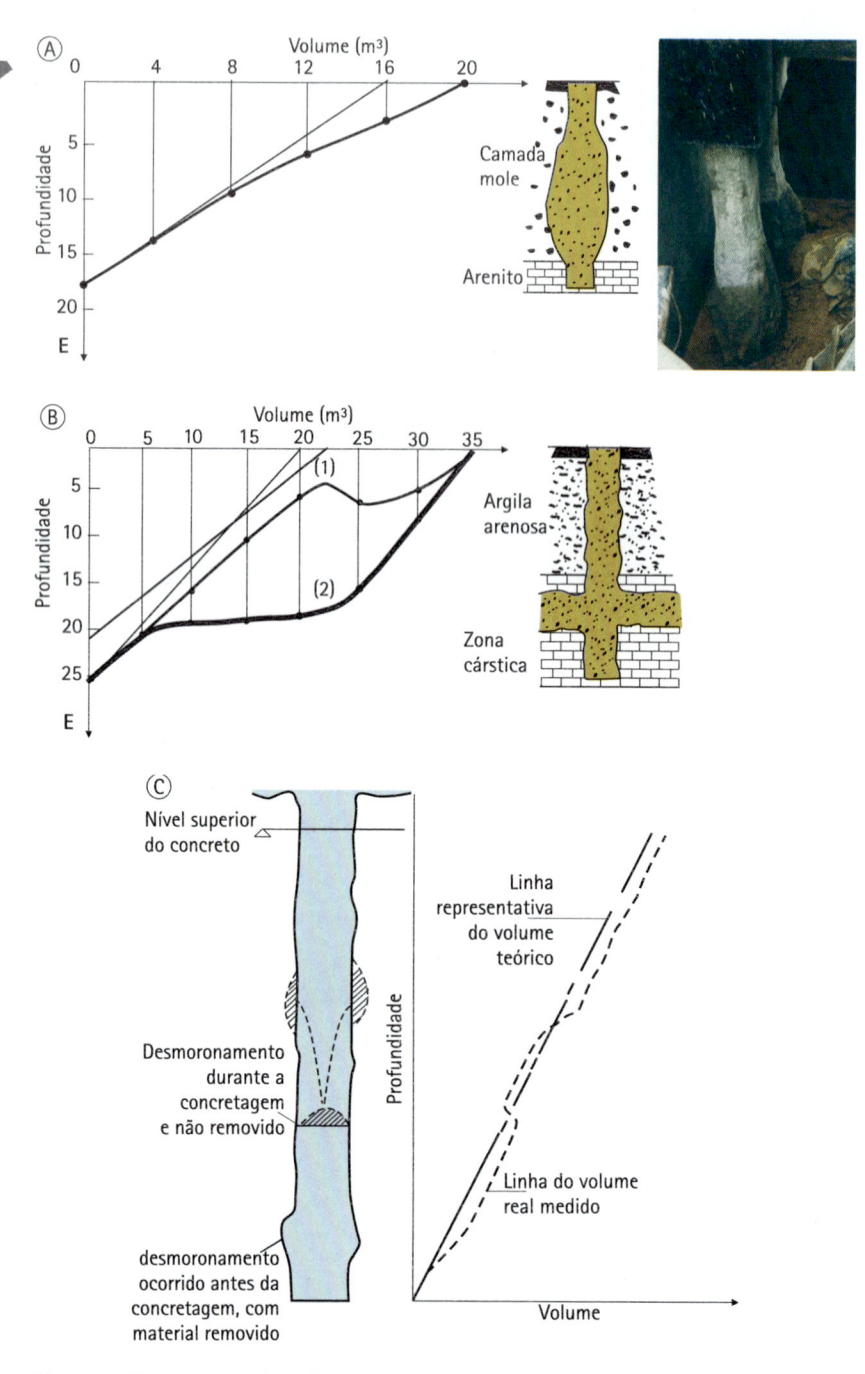

Fig. 4.72 *Comparação do volume real de concreto necessário ao preenchimento incremental com o teórico: (A) Exemplo LCPC (1978); B) Exemplo LCPC (1978), no qual a curva 1 representa a situação em que o concreto rompe a estabilidade quando atinge a profundidade de 5 m e passa a preencher a cavidade da zona cárstica; a curva 2 representa a concretagem preenchendo o vazio da zona cárstica; (C) Exemplo ADSC/DFI (1989)*

Antes da existência dos ensaios de integridade atuais, a realização de provas de carga estática era a única forma de avaliação da qualidade de um estaqueamento. A escavação para inspeção até certa profundidade, onde não ocorria a presença de nível de água, e a eventual execução de perfuração por sonda rotativa em determinados tipos de estacas, em raras oportunidades, também eram utilizadas. Qualquer uma dessas opções tinha a limitação de verificação de pequeno número de elementos num universo grande (total do estaqueamento), não identificavam inúmeras anomalias, além de serem caras e demoradas. Considerando casos em que um pequeno número de estacas fosse problemático, a amostragem usualmente era insuficiente para a detecção do problema.

Na prática internacional, os ensaios de integridade aplicados à totalidade ou número significativo de elementos das fundações tornou-se rotina. Em muitos países são compulsórios para determinados tipos de estacas ou obras, como as estacas moldadas *in situ* na Holanda (Middendorp; Schellinger, 2006) e nas fundações das pontes do FHWA nos Estados Unidos (FHWA, 2005).

É importante, entretanto, enfatizar que os diversos procedimentos têm suas características, limitações de abrangência e representatividade, sendo confiáveis somente quando realizados por pessoal experiente, com atualização permanente. Inúmeros exercícios experimentais foram realizados recentemente e publicados nas revistas técnicas, com "defeitos" fabricados em estacas, e os padrões de resposta desses experimentos representam contribuições importantes para a área de conhecimento.

Não é verdadeira a afirmação de que os ensaios disponíveis podem detectar todo e qualquer defeito ou problema que exista numa estaca. Exemplificando: cobrimento de armadura, pequenas regiões de concreto com segregação ou pequenos vazios são de difícil identificação. Os processos disponíveis são adequados para a identificação da presença de problemas importantes. As consequências de defeito significativo em elemento de responsabilidade usualmente são de tal monta que os custos eventuais ou repercussões quando não identificados ainda em etapa inicial da obra ultrapassam em muito os custos dos ensaios de integridade e a adoção de correção nesse estágio da obra.

A análise de ensaios de integridade em estacas moldadas *in situ* requer boa qualificação e muita experiência, uma vez que variações na seção e/ou nas características do material da estaca podem não se constituir em comprometimento dos elementos de fundação, mas serem consideradas como "elementos com falha" ou não qualificadas. Nessa circunstância, inspeção visual ou ensaios de carregamento podem ser utilizados para melhor definir a adequação de tais elementos.

Um bom programa de avaliação de qualidade do estaqueamento, além do controle construtivo minucioso, deve iniciar com a execução de controle de integridade, inclusive para escolha dos elementos a serem inspecionados por escavação, ou testados em provas de carga estática e ensaios dinâmicos.

Existem inúmeras referências sobre o tema, como Cintra et al. (2013), ABNT NBR 13208/2007, entre as brasileiras; e Weltman (1977), Sliwinski e Fleming (1984), Baker (1985), Goble e Rausche (1981), Starke e Janes (1988), Baker et al. (1991), Schellingerhout (1992, 1996), Turner (1997), Amir (2002), Leibich (2002), Brettmann e Nesmith (2005), ASCE (2007, 2008, 2010), ASTM (2007a), DFI (2004, 2012), FHWA (2005), Hertlein e Davis (2006), Mullins (2010), entre as internacionais.

Na prática brasileira, os ensaios correntes são os comercialmente identificados como PIT, com a recente introdução de ensaios tipo *crosshole*. A grande vantagem dos ensaios de PIT é que não há necessidade de providência anterior ao final da execução das estacas para sua realização. Sua rapidez executiva e baixo custo tornam o ensaio disponível e acessível para testar todas as estacas de uma obra. Sua limitação é a realização do diagnóstico confiável e boa utilização. Problemas em geral ocorrem quando são executados ensaios em estacas moldadas *in situ* com natural variação de seção e/ou de módulo do concreto diagnosticadas como "condenadas" ou "com defeitos". Algumas delas, ao serem exumadas, apresentam condições adequadas de continuidade, ou quando são ensaiadas mostram segurança quanto à transmissão de carga ao solo. Sua melhor utilização é aquela em que todas as estacas são testadas e "padrões de resposta", definidos. Com base nessa investigação é avançado o programa de certificação de qualidade com a realização de ensaios para verificação de desempenho: provas de carga estática, ensaios dinâmicos ou escavação para comprovação de condições de integridade.

Neste livro, são apresentados inúmeros casos de patologias em estacas detectados por meio de ensaios de PIT com os elementos afetados escavados para inspeção e confirmação dos danos.

Os ensaios do tipo *crosshole* necessitam de prévia inserção de tubos no corpo das estacas, geralmente acoplados às armaduras, para posterior ensaio por diferentes procedimentos (ultrassom, raios gama, resistividade, entre outros). No Cap. 8 de Fleming et al. (2009), é feita a comparação entre características e limitações dos diferentes ensaios e seus custos no mercado internacional.

4.6 Provas de Carga

A realização de provas de carga estática se constitui na única forma insofismável e segura de determinação do comportamento das fundações profundas sob carregamento. Referência nacional sobre o tema, a obra *Fundações: ensaios estáticos e dinâmicos* (Cintra et al., 2013) aborda em profundidade os variados aspectos desse ensaio, sua execução e interpretações. Também se recomenda a consulta a ASTM (2007a).

Fellenius (2014) é a referência internacional mais recente sobre interpretação de provas de carga e novas metodologias de ensaio.

A Tab. 4.1 reproduz as recomendações e exigências da normalização da ABNT NBR 6122/2010 com relação ao número de estacas a ensaiar e demais informações.

É obrigatória a execução de provas de carga estática em obras que tiverem um número de estacas superior ao valor especificado na coluna (B) da Tab. 4.1, sempre no início da obra. Quando o número total de estacas for superior ao valor da coluna (B) da Tab. 4.1, deve ser executado um número de provas de carga igual a no mínimo 1% da quantidade total de estacas, arredondando-se sempre para mais. Incluem-se nesse 1% as provas de carga executadas conforme 6.2.1.2.2.

É necessária a execução de prova de carga, qualquer que seja o número de estacas da obra, se elas forem empregadas para tensões médias (em termos de valores admissíveis) superiores aos indicados na coluna (A) Tab. 4.1.

A Fig. 4.73 mostra curvas carga-recalque típicas para diferentes condições de estacas (Milititsky, 1980).

O baixo custo dos ensaios dinâmicos e seu reduzido prazo de execução quando comparados ao das provas de carga estática resultou num aumento significativo de uso, constituindo-se em ferramenta valiosa no processo de verificação de qualidade de fundações profundas.

É relevante indicar a necessidade de utilização de empresas qualificadas, com pessoal treinado e especializado, como requisito mínimo para atingir a condição de confiabilidade necessária nos resultados dos ensaios dinâmicos.

Tab. 4.1 – Quantidade de provas de carga

Tipo de estaca	A Tensão (admissível) máxima abaixo da qual não serão obrigatórias provas de carga, desde que o número de estacas da obra seja inferior à coluna (B), em MPa [b c d]	B Número total de estacas da obra a partir do qual serão obrigatórias provas de carga [b c d]
Pré-moldada[a]	7,0	100
Madeira	-	100
Aço	0,5 fyk	100
Hélice e hélice de deslocamento (monitoradas)	5,0	100
Estacas escavadas com ou sem fluido $\phi \geq 70$ cm	5,0	75
Raize	15,5	75
Microestaca[e]	15,5	75
Trado segmentado	5,0	50
Franki	7,0	100
Escavadas sem fluido $\phi < 70$ cm	4,0	100
Strauss	4,0	100

[a] Para o cálculo da tensão (admissível) máxima consideram-se estacas vazadas como maciças, desde que a seção vazada não exceda 40% da seção total.
[b] Os critérios acima são válidos para as seguintes condições (não necessariamente simultâneas):
- Áreas onde haja experiência prévia com o tipo de estaca empregado.
- Onde não houver particularidades geológico-geotécnicas.
- Quando não houver variação do processo executivo padrão.
- Quando não houver dúvida quanto ao desempenho das estacas.
[c] Quando as condições acima não ocorrerem devem ser feitas provas de carga em no mínimo 1 % das estacas, observando-se um mínimo de uma prova de carga (conforme ABNT NBR 12131), qualquer que seja o número de estacas.
[d] As provas de carga executadas exclusivamente para avaliação de desempenho devem ser levadas até que se atinja pelo menos 1,6 vez a carga admissível ou até que se observe um deslocamento que caracterize ruptura.
[e] Diâmetros nominais.

(ABNT, 2010, p. 36-37).

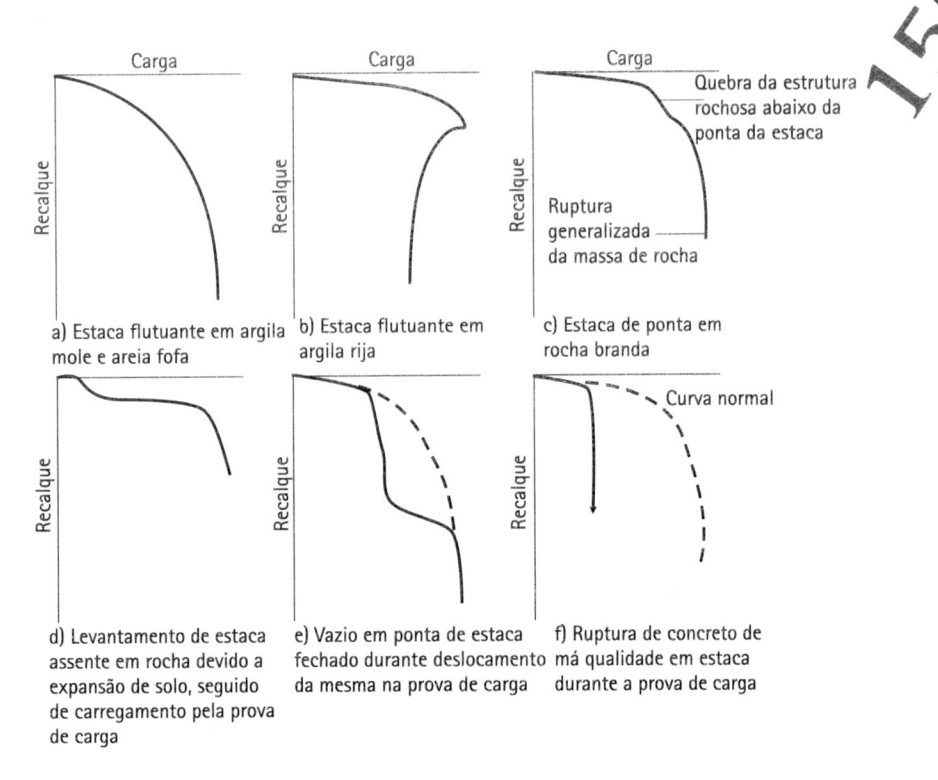

Fig. 4.73 *Comportamentos típicos carga-recalque de estacas (Milititsky, 1980)*

A literatura especializada apresenta inúmeras formas de interpretação dos resultados de provas de carga estática (Milititsky, 1991; Kyfor et al., 1992, entre outros), que se somam ao padrão recomendado pela norma brasileira de Fundações (ABNT NBR 6122/2010). Diferentes métodos de interpretação resultam em valores diferenciados de capacidade de carga, devendo ser objeto de análise de profissional especialista no tema quando da solução de problema específico.

A situação mais indicada de uso de provas de carga como garantia de bom comportamento de fundações profundas é aquela em que a adequação das premissas de projeto e procedimentos construtivos é testada antes do início da execução do estaqueamento propriamente dito.

É interessante mostrar os resultados de campo experimental na Alemanha, onde oito estacas escavadas idênticas foram ensaiadas por meio de provas de carga estática (estacas 1 e 2), ensaios dinâmicos pelos autores do experimento das estacas 3 a 8, ensaios dinâmicos por cinco empresas executantes desses serviços, e as previsões de capacidade de carga de acordo com a DIN (Deutsches Institut für Normung), norma alemã de fundações.

A variabilidade de resultados obtidos para as estacas consideradas idênticas é revelador da natureza de resultados de ensaios em vários elementos, como mostrado na Fig. 4.74. A diferença entre as indicações da normalização alemã, considerada conservadora, e os valores obtidos nem sempre seguros representa outra informação importante na mesma figura.

A dispersão dos valores obtidos nos ensaios dinâmicos dos diferentes executantes é outra indicação pertinente. Os resultados desses ensaios são dependentes de interpretação de dados e ajustamentos, podendo ter variação significativa mesmo quando bem executados e interpretados.

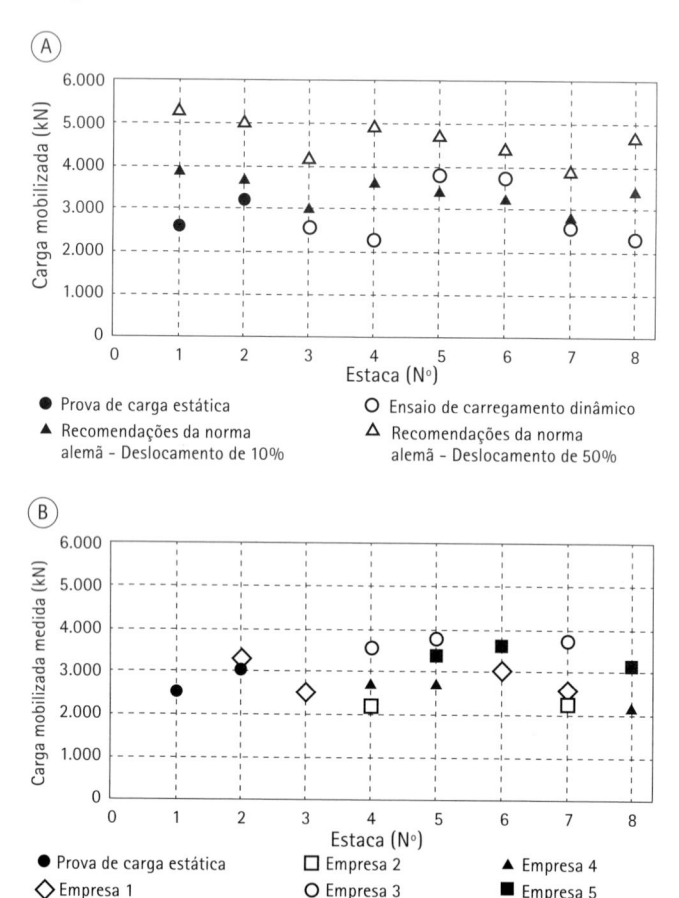

Fig. 4.74 *(A) Comparação do desempenho de oito estacas escavadas idênticas quando avaliadas em provas de carga estática, ensaios dinâmicos e as proposições da norma alemã de cálculo; (B) comparação da determinação de carga mobilizada em ensaios dinâmicos por cinco empresas, sem o conhecimento dos ensaios existentes, para as estacas de 4 a 8, com mesma geometria (Niederleithinger et al., 2014)*

4.7 Desafios para Melhoria – Execução

↘ Nenhum equipamento sofisticado de execução, de ensaio ou produção de serviços ou método de análise prescinde da qualidade e do controle humano nas diversas etapas que constituem a solução de um problema de fundações.

↘ Experiência, prática, treinamento, conhecimento acumulado ou desenvolvido, bom senso e controle permanente constituem ingredientes insubstituíveis na boa prática de Engenharia Geotécnica, especialmente em fundações profundas.

↘ A contratação de empresa executante de fundações profundas, mesmo para obras correntes, deve ser realizada com base não somente em orçamentos de serviços, mas considerando a capacitação técnica e experiência na construção do tipo de fundações adequado à solução do problema.

↘ Supervisão de construção deve ser parte da implantação de fundações: a inspeção, o controle e os ensaios necessários à supervisão devem seguir o estabelecido na fase de projeto, com limites de aceitabilidade, com detalhamento dos elementos a serem observados, tanto no que se refere ao solo quanto a materiais, procedimentos e efeitos da construção nas estruturas adjacentes, de acordo com os graus de complexidade e risco da obra.

↘ Durante a execução das fundações, os registros construtivos e de controle e a monitoração, se houver, devem ser comunicados ao projetista para avaliação das reais condições da obra.

↘ No caso de dúvida ou "não conformidade", reforços executados durante a etapa de construção das fundações são menos traumáticos que posteriores intervenções.

↘ ABNT NBR 6122/2010 define ensaios obrigatórios em estacas (provas de carga estática), de acordo com a carga, o tipo e o número de estacas do projeto. Essa norma deve ser observada, sob pena de responsabilidade.

↘ Elaboração de planejamento do programa de avaliação e controle antes do início da execução das fundações.

↘ Melhoria da confiabilidade dos ensaios de integridade e dinâmicos para seu uso confiável.

↘ Entendimento do real significado de "não conformidades" vs. "problemas reais" em ensaios de integridade, para limitar as "interpretações indevidas" dos ensaios.

EVENTOS PÓS-CONCLUSÃO DA FUNDAÇÃO

Neste capítulo serão apresentados os casos em que ao final da construção a fundação apresentava comportamento adequado mas, por causa de eventos pós-conclusão, tem depois alteradas sua segurança e estabilidade. Alguns itens a seguir explicitados podem ter sua ocorrência prevista e permitem a adoção de medidas preventivas ainda durante a fase de projeto; outros, entretanto, são imprevisíveis ou fortuitos e acabam sendo tratados como acidentes ou problemas.

5.1 Carregamento Próprio da Superestrutura

Dentre os eventos possíveis na etapa pós-conclusão das construções, alterações significativas no carregamento resultam em problemas de comportamento, podendo decorrer de alteração no uso da edificação ou ampliações e modificações não previstas.

5.1.1 Alteração no Uso da Edificação

Quando ocorrem modificações no uso de uma estrutura as solicitações podem variar, ocasionando elevação ou alteração de cargas incompatíveis com suas fundações. Essa é uma situação típica de transformação ou alteração de uso de prédios comerciais ou industriais, quando as sobrecargas atuantes sofrem incremento significativo. Casos comuns são os shopping centers e supermercados, onde as sobrecargas de projeto são decididas em função da utilização inicialmente prevista pelo layout de funcionamento, sendo porém alteradas substancialmente, até com implantação ou aumento de elementos especiais, mezaninos e outros, provocando aumento de carga nas fundações.

Outra situação é a estocagem pesada de materiais sobre pisos internos ou externos não prevista inicialmente em projeto, afetando e sobrecarregando as fundações. Esse tipo de ocorrência é comum quando, na alteração de uso, passam a existir depósitos de metais, bobinas de papel, contêineres e estocagens industriais pesadas.

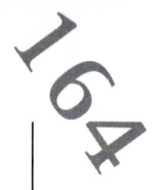

É sempre importante verificar as condições para as quais as fundações foram efetivamente projetadas, considerando as cargas da estrutura propriamente dita e também seu entorno, antes de permitir a alteração de uso das instalações.

Nas Figs. 5.1 e 5.2 são apresentadas algumas dessas ocorrências e seus efeitos, caracterizando os problemas verificados nas diferentes situações.

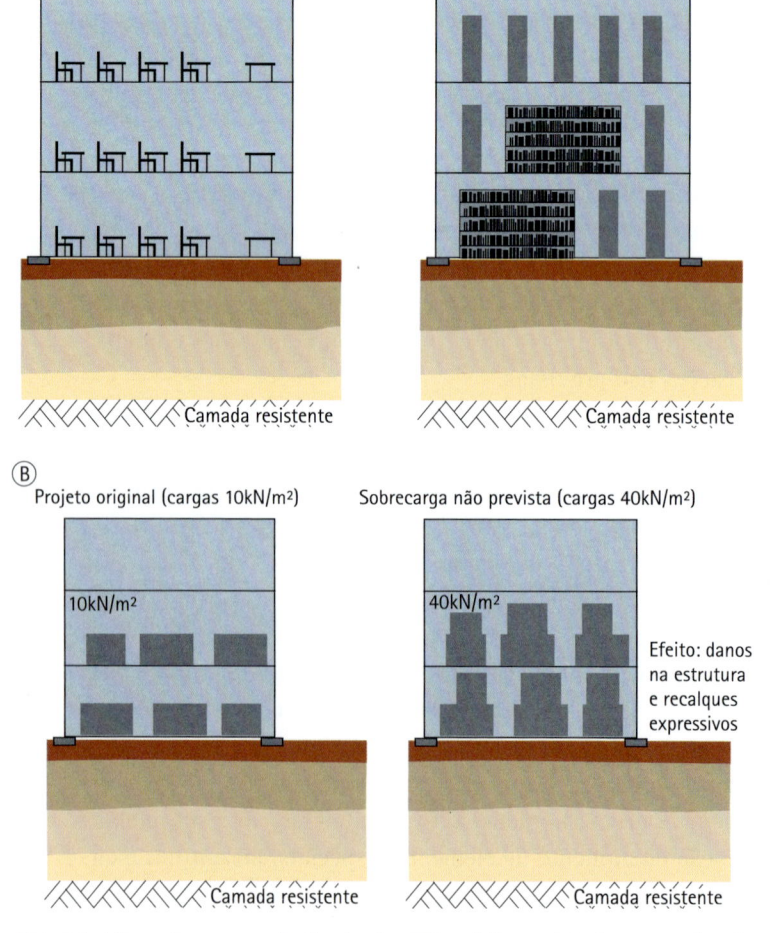

Fig. 5.1 *Alteração no uso da fundação: (A) prédio projetado para salas de aula transformado em biblioteca (com aumento de sobrecarga e recalques incompatíveis de fundações); (B) supermercado de piso com sobrecarga de 10 kN/m² transformado em depósito com sobrecarga de 40 kN/m²*

5.1.2 Ampliações e Modificações não Previstas no Projeto Original

Situações que acabam causando variação de carregamento nas fundações, tipicamente retirada de elementos portantes, aumentos e ampliações comerciais em prédios originalmente projetados para outra condição. É bastante comum a adição de mezaninos ou andares intermediários em ampliações e reformas de prédios comerciais. As novas situações de distribuição ou concentração de cargas podem provocar recalques ou exceder a capacidade das fundações existentes, que já recalcaram na construção original, causando o aparecimento de fissuração indesejada e mesmo acidentes importantes.

Fig. 5.2 *Alteração do uso do terreno vizinho, causando sobrecarga excêntrica elevada*

A Fig. 5.3 mostra esse tipo de situação, com seus efeitos nas fundações existentes.

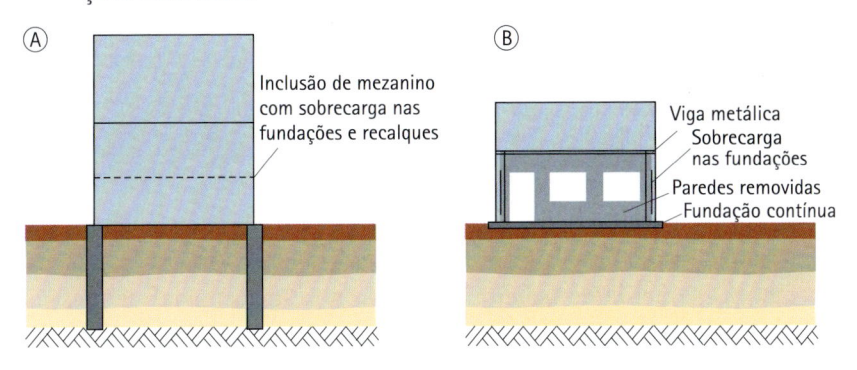

Fig. 5.3 *Modificações no projeto da edificação não previstas no projeto original: (A) inclusão de mezanino; (B) demolição de alvenarias portantes e implantação de pilares sem alterar/reforçar as fundações*

5.2 Movimento da Massa de Solo Decorrente de Fatores Externos

Inúmeros problemas são decorrentes de movimentação ou instabilidade da massa de solo do qual depende a estabilidade de fundações, provocadas por fatores que não estão necessariamente relacionados com o carregamento transmitido. Deslocamentos do solo podem ser causados por várias atividades relacionadas com construções, como escavações, explosões, rebaixamento de lençol freático, tráfego pesado, demolições, cravação de estacas, compactação vibratória de solos. Apresentam-se a seguir os casos possíveis desse tipo de ocorrência.

5.2.1 Alteração de Uso de Terrenos Vizinhos

Com referência à alteração de uso de terrenos vizinhos, dois tipos de situação podem ocorrer:

- Uma nova construção edificada sem o cuidado essencial de promover junta entre ela e a já existente. Essa situação é mais frequente do que se poderia supor, e também ocorre em ampliações de obras em que a nova etapa é construída sem junta. Há situação real em que um prédio com dezessete pavimentos foi construído ao lado de uma construção leve – à medida que a nova obra carregava suas fundações e provocava recalques, induzia distorção significativa na obra existente, como mostra a Fig. 5.4A. Outros exemplos são ilustrados nas Figs. 5.4B, 5.4C e 5.4D.
- Outra situação ocorre quando são realizadas construções de grande porte ou estocagem de materiais pesados junto a prédios com fundações diretas ou profundas leves, ocasionando superposição de pressões e recalques adicionais na edificação antiga, como mostram as Figs. 5.5A, 5.5B, 5.5C e 5.5D.

5.2.2 Execução de Grandes Escavações Próximo à Construções
i) Escavações e deslocamentos

A execução de escavações provoca, necessariamente, a movimentação da massa de solo junto à elas ou a estruturas de contenção, em razão da perda de material, variação no estado inicial de tensões ou rebaixamento do lençol freático, com eventual adensamento de solos saturados. Esses efeitos dependem das fundações existentes nas proximidades e da sensibilidade aos recalques das estruturas próximas. A norma brasileira ABNT NBR 9061/1981 regulamenta a execução de escavações a céu aberto.

Como os efeitos originados afetam o estado de tensões da massa de solo, mesmo fundações profundas são afetadas (Finno et al.,1991; Poulos e Chen, 1997; Clayton et al., 2013).

O tema do tipo de deslocamento relacionado com os solos solicitados e processos construtivos foi objeto de inúmeras publicações. A re-

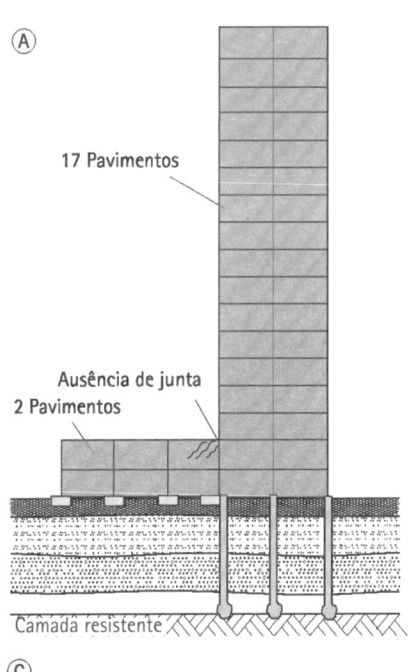

Fig. 5.4 *Problemas causados pela edificação de novas construções sem o cuidado de promover junta com as construções já existentes*

ferência clássica de medições de deslocamentos junto à escavações é a de Peck (1969), mostrada na Fig. 5.6. Outras referências sobre o tema são: Hurrel e Attewell (1984); Clough et al. (1989); Clough e O'Rourke (1990); Carder (1995); Fernie e Suckling (1996); Laefer (2001); Long (2001) e CIRIA (2003).

A Fig. 5.7 (Clough e O'Rourke, 1990) mostra resultados de estudos de casos em que foram monitorados os valores de deslocamentos verticais e horizontais para diferentes materiais, sendo utilizada como forma preliminar de estimativa de valores máximos e padrões de deslocamento. Os deslocamentos superficiais e a distância da parede são expressos por sua relação com a máxima profundidade de escavação (H) e a distribuição dos recalques, tomando como referência o recalque máximo atrás da parede. Com base nos dados coletados

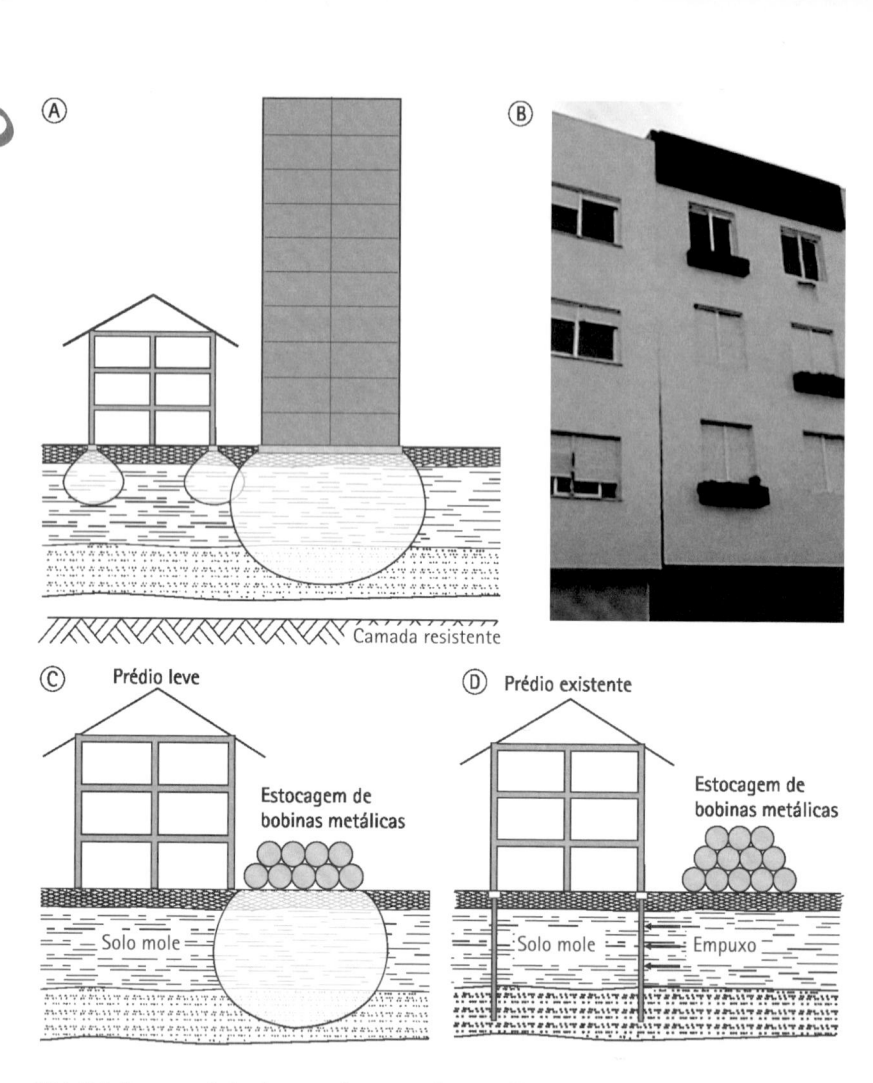

Fig. 5.5 *Superposição de pressões e recalques adicionais na edificação antiga devido a (A) construções de grande porte; (B) prédio construído em local próximo; (C) estocagem de materiais pesados junto a prédios existentes em fundações diretas ou profundas leves; e (D) efeito de sobrecarga assimétrica em estacas*

por Peck (1969); Clough e O'Rourke (1990); Ranzini e Negro Jr (1998) propõem (Fig. 5.8) forma expedita de prever deslocamentos verticais e horizontais máximos em escavação escorada com qualidade de execução.

A Fig. 5.9 mostra um caso em que foram acompanhados os recalques das diversas etapas de implantação de escavação com 17,5 m (contida por parede diafragma atirantada) junto a prédios assentes em fundações diretas e profundas em Porto Alegre (Milititsky, 2000; Schnaid et al., 2003).

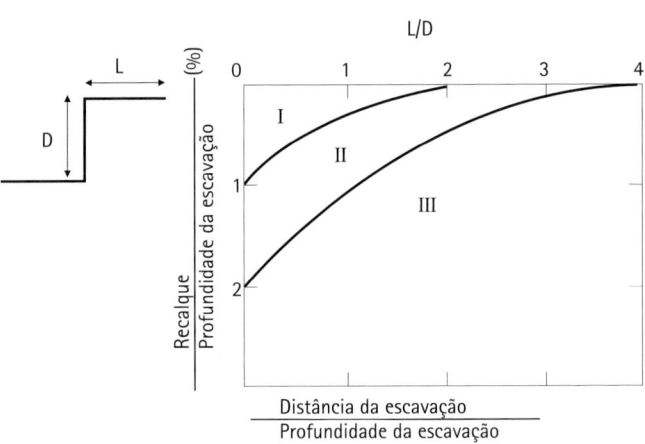

I) Areia e argila mole a dura
II) Argila muito mole a mole com profundidade limitada abaixo do fundo da escavação
III) Argila mole a muito mole para uma profundidade significativa abaixo do fundo da escavação

Fig. 5.6 *Deslocamentos junto a escavações (Peck, 1969)*

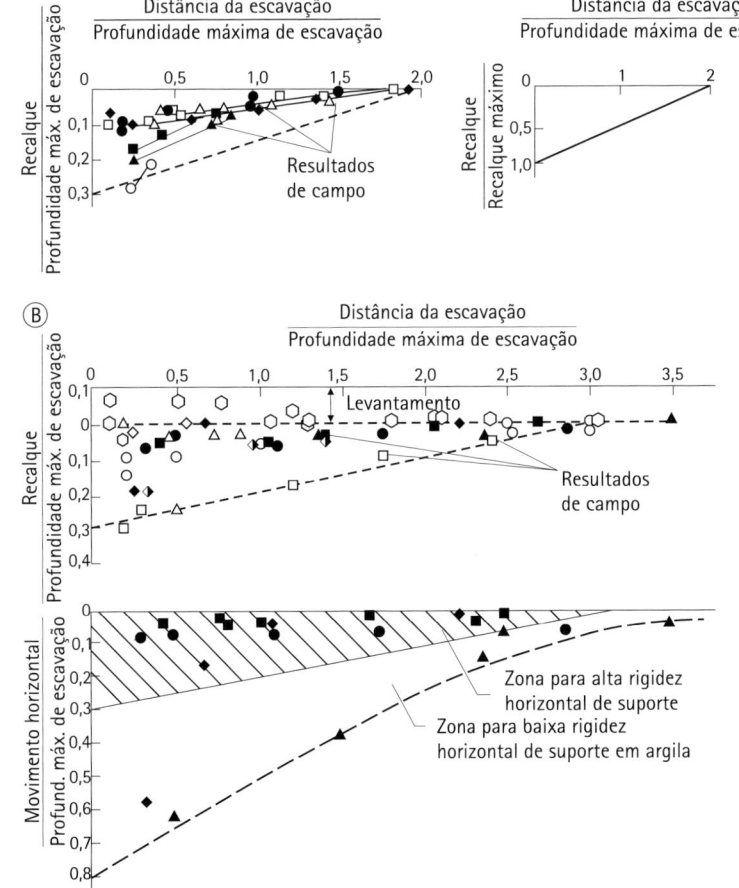

Fig. 5.7 *Levantamento dos valores de deslocamentos verticais e horizontais observados em escavações de diferentes materiais (Clough e O'Rourke, 1990): (A) escavações em areia; (B) escavações em argila rija a muito dura*

Fig. 5.7 *Levantamento dos valores de deslocamentos verticais e horizontais observados em escavações de diferentes materiais (Clough e O'Rourke, 1990): C) escavações em argila mole a média*

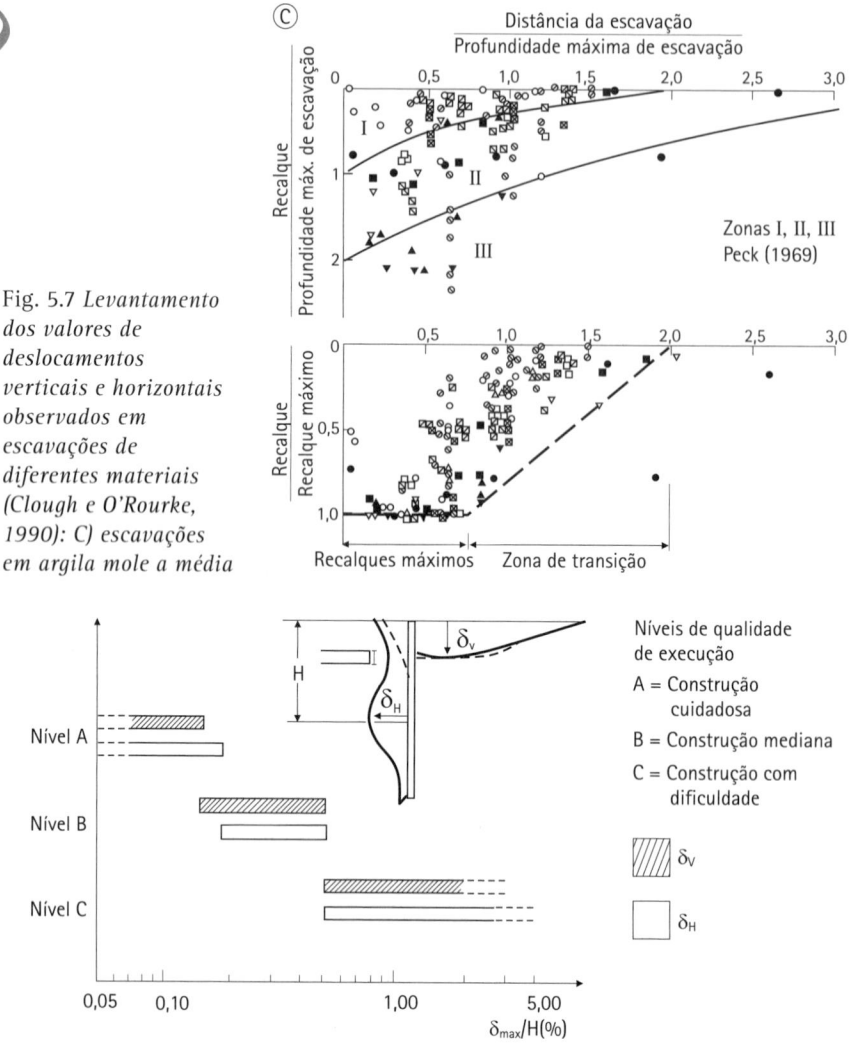

Fig. 5.8 *Forma expedita de prever deslocamentos verticais e horizontais máximos em escavação escorada (apud Ranzini e Negro Jr, 1998)*

Em geral, os movimentos do solo por escavações são causados pela execução da parede, de tirantes, pelo deslocamento horizontal do paramento de contenção durante a escavação, pelo fluxo de água, ocasionando perda de solo e adensamento, pelos deslocamentos dos suportes e depois, na remoção ou desativação dos elementos provisórios de suporte.

O deslocamento lateral do elemento de contenção permite extensão lateral e recalque (deslocamento vertical do terreno), quando a massa de solo vizinha à escavação se movimenta em direção à região

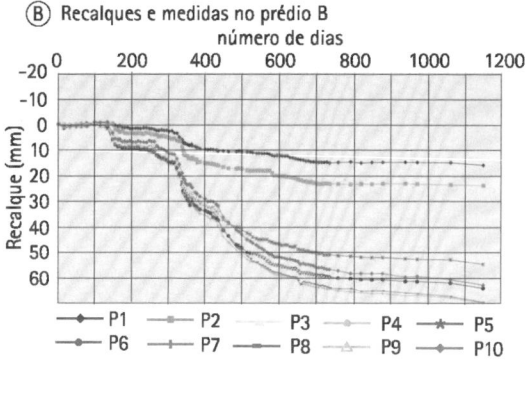

Fig. 5.9 *Acompanhamento de recalques de prédios contíguos à escavação de grande porte em Porto Alegre (RS), em etapas: (A) parede diafragma atirantada (Milititsky, 2000); (B) recalques no prédio contíguo à escavação (Schnaid et al, 2003)*

escavada. Os recalques resultantes de escavação em frente à cortina (forma de recalque e sua magnitude) são influenciados por (Hong Kong Government,1990; Puller, 1996):

↘ variação de tensões devido à escavação;
↘ resistência e rigidez do solo;
↘ variação das condições do lençol freático;
↘ rigidez da parede e do sistema de suporte;
↘ forma e dimensão da escavação;
↘ outros efeitos, tais como preparação do local, execução de fundações profundas etc.;
↘ qualidade executiva dos serviços.

O movimento da massa de solo que resulta somente do processo construtivo depende da técnica empregada: elementos cravados provocam vibrações (BRE, 1995a; Hiller e Crabb, 2000), cortinas de estacas escavadas justapostas, quando executadas em solos granulares abaixo do nível de água ou em argilas moles, podem provocar perda de solo, paredes diafragma construídas com auxílio de bentonita têm como resultado algum alívio de tensões e arqueamento do solo, mesmo quando bem executadas. Nos casos problemáticos de instabilidade de escavação podem resultar maiores deslocamentos e mesmo rupturas localizadas.

Nas Figs. 5.10 e 5.11 (CIRIA, 2003) apresentam-se resultados de medições na massa de solo adjacente à execução de cortinas de estacas

Casos históricos
- × Bell Common
- ○ Leste de Falloden
- • Hackney Wick
- ◇ Rayleigh Weir
- (Walthamstow

Casos históricos
- + 1 Ludgate Place
- ♦ 63 Lincolns Ian Field
- × Bell Common
- * Blackfriars 1
- ✶ Blackfriars 2
- ⊞ British Library Euston
- ○ Leste de Falloden
- • Hackney Wick
- ⨯ Holborn Bars
- ▼ Leith Houde
- ✧ Linsey House
- ♦ New Palace Yard
- ⟩ Peterborough Court
- ◇ Rayleigh Weir
- ⟋ Vinters Place nordeste
- ○ Vinters Place norte
- (Walthamstow

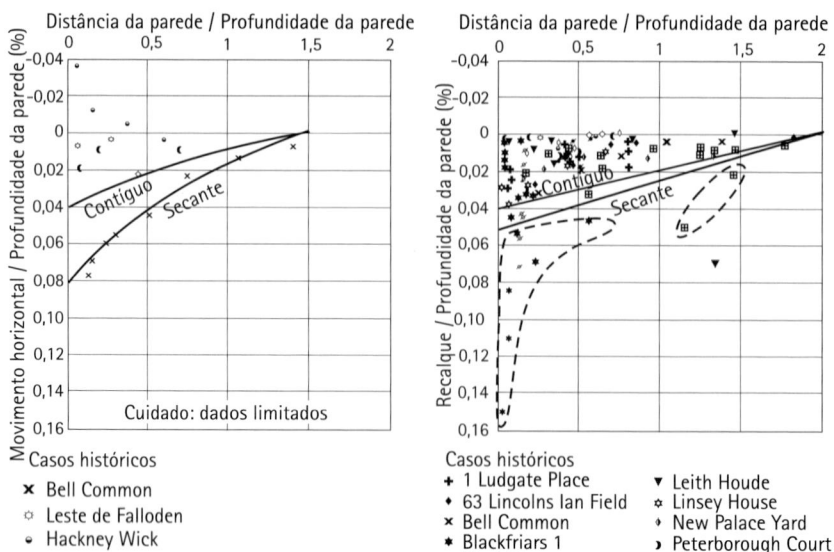

Fig. 5.10 *Movimentos da superfície do terreno em razão da instalação de escavadas em argila rija (CIRIA, 2003)*

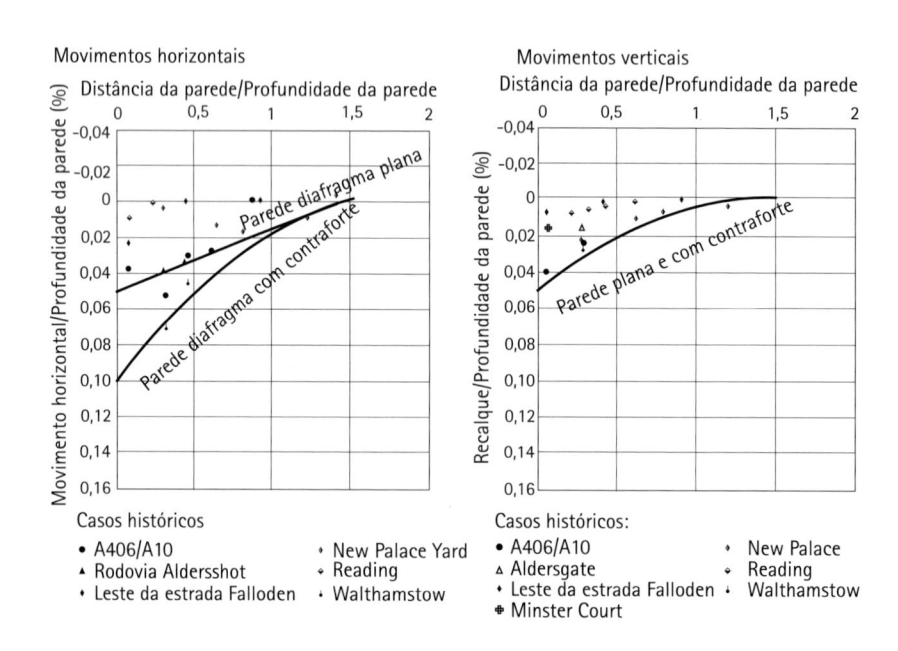

Casos históricos
- • A406/A10
- ▲ Rodovia Alderssshot
- ♦ Leste da estrada Falloden
- ♦ New Palace Yard
- ♦ Reading
- • Walthamstow

Casos históricos:
- • A406/A10
- △ Aldersgate
- ♦ Leste da estrada Falloden
- ⊕ Minster Court
- ♦ New Palace
- ♦ Reading
- ✦ Walthamstow

Fig. 5.11 *Movimentos da superfície do terreno causados pela instalação de parede diafragma em argila rija (CIRIA, 2003)*

escavadas justapostas e paredes diafragma na argila de Londres, mostrando os deslocamentos provocados apenas na etapa de construção da parede, sem escavações.

O sistema construtivo das contenções, suas características de rigidez, as etapas e cuidados na sua implantação afetam de forma diferente os deslocamentos provocados na vizinhança.

A Fig. 5.12 (St John et al., 1992) mostra deslocamentos observados em escavações na argila de Londres usando diferentes processos construtivos, ou seja, variações na rigidez dos suportes. Long (2001), relatando mais de trezentas obras, diz que os maiores deslocamentos observados foram causados principalmente por:

↘ movimentos associados a balanços grandes na parede de suporte no início da sequência construtiva;
↘ flexibilidade do sistema de contenção;
↘ *creep* das ancoragens;
↘ deformação da estrutura de contenção.

É importante observar que, no caso das cortinas ancoradas com tirantes, o tempo decorrente entre a escavação, implantação dos tirantes e sua protensão tem efeito marcante nos deslocamentos pro-

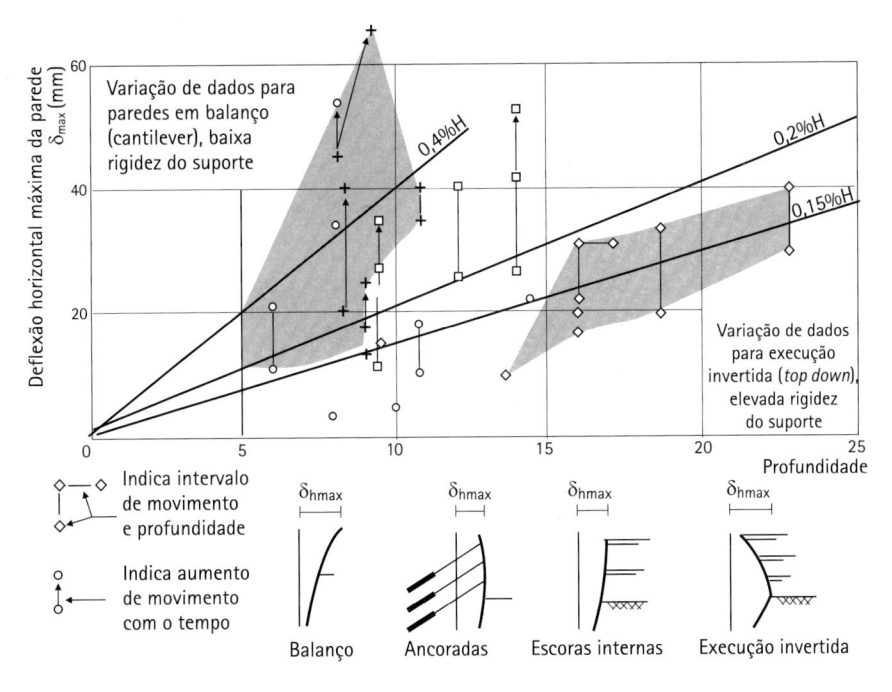

Fig. 5.12 *Deflexões laterais máximas observadas por escavações na argila de Londres (St John et al., 1992)*

vocados. Quanto maior o tempo até efetivamente conter a cortina, maior o deslocamento. Eventuais tirantes escavados com problemas de obstruções, ou impossibilidade de uso, devem ser imediatamente injetados para evitar perda de solo, fluxo de água e recalques indesejáveis resultantes.

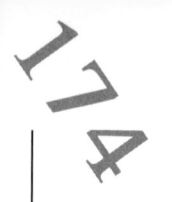

Paredes diafragma ou estacas justapostas em que são deixadas bermas como elemento de estabilização devem ter projeto adequado (CIRIA, 2003) e proteção contra a erosão e infiltração de água da chuva, para evitar problemas de deslocamentos excessivos ou a instabilização da contenção.

Estroncamentos metálicos têm seu desempenho dependente do pré-carregamento ou detalhes no processo de encunhamento, podendo resultar em deslocamentos indevidos caso o processo construtivo não seja adequadamente executado.

Em algumas situações, a implantação das contenções, face ao processo construtivo utilizado (perfis com prancheamento, por exemplo) pode até provocar perda de material, tornando o problema mais crítico.

ii) Danos às edificações vizinhas

Os movimentos ocasionados pelas escavações e procedimentos de apoio podem causar deslocamentos às estruturas existentes na região afetada, como translações, rotações, distorções, e possivelmente resultar em danos. Movimentos rígidos de translação vertical e horizontal, ou recalque uniforme influem, pouco na distorção e trincamento, porém podem afetar conexões ou serviços vinculados à própria estrutura ou elementos adjacentes. O funcionamento das edificações pode ser alterado, especialmente se os usuários tiverem percepção negativa do fenômeno ou se ele afetar instalações industriais, elevadores e equipamentos em geral.

Os estudos clássicos sobre recalques admissíveis (ver item 1.2) relacionam-se com os deslocamentos provocados pelo seu peso próprio e carregamento. Trabalhos específicos sobre a resposta de edificações a movimentos causados pela mineração, túneis e grandes escavações demonstraram a importância de fatores como as deformações horizontais de tração (ε_h), o padrão de evolução do movimento no solo, tamanho e localização da edificação em relação ao perfil de recalques provocados, tipo de edificação, número de pavimentos e detalhes estruturais (National Coal Board, 1975; Geddes, 1984; Boscardin e Cording, 1989; Boone, 1996; Laefer, 2001; Boscardin, 2003).

Uma questão de difícil resposta é: qual o nível de deslocamento de uma edificação que pode ser definido como causador de dano? Uma proposta de relação entre nível de dano e deformação horizontal é a de Laefer (2001), mostrada na Tab. 5.1.

A Fig. 5.13 apresenta a proposta de relação entre dano provocado nas edificações e deslocamentos induzidos por escavações (Boscardin e Cording, 1989; Cording et al., 2001).

Tab. 5.1 Relação entre nível de dano e deformação horizontal (Laefer, 2001)

CATEGORIA DE DANO	GRAU DE SEVERIDADE	LIMITE DE DEFORMAÇÃO EM TRAÇÃO (%)
0	Desprezível	0 – 0,050
1	Muito pequeno	0,050 – 0,075
2	Pequeno	0,075 – 0,150
3	Moderado	0,150 – 0,300
4	Alto a muito alto	> 0,300

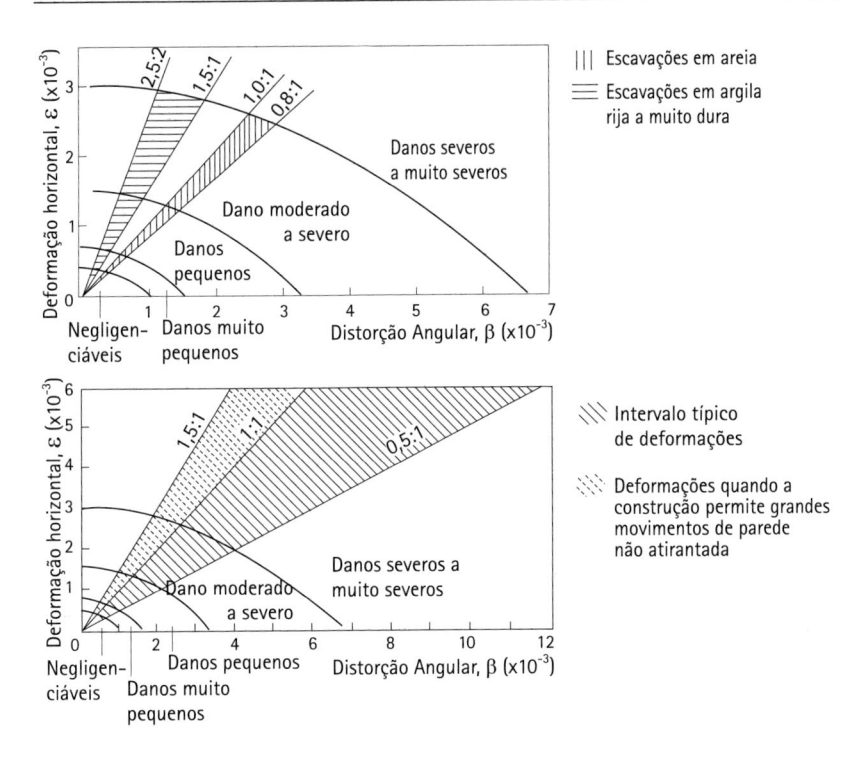

Fig. 5.13 *Relação entre dano provocado nas edificações por deslocamentos induzidos por escavações (Boscardin e Cording, 1989; e Cording et al., 2001)*

O acompanhamento da evolução dos efeitos, através de cuidadoso controle de recalques, desaprumo e fissuras, é essencial, como indicado no Cap. 7. No item 7.3 é apresentada uma tabela com indicação de dano visível em alvenarias, de acordo com proposta do National

Coal Board (1975). A Fig. 5.14A apresenta casa com danos visíveis (fissuras) na alvenaria em razão da escavação de aproximadamente três metros de profundidade ao longo de toda uma face lateral da casa, suportada por fundações superficiais; já a Fig. 5.14B ilustra dano em estrutura de prédio vizinho a grande escavação, quando ocorre deslocamento significativo da massa de solo e recalques das fundações.

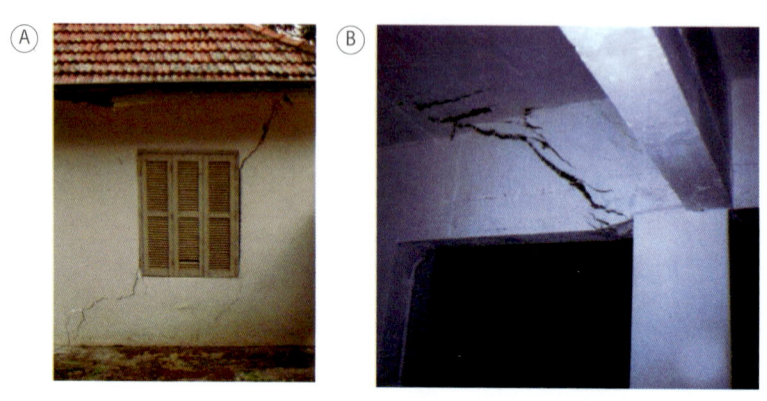

Fig. 5.14 *(A) Danos visíveis (fissuras) na alvenaria devidos à escavação ao lado da casa; (B) efeito de recalque diferencial em estrutura vizinha a grande escavação em perímetro urbano*

A Fig. 5.15 ilustra efeito provocado por escavação junto a prédio estaqueado. Nos casos em que se faz necessária a intervenção para garantir a segurança de construções afetadas, é importante avaliar cuidadosamente os possíveis efeitos das ações reparadoras propostas, para evitar danos ainda maiores (Boscardin, 2003).

Fig. 5.15 *Detalhe das estacas pré-moldadas tubulares rompidas*

5.2.3 Escavações não Protegidas junto a Divisas ou Escavações Internas à Obra (instabilidade)

Escavações não protegidas executadas junto a estruturas existentes causam grande número de acidentes em obras urbanas por provocar instabilidade. Toda escavação, próxima a fundações existentes, necessita de uma previsão de metodologia construtiva, com programação cuidadosa das etapas e consideração dos efeitos na estabilidade das construções vizinhas. Muitas situações de dificuldades construtivas não previstas adequadamente acabam causando instabilidades e mesmo rupturas de dimensões significativas, como mostra a Fig. 5.16. Escavações abaixo do nível do lençol freático ou em solos instáveis são as ocorrências mais notáveis dessa situação. Tal problema atingiu 13,1% dos casos relatados no trabalho de Silva (1993), de um total de 28,9% de patologias relacionadas a eventos pós-construção. A grande maioria das patologias ligadas a escavações envolveu fundações superficiais, que são mais sensíveis ao alívio de tensões quando da escavação.

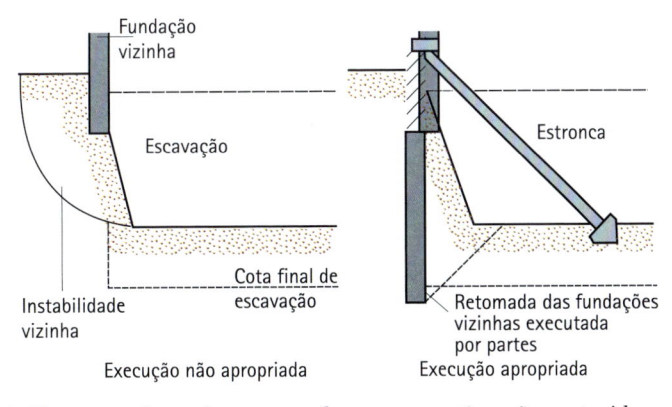

Fig. 5.16 *Acidente em obra urbana causado por escavações não protegidas executadas junto a estruturas existentes (Socotec, 1999)*

Quando existe a presença de solos superficiais de baixa resistência, pequenas escavações internas à obra, como a implantação do poço do elevador, usualmente com bloco sobre várias estacas, podem acabar provocando problemas de descalçamento de elementos já executados (Figs. 5.17 a 5.19).

5.2.4 Instabilidade de Taludes

A execução de fundações em encostas ou nas proximidades de taludes pode apresentar as seguintes condições de instabilidade: (a)

Fig. 5.17 *Instabilidade localizada de escavação envolvendo fundação de prédio*

Fig. 5.18 *Escavação projetada com execução por partes, instabilizada e colocando em risco a edificação vizinha - vista do nível da escavação*

Fig. 5.19 *Instabilidade de cortina de estacas justapostas*

provocar a instabilidade localizada do talude; ou (b) ser envolvida pela instabilidade geral preexistente. O assunto "estabilidade de encostas" não será abordado em extensão neste livro, podendo ser encontradas referências específicas abrangentes sobre o tema (ver Hoek e Bray, 1974; Guidicini e Nieble, 1984; Clayton et al., 1993; Massad, 2003).

A estabilidade de taludes é usualmente examinada utilizando-se métodos baseados na teoria de equilíbrio limite. Esse método é internacionalmente aceito, e existe larga experiência de uso em projetos correntes. A hipótese de cálculo é baseada na suposição da existência de uma superfície de ruptura que envolve a massa de solo, ao longo da qual é mobilizada a resistência ao cisalhamento do material. Dessa forma verifica-se o equilíbrio entre as cargas estabilizantes (resistência do solo ou rocha) e instabilizantes (cargas externas e peso do solo), não havendo, portanto, qualquer consideração quanto a magnitude dos deslocamentos necessários à mobilização. Note-se que esses escorregamentos mobilizam superfícies de ruptura bem definidas, cilíndricas, planares ou mesmo de outras configurações, passíveis de avaliação na fase do projeto. A verificação é normalmente realizada com deformação plana, em duas dimensões, desconsiderando-se os efeitos das extremidades.

Assim sendo, escavações decorrentes do processo de construção ou provocadas por fenômenos naturais como erosão alteram o equilíbrio de esforços e eventuais deslizamentos, sejam estes localizados ou generalizados. A instabilidade localizada de um elemento de fundação é, em geral, provocada pela simples ausência de verificação do efeito da sobrecarga na estabilidade do talude, conforme ilustrado na Fig. 5.20.

Além dos efeitos localizados, há também a instabilização de encostas naturais, que provoca deslizamentos de grandes volumes de solo, cuja amplitude engloba a obra e suas fundações (Figs. 5.21 e 5.22). Basta lembrar que os coeficientes de segurança de encostas naturais são, em geral, próximos da unidade, bastando pequenas

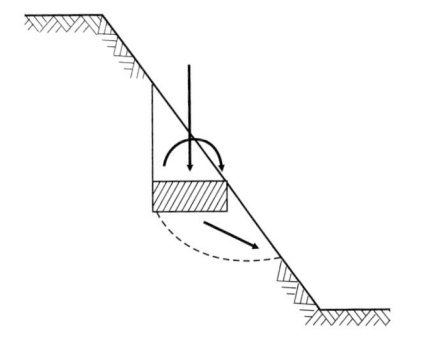

Fig 5.20 *Fundação direta afetando estabilidade local do talude*

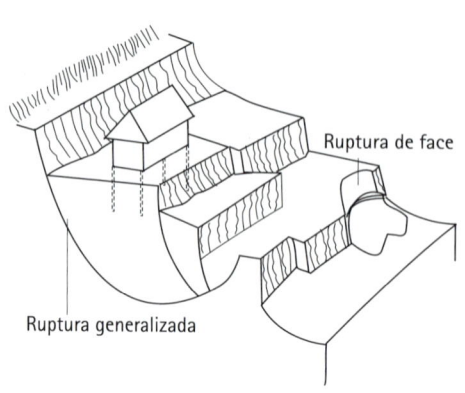

Fig. 5.21 *Instabilização de encostas naturais*

Fig. 5.22 Instabilidade de encosta afetando a segurança de fundações de torre de linha de transmissão muitos anos após implantação, enfatizando a necessidade de inspeção para verificação periódica sistemática de estabilidade

Fig. 5.23 *Instabilidade de taludes envolvendo edificação existente na encosta*

intervenções antrópicas ou fenômenos associados a chuvas intensas para provocar escorregamentos. Nesses casos, o projeto deve contemplar não somente o cálculo da transmissão das cargas da estrutura ao solo pelo elemento de fundação, mas também o reconhecimento dos mecanismos do escorregamento da massa de solo e suas consequências à obra a ser projetada. Em regiões urbanas fortemente densificadas, como as cidades do Rio de Janeiro, São Paulo e Belo Horizonte, as populações ocupam áreas coluvionares (solos residuais transportados pela ação da gravidade) particularmente sujeitas à ocorrência de grandes movimentos de solo (Fig. 5.23).

5.2.5 Rompimento de Canalizações Enterradas

A boa prática de engenharia preconiza que não devem ser projetadas ou construídas fundações diretas com canalizações desprotegidas em cota inferior à sua implantação. No entanto, problemas de rompimento de canalizações enterradas podem conduzir a complicações também para obras sobre fundações profundas. Em geral, o rompimento de canalizações enterradas provoca o carreamento de solo, originando vazios e o correspondente solapamento das fundações existentes, como pode ser observado na situação extrema ilustrada na Fig. 5.24.

Fig. 5.24 *Rompimento de canalização enterrada provocando o carreamento de solo, originando vazios e solapando as fundações existentes*

Em solos colapsíveis (ver item 2.5.2) situações dessa natureza podem induzir a grandes recalques de todas as fundações apoiadas na massa de solo afetada. Caso típico é o rompimento de canalizações dentro de aterros mal compactados que adensam. O efeito da ruptura acelera os deslocamentos, ocasionando, em alguns casos, acidentes de proporções significativas.

Em estações de tratamento de água, casas de bombas e outras estruturas dessa natureza, o projeto de fundações, necessariamente, deve levar em consideração a possibilidade de carreamento do solo. Em caso ocorrido em uma estação de tratamento de água no Rio Grande do Sul, tal problema quase levou a estrutura existente à ruína. Houve a necessidade de envelopamento de dutos com concreto armado e o aprofundamento da cota de implantação das fundações diretas existentes, como forma de garantir a estabilidade e segurança das estruturas.

5.2.6 Extravasamento de Grandes Coberturas sem Sistema Eficiente de Descarga

Em certas circunstâncias ocorre acúmulo de água em zona localizada da massa de solo, inexistente antes da implantação das estruturas construídas, que pode afetar a estabilidade e segurança de fundações. Casos de escape contínuo de reservatórios pelo extravasor (ladrão), vazamento em grandes tanques, ou a presença de grandes coberturas sem que exista um sistema de coleta e condução eficiente da água caracterizam essa situação.

Ela pode provocar a saturação, erosão, solapamento e, nos casos onde ocorrem solos colapsíveis, afetar a estabilidade da massa de solo e provocar recalques significativos, especialmente em fundações superficiais, podendo também afetar fundações profundas.

A Fig. 5.25 mostra um caso em que o reservatório elevado com fundações diretas, construído em solos porosos colapsíveis na cidade de Carazinho (RS), apresentou adernamento lateral significativo por causa do extravasamento por longo período, quando ocorreu um problema no sistema de proteção do reservatório. A saturação da massa de solo de um dos lados da fundação induziu ao recalque, sem que houvesse correspondência do lado oposto.

A Fig. 5.26 mostra uma situação típica de silo com cobertura metálica, sem calhas ou condutores, apoiado em fundações diretas sobre solos porosos. As fundações apresentaram recalques significativos em situação de chuvas intensas, em razão da saturação pela concentração do fluxo da água coletada pela cobertura. Nas condições

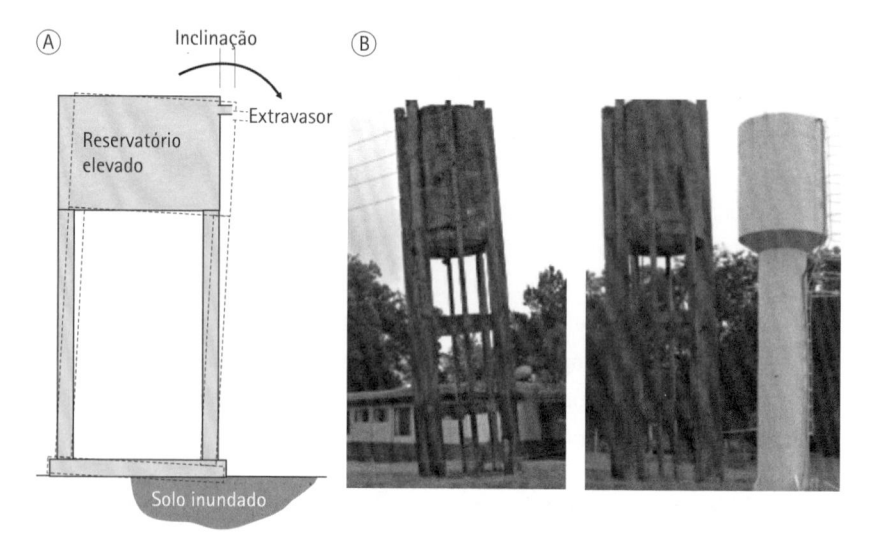

Fig. 5.25 *Extravasamento de água em solos porosos colapsíveis e consequente recalque em reservatório sustentado por fundações superficiais na cidade de Carazinho (RS): (A) desenho esquemático; (B) fotografias*

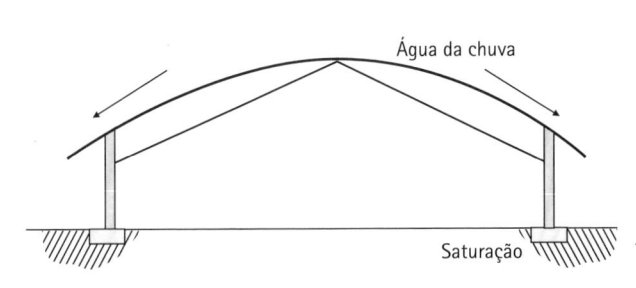

Fig. 5.26 *Silo sem calha de proteção junto às fundações diretas*

preexistentes, antes da construção do silo horizontal, o solo não era exposto como com a presença da cobertura da grande área do silo (60 m x 120 m).

5.2.7 Oscilações não Previstas do Nível de Água

Quando ocorrem variações do nível de água não consideradas no projeto, as maiores solicitações podem afetar a estabilidade de subsolos, causando rompimento de contrapisos e inundação. Esse problema é comum quando não há registro de nível de água nas sondagens, ele é registrado em profundidade abaixo das fundações ou ocorrem oscilações significativas ao longo de estações de chuva e seca não detectáveis pelo programa de investigação.

A presença de nível de água não considerado no projeto de subsolos resulta em valores de empuxos nas contenções inferiores aos reais, e dá origem à subpressão, que se não for considerada de forma adequada provoca a ruptura dos elementos enterrados submetidos a esforços não previstos. Outra atuação indesejável da variação do nível de água ocorre em fundações superficiais ou subsuperficiais (tubulões) assentes sobre solos sensíveis à inundação, sem que esse fato tenha sido levado em consideração no projeto. As construções originais em Brasília, com solos sensíveis à inundação, foram projetadas sem o conhecimento do comportamento característico dos solos da região. Com a construção do lago Sul ocorreu variação a sensível do lençol freático, saturando os materiais nos quais as fundações se apoiavam e provocando recalques significativos, como relatado por Golombek (1985).

As implicações, do ponto de vista da engenharia geotécnica, da elevação do nível de água em obras de engenharia (fundações, túneis etc.) são apontadas no trabalho de Knipe et al. (1993).

5.2.8 Rebaixamento do Nível de Água

Quando é necessário implantar uma estrutura abaixo do nível de água existente no subsolo, as dificuldades construtivas fazem com que o processo de rebaixamento do lençol seja considerado como opção construtiva.

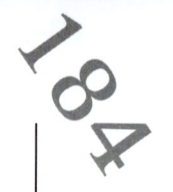

Sempre que o nível de água é rebaixado, o peso efetivo do solo varia entre as condições inicial e final da água, crescendo da condição de submerso (tipicamente 10 kN/m^3 para areias) para saturado (20 kN m^3). Essa variação provoca um aumento da tensão efetiva atuando na massa de solo, resultando em deformação. Os deslocamentos resultantes acarretam o aparecimento de recalques em sua superfície, fazendo com que estruturas em fundações diretas apoiadas na região afetada apresentem distorções e patologias (Fig. 5.27).

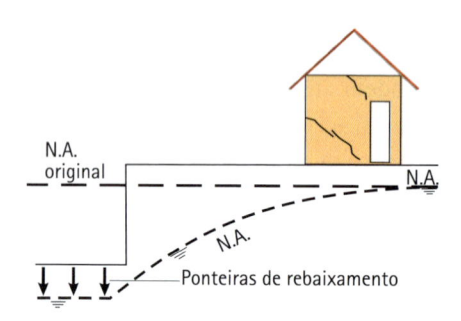

Fig. 5.27 *Recalque diferencial provocado pelo rebaixamento do lençol freático*

O fenômeno afeta fundações vizinhas à região de rebaixamento, especialmente as superficiais leves em solos granulares fofos, provocando recalques. Solos granulares medianamente compactos ou compactos somente são afetados de forma significativa nos casos em que o rebaixamento provoca também carreamento e perda de material. As alterações de tensões usualmente provocadas não chegam a causar recalques significativos por causa da rigidez tipicamente mais elevada desses materiais.

No caso de solos argilosos, a compressibilidade dos materiais é, em geral, maior que nas areias, e os efeitos são significativos. Em solos orgânicos ou turfa os efeitos são rápidos, mas em argilas de baixa permeabilidade são dependentes do tempo em que o rebaixamento ocorre. Rebaixamento prolongado pode gerar efeitos de adensamento na massa de solo e, consequentemente, agravar os problemas de recalques correspondentes.

Nos casos de camadas compressíveis sobre horizontes muito permeáveis, o nível de água ou nível piezométrico pode ser reduzido em área extensa, abrangendo regiões circunvizinhas à obra na qual o rebaixamento é executado. Nessa situação os recalques provocados são grandes e sua abrangência significativa, atingindo áreas afastadas, geralmente não consideradas sob risco.

5.2.9 Erosão ou Solapamento (*Scour*)

O fenômeno de erosão ou solapamento de fundações parcialmente executadas dentro de leitos com água corrente, tipicamente em pilares de pontes ou estruturas construídas junto a rios (como casas de bombeamento), constitui-se em evento pós-construção de grande relevância, por seu possível efeito que (ver Federico et al., 2003). A inclusão em leito de rios de elementos estruturais tais como blocos sobre estacas, tubulões, encontros de ponte em fundações diretas ou elementos tipo gabiões provoca aumento de velocidade da água próxima. Quando não são projetados e executados trabalhos de proteção, resulta carreamento do material existente no leito do rio imediatamente após a conclusão dos trabalhos, fazendo com que o perfil do leito se altere de forma significativa. Essas alterações interferem na estabilidade dos elementos de fundação, seja pela redução de seu trecho enterrado, seja pelo aumento do trecho livre de elementos esbeltos, provocando sua flambagem, e podendo causar ruptura geral e colapso.

A estabilidade geral da fundação fica comprometida, e o aspecto de ausência de programas regulares de inspeção às obras de arte, como o existente nos EUA (Federal Highway Administration, 1995) resulta em conhecimento do problema somente quando ele assume aspectos de extrema gravidade e risco. O perfil da Fig. 5.28 identifica a evolução do leito de rio ao longo de 30 anos, mostrando a situação inicial na construção e a condição, após esse tempo, das fundações construídas para a ponte ferroviária existente no local, caracterizando situação de risco e instabilidade, com medida de afundamento do bloco de topo das fundações da ordem de 20 cm. A Fig. 5.29 ilustra o solapamento de ponte em Santa Catarina; a Fig. 5.30 exibe uma erosão catastrófica envolvendo píer e colocando em risco uma edificação próxima; e a Fig. 5.31 apresenta erosão do acesso a uma ponte, com colapso total do aterro.

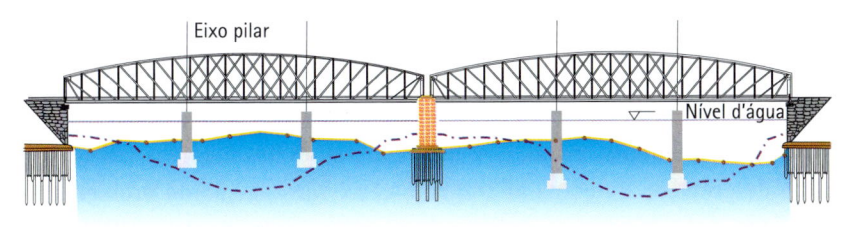

Fig 5.28 *Evolução de leito de rio ao longo de 30 anos, mostrando solapamento*

Fig. 5.29 *(A) Solapamento de ponte; (B) solapamento de encontro de ponte após enchente catastrófica em Santa Catarina*

O problema de erosão pode ser previsto e avaliado na etapa de projeto das estruturas em contato com água corrente por especialista em hidráulica, pelo uso de ferramentas modernas de análise, como as apresentadas em publicações recentes (ver *Federal Highway Administration*, 1991, 2001; *First International Conference on Scour of Foundations*, 2002), que também tratam das medidas adequadas de proteção na etapa de implantação e remediação do problema. A Fig. 5.32 mostra o exemplo da ponte sobre o rio Jacuí (RS), cuja estrutura sofreu colapso completo por solapamento das fundações, com perda de vidas. Já a Fig. 5.33 ilustra o colapso geral de um prédio provocado pela erosão de margem do rio em enchente.

Fig. 5.30
(A) Enorme retificação das margens por solapamento na curva do rio; (B) erosão catastrófica envolvendo píer e colocando em risco edificação próxima (Itajaí, SC)
Fonte: (A) Google Earth/ DigitalGlobe (2009).

5.2.10 Ação de Animais ou do Homem Resultando em Escavações Indevidas

Em certas situações ocorre a ação de animais (formigas, cupins, tatus) que ocasionam o aparecimento de grandes vazios abaixo da cota de implantação de fundações superficiais, provocando sua movimentação sob carga. Em alguns locais os vazios são preexistentes à implantação das fundações e os deslocamentos "inexplicáveis" ocorrem de forma localizada ao longo da construção. Em outros casos os vazios são construídos após a edificação essar concluída.

Fig. 5.31 *Erosão do acesso a uma ponte, com colapso total do aterro*

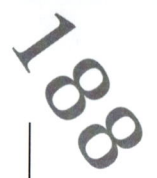

Fig. 5.32 *Colapso por erosão das fundações de ponte sobre o rio Jacuí (RS)*

Fig. 5.33 *Colapso geral de prédio provocado pela erosão de margem do rio em enchente*

Outra situação é o aparecimento de escavações indevidas, típicas de locais tais como presídios ou prédios históricos, nos quais, por diferentes motivações, são realizadas escavações de verdadeiros túneis ou poços junto às fundações.

Caso notável ocorreu nas Ruínas de São Miguel, na região das Missões do Rio Grande do Sul, monumento histórico que teve suas fundações abaladas, entre outras, pelas escavações realizadas ao longo do tempo por caçadores de pretenso tesouro enterrado (Milititsky, 2002). Durante a investigação do subsolo foi identificada a presença de vazios subterrâneos provocados, possivelmente, pelas escavações realizadas ou ação animal. Nos trabalhos de recuperação das fundações, que apresentavam sensível deslocamento após mais de 300 anos de implantação, foi verificada a ação dos caçadores de tesouro, na forma de danos à estrutura (Fig. 5.34). Foi necessária a recomposição geométrica das fundações, realizada por equipe de arqueólogos para não alterar os padrões construtivos originais (Fig. 5.35), e realização de trabalhos de reforço, com estacas injetadas de pequeno diâmetro (Fig. 5.36), executadas de forma a não contaminar a região superior do subsolo nesse sítio arqueológico.

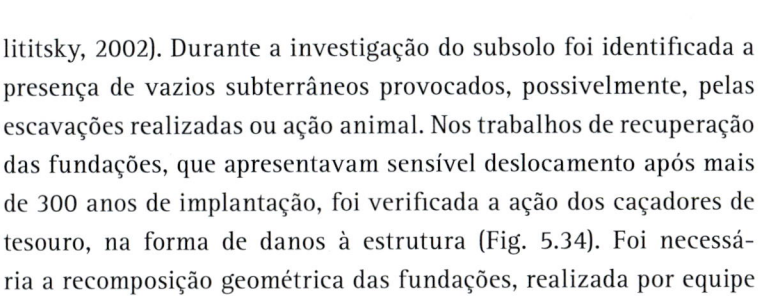

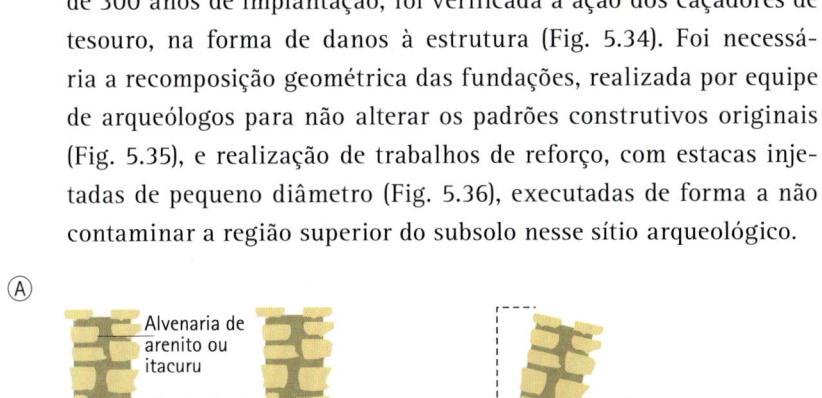

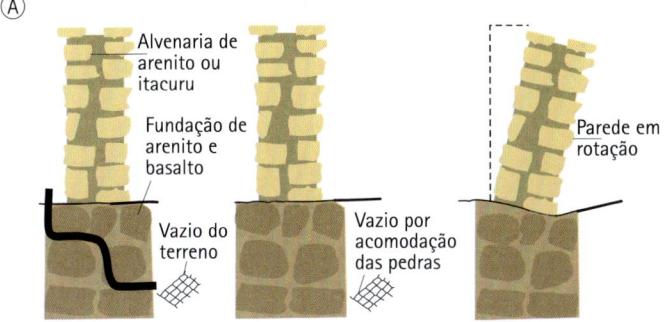

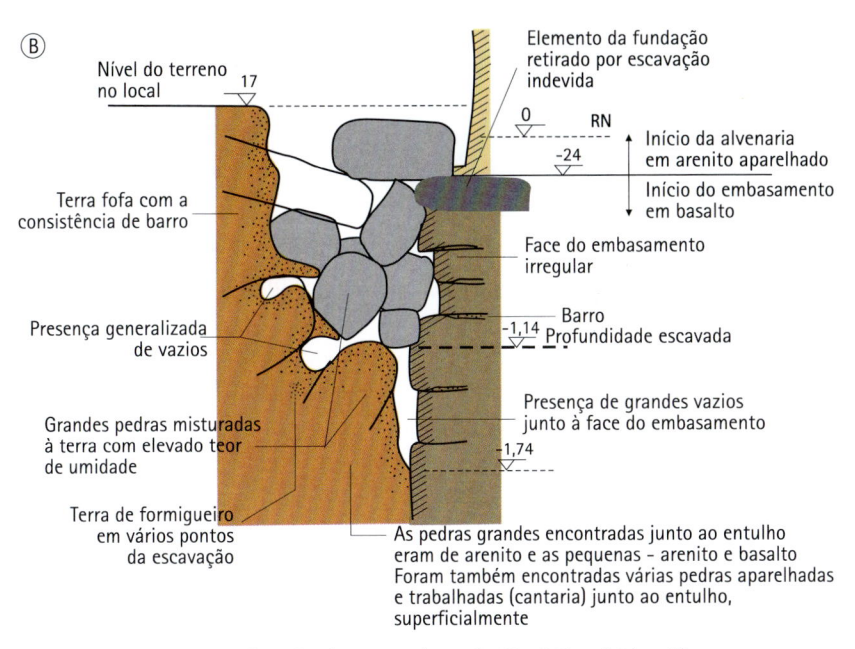

Fig. 5.34 *Investigação do subsolo nas ruínas de São Miguel identificou a presença de vazios subterrâneos, possivelmente causados por escavações realizadas ou ação animal, ocasionando danos às estruturas das fundações (Milititsky, 2002)*

Fig. 5.35 *Recomposição geométrica das fundações das Ruínas de São Miguel (apud Milititsky, 2002)*

Fig. 5.36 *Trabalhos de reforço, com estacas injetadas de pequeno diâmetro (Milititsky, 2002)*

5.3 Vibrações e Choques

Vibrações e choques internos ou externos próximos a uma edificação, causados por equipamentos industriais (normalmente localizados dentro da própria edificação), equipamentos de compactação de solo, explosões para desmonte de rochas e equipamentos de cravação que causam deslocamento do solo podem ter efeitos danosos às edificações existentes. Tais elementos afetam sobretudo fundações diretas assentes em solos granulares fofos (como pode ser observado na Fig. 5.37, na qual o índice de vazios diminui com a aceleração da vibração aplicada em uma amostra de areia), mas podem ter efeito também sobre outras fundações e solos.

Em áreas sensíveis, é recomendado o uso de técnicas numéricas avançadas, como o método dos elementos finitos e método dos elementos de contorno, para avaliar o comportamento de fundações e da superestrutura de edificações sob a ação de vibrações transmitidas pelo substrato, bem como para aventar as possíveis soluções. Além disso, tais métodos permitem avaliar a eficiência de medidas mitigativas projetadas para minimizar o efeito de vibrações externas, como a implantação de barreiras entre a origem da vibração e a edificação afetada (Geiger, 1959; Woods, 1968; Boyle, 1990). Nessa técnica utilizam-se trincheiras preenchidas com bentonita, paredes diafragma (cuja eficiência está ligada ao aumento do produto entre espessura e profundidade da parede) e paredes de estacas justapostas. Tais barreiras são tão mais eficientes quanto mais próximo se encontrarem da fonte de vibrações.

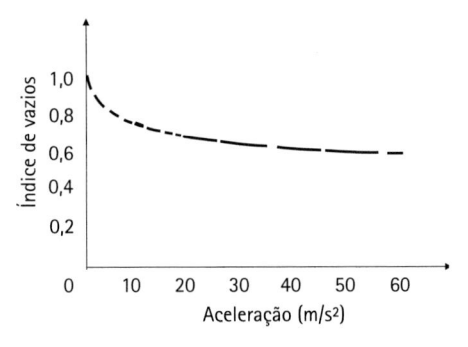

Fig. 5.37 *Relação entre índice de vazios e aceleração vibratória aplicada em solo granular fofo*

A apresentação desse tópico será dividida nos seguintes itens: equipamentos industriais, efeito de cravação de estacas, compactação do solo vibratória e dinâmica, explosões e choque de embarcações.

5.3.1 Equipamentos Industriais

Equipamentos industriais cuja ação dinâmica produz vibração, como prensas causadoras de impacto, impressoras rotativas, equipamentos de corte de metais e papel, constituem a origem de inúmeros problemas de fundações, não somente nos próprios equipamentos, mas também nas estruturas próximas. São necessários cuidados especiais e estudos especializados para isolar tais efeitos ainda na fase de implantação dos equipamentos (Moore, 1985; Bachmann, 1997). Valores toleráveis para amplitude máxima das ondas vibratórias que atingirão determinado ponto de interesse na estrutura, e pico de velocidade de partículas *versus* frequência de vibrações são apresentados na Fig. 5.38, para diferentes equipamentos industriais. Dessa forma pode-se verificar por medições do pico de velocidade de partículas se as vibrações existentes são aceitáveis, se são compatíveis com a potência dos equipamentos ou se medidas mitigativas devem ser tomadas no intuito de reduzir seus efeitos. Máquinas de grande porte, tais como turbogeradores, normalmente têm suas fundações separadas por juntas, amortecedores e molas de outras partes da edificação para evitar a transmissão de vibrações para estruturas adjacentes (Fig. 5.39).

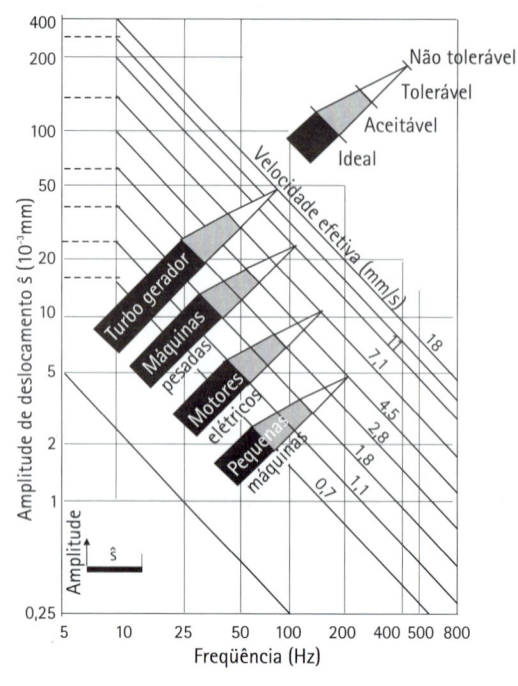

Fig. 5.38 *Intervalos de velocidade para operação de diversas máquinas*

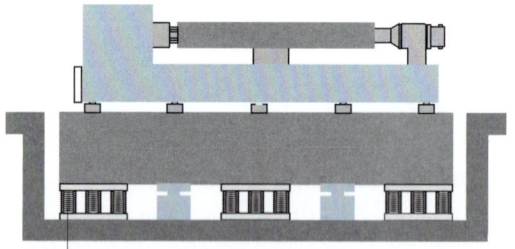

Fig. 5.39 *Amortecedores de máquinas industriais*

Sistema de isolamento de vibrações (composto por conjuntos de molas e amortecedores viscosos)

5.3.2 Cravação de Estacas

Existem poucas referências sobre recalques de solo provocados por cravação de estacas, mas sua ocorrência é do conhecimento dos profissionais envolvidos com essas solicitações.

A cravação por esforços dinâmicos, especialmente a que provoca deslocamento do solo (estacas pré-moldadas de concreto, tubulares de ponta fechada, Franki), ou o uso de equipamentos vibratórios provocam alteração de solicitações na massa de solo (Wesserberg et al., 1995) que podem afetar elementos já implantados ou de edificações adjacentes (Hiller e Crabb, 2000, BRE, 1995a). Em algumas situações, afetam equipamentos sensíveis como os de informática em prédios distantes até 50 metros, conforme constatado na cravação de estacas pré-moldadas próximas à centro de computação, quando o sistema se desconectava com vibração causada pelo trabalho em solos granulares. Na Fig. 5.40 são apresentados resultados de D'Appolonia (1971) relacionando movimentos causados em edificações com a distância de cravação de estacas.

Outros exemplos típicos foram observados por Astrachan e Bock (1996), quando ocorreram recalques em prédio suportado por sapatas em razão da cravação de perfis metálicos duplos, e por Holck (1996), quando ocorreram recalques de grande monta em dois prédios suportados por fundações diretas durante a cravação de estacas Franki.

Finno et al. (1988) relatam caso de deslocamentos de solo à profundidade por causa da cravação de estacas prancha nos arredores (Fig. 5.41).

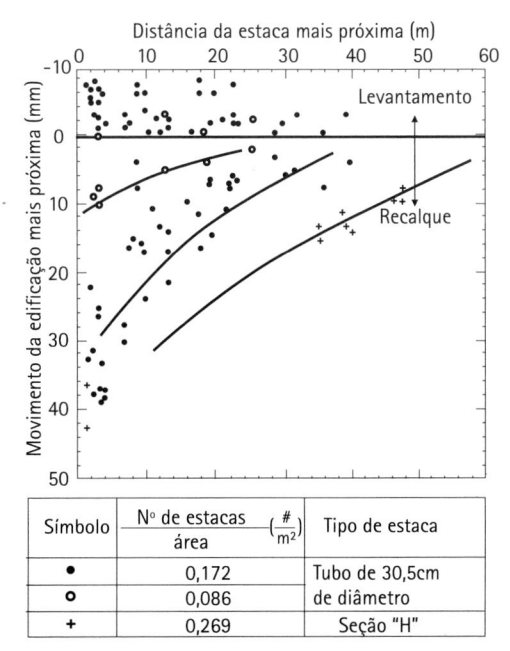

Fig. 5.40 *Movimentos em edificações no campus do MIT como função da distância de cravação de estacas (D'Appolonia, 1971)*

Símbolo	N° de estacas / área ($\frac{\#}{m^2}$)	Tipo de estaca
●	0,172	Tubo de 30,5cm de diâmetro
○	0,086	
+	0,269	Seção "H"

De forma geral, as vibrações são rapidamente atenuadas em solos não coesivos, mas propagam-se a grandes distâncias em solos coesivos. Usualmente, a inserção de estacas por vibração em solos não coesivos causa menos perturbação nas proximidades do que a cravação com o uso de martelos de queda livre. Valores toleráveis e danosos de vibração em edificações causada por fontes externas (cravação de estacas, detonações, compactação vibratória) são apresentados na Fig. 5.42, envolvendo frequência da vibração, amplitude do deslocamento, velocidade e aceleração das partículas. As seguintes medidas podem auxiliar na redução de vibrações causadas pela inserção de estacas cravadas:

↘ Execução de pré-furo;
↘ Cravação com auxílio de jato de água, em areias compactas;
↘ Uso de estacas com a menor área de seção transversal possível;

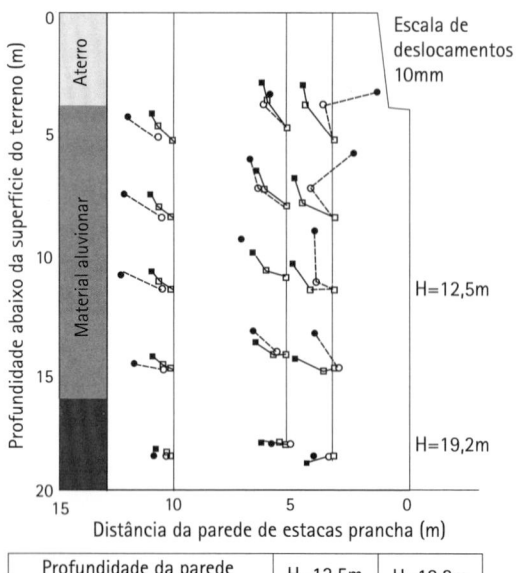

Fig. 5.41 *Deslocamentos devido a cravação de estacas prancha em Chicago (Finno et al., 1988)*

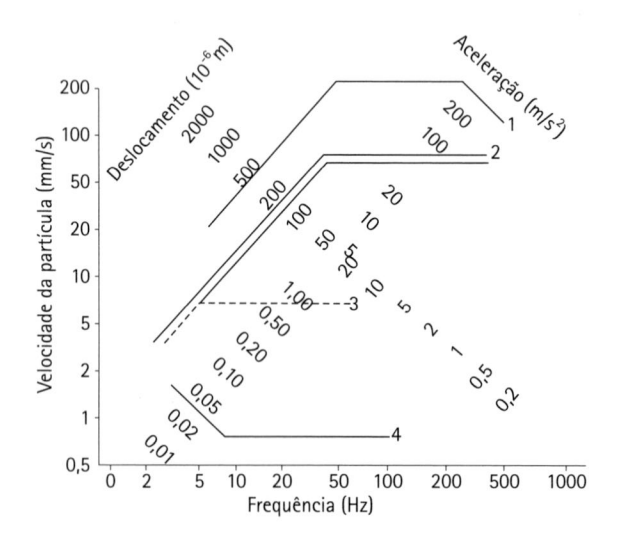

Fig. 5.42 *Valores de vibração toleráveis e que causam danos (critérios): (linha 1) danos em edificações causados por vibrações causadas por explosões; (linha 2) limite superior recomendado em explosões; (linha 3) valores limite recomendados para cravação de estacas de concreto, estacas prancha, compactadores vibratórios, equipamentos de compactação, tráfego no local da construção; (linha 4) vibrações que perturbam as pessoas*

- Estaqueamento planejado, iniciando com as estacas mais próximas à edificação existente e avançando para longe;
- Evitar equipamentos de cravação vibratórios em argilas.
- Uso de pequenas alturas de queda de martelos em solos granulares fofos, aumentando o número de impactos para obter o mesmo resultado;
- Uso de altas energias de impacto somente em solos coesivos;
- Uso de estacas escavadas quando existir risco de grandes recalques por causa de vibrações.

5.3.3 Compactação Vibratória e Dinâmica

A compactação de solo com equipamento vibratório ou de impacto de grande porte pode provocar efeitos significativos em edificações próximas (ver Bachmann, 1997), pela propagação das vibrações na massa de solo e seus efeitos no comportamento quando submetido a carregamento. São típicos de obras industriais ou pavilhões, na implantação. Esse tipo de atividade deve ter previsão cuidadosa e especificação adequada de equipamentos para evitar a ocorrência de danos significativos.

O uso de compactadores vibratórios com cargas estáticas inferiores a 20 kN não requer maiores precauções. Por sua vez, como regra geral, compactadores com cargas estáticas superiores a 50 kN não deveriam ser utilizados em centros urbanos nas proximidades de edificações.

Como regra de segurança, quando não forem executadas análises específicas a distância mínima (em metros) das edificações de compactadores com cargas estáticas elevadas deve ser de 0,15 vezes seu peso em kN. Se ainda assim houver qualquer dúvida sobre possibilidade de dano à edificação, por sua precariedade, somente compactadores estáticos devem ser utilizados.

Maiores vibrações no terreno ocorrem em solos argilosos e siltosos com lençol freático próximo à superfície. O uso de compactação dinâmica (Slocombe, 1993) em aterros granulares e coesivos, por meio da queda de pesos de 200 kN ou mais de alturas de até 20 m, introduz grande energia ao substrato. Segundo Slocombe (1993), valores e consequências típicos de pico de velocidade de partículas causado por vibração da compactação dinâmica, em fundações de edificações em bom estado, são os seguintes: dano estrutural para velocidades de 50 mm/s ou maiores; danos arquitetônicos menores para velocidades de partículas de até 10 mm/s, e somente perturbações para os ocupantes para velocidades de 2,5 mm/s. Valores inferiores devem ser verificados para casos de edificações sensíveis a vibrações como escolas, hospitais e centros computacionais. Na Fig. 5.43 são apresentadas relações entre velocidade da partícula e distância da compactação, obtidas a partir de medidas de campo. O limite superior da relação ocorre comumente na presença de solos granulares, e o limite inferior em extratos coesivos. O nível do lençol freático próximo à superfície conduz a valores mais próximos ao limite superior.

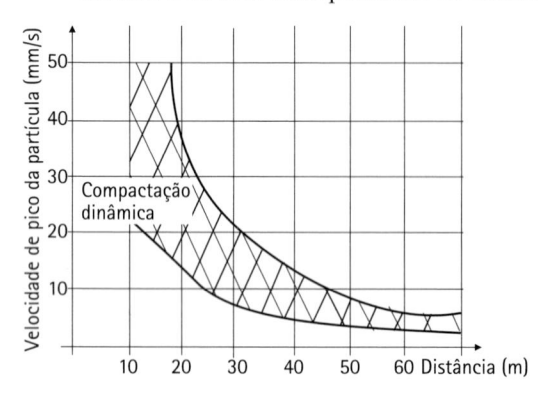

Fig. 5.43 *Vibrações causadas por compactação dinâmica (Slocombe, 1993)*

5.3.4 Explosões

O emprego de explosivos para o desmonte de rochas ou demolição de estruturas de concreto, além de provocar vibrações, provoca o lançamento de fragmentos e pressões sonoras que também podem causar problemas. O lançamento e a projeção de fragmentos provocam acidentes graves quando permitidos, devendo ser controlados pela adoção de um correto plano de fogo e de uma cobertura eficaz (usualmente pneus e terra). A pressão sonora depende não somente do plano de fogo, mas também das condições atmosféricas, entre outros fatores. Assim mesmo, também ela pode ser controlada por medidas de precaução. A norma brasileira ABNT NBR 9653/1986 fixa a metodologia para reduzir os riscos inerentes ao desmonte de rocha com uso de explosivos em minerações, essabelecendo parâmetros para a segurança das populações vizinhas.

O planejamento de detonações deve incluir as seguintes etapas:

↘ Avaliação geotécnica do local da detonação e da área de risco no entorno, uma vez que a condução das ondas de choque depende da xistosidade e da distância entre planos de fraqueza da rocha.

↘ Investigação da estabilidade das fundações e das condições dos prédios na área de risco. Todos os imóveis de alguma forma sofrem danos por consequências naturais (variações de temperatura e de umidade, recalques etc.). Muitas vezes esses danos, quando de pequena monta, passam despercebidos no transcurso do tempo. Porém, a ocasião de uma detonação faz com que em geral os ocupantes dos prédios próximos realizem minuciosa vistoria à busca de eventuais danos causados pelo emprego de explosivos em obras próximas. Recomenda a boa prática de engenharia que, antes de serem iniciados trabalhos dessa natureza, seja elaborada inspeção e laudo fotográfico, com a finalidade de conhecer eventuais situações de risco e demonstrar a existência de danos previamente existentes em imóveis localizados na área de abrangência dos eventos.

- Investigação e avaliação de resposta das estruturas próximas à vibração.
- Análise da sensibilidade a vibrações de equipamentos eletrônicos (como centrais de computadores, microscópios eletrônicos) localizados na área de risco.
- Avaliação de obras subterrâneas (como túneis, cisternas) que podem ser danificadas pelas detonações.
- Informação aos moradores da região sobre possíveis vibrações, sons e pó.
- Investigação sobre relações entre valores de velocidade de pico das partículas (usado para expressar a vibração), cargas explosivas utilizadas e distâncias. Com a previsão da velocidade de pico das partículas em relação às distâncias críticas (que informam a amplitude máxima da onda vibratória atingindo determinado ponto por ocasião da detonação), podem ser estabelecidas as quantidades limite de explosivo a serem detonadas por espera. Assim, pode-se afirmar que, obedecidos os limites determinados pela previsão da velocidade de pico das partículas, as edificações existentes na área crítica considerada não sofrerão maiores alterações por decorrência das detonações. Bachmann (1997) apresenta valores limite recomendados de velocidade de pico das partículas geradas por explosões (Tab. 5.2), para construções residenciais.

Tab. 5.2 Limites propostos por Bachmann (1997) para valores seguros de vibração causados por explosões

TIPO DE ESTRUTURA	VIBRAÇÕES NO SOLO – VELOCIDADE DE PICO DAS PARTÍCULAS (mm/s)	
	Para baixa frequência (< 40 Hz)	Para alta frequência (> 40 Hz)
Casas modernas	19	51
Casas antigas	13	51

Os efeitos indesejáveis do emprego de explosivos em desmontes urbanos podem, de forma simplificada, ser assim descritos:

- Limiar do dano: refere-se à microfissuras, da espessura de um fio de cabelo, que podem não ser vistas a olho nu (75 micra ou menos). Esses danos não produzem efeitos sobre a integridade estrutural do imóvel. Sua ocorrência passa a ser considerada a partir de PVP superiores a 30 mm/s.
- Danos menores: trincas podem ser notadas a olho nu, porém não produzem qualquer efeito sobre a integridade estrutural do imóvel. Seu único inconveniente é estético. Sua ocorrência está relacionada a PVP superiores a 50 mm/s.
- Danos maiores: ocorrência de grandes trincas e severos danos ao imóvel. Pode haver danos estruturais e mesmo colapso de estruturas. Sua ocorrência refere-se a PVP superiores a 225 mm/s.

O emprego de controle sismográfico em desmontes urbanos é altamente recomendável para aferição dos resultados obtidos no plano de fogo e para o conhecimento da resposta das condições geológicas naturais ao uso de explosivos.

5.3.5 Vibrações – Normalização

Na medida em que o acesso às diversas normas referentes ao tópico é limitado, apresenta-se a seguir o material disponível na literatura técnica. É relevante, entretanto, esclarecer que há limitações na aplicação dessas normas, uma vez que foram desenvolvidas empiricamente e baseadas em experiências regionais, considerando e sendo afetadas pelas condições geológicas e geotécnicas, práticas construtivas e materiais de construção utilizados nas edificações. Sua aplicação requer avaliação crítica quando utilizada em outro ambiente distinto do usado no desenvolvimento do método, além do reconhecimento de que normas e recomendações consideram fatores diversos na definição de valores limites (Massarsch; Fellenius, 2014).

Várias normas e recomendações foram desenvolvidas para efeitos de explosivos no desmanche de rochas, mas são amplamente utilizadas para avaliar riscos de dano em edificações e instalações devido a vibrações originadas por outros tipos de atividades, entre as quais a cravação de estacas e a compactação dos solos.

Norma suíça

A norma suíça SN 640312 foi criada em 1979 e considera os efeitos de vibração transiente (choque) e vibrações contínuas. As estruturas foram divididas em quatro categorias, de acordo com o Quadro 5.1.

Quadro 5.1 Categorias de estruturas (SN 640312/1979)

Categorias de estrutura	Tipo de construção
I	Estruturas de concreto armado para fins industriais, pontes, torres, etc. Estruturas enterradas, como cavernas e túneis.
II	Edifícios com fundações de concreto e lajes de concreto, estruturas feitas com pedras e blocos de concreto. Estruturas enterradas, tubulações de água e cavernas em rochas brandas.
III	Edifícios com fundações de concreto, piso em madeira e paredes de alvenaria.
IV	Estruturas especiais, sensíveis a vibrações e estruturas com requisitos de proteção.

Níveis de vibração recomendados para eventos contínuos são apresentados na Tab. 5.3. Duas diferentes faixas de frequência foram escolhidas, 10 a 30 Hz e 30 a 60 Hz.

Tab. 5.3 Recomendação suíça para níveis máximos de vibrações contínuas (SN 640312/1979)

Categoria de estrutura	Faixa de frequência Hz	Velocidade máxima de vibração recomendada mm/s
I	10 – 30	12
I	30 – 60	12 – 18
II	10 – 30	8
II	30 – 60	8 – 12
III	10 – 30	5
III	30 – 60	5 – 8
IV	10 – 30	3
IV	30 – 60	3 – 5

Regulamentação de Hong Kong

O departamento de edificações de Hong Kong publicou a Nota Técnica APP-137 (Hong Kong Buildings Department, 2012), "Vibrações em solo e deformações do terreno devido à cravação de estacas e atividades similares", que fornece orientações para o controle de vibrações no solo e deformações no terreno causadas pela cravação de estacas e atividades similares, com a finalidade de minimizar possíveis danos a propriedades adjacentes e estruturas viárias. Vale ressaltar que de todas as normas, esta é a única que sugere valores limites de deformações e distorções do terreno.

O efeito de vibrações no solo devido a serviços de estaqueamento em estruturas adjacentes é avaliado pelo valor máximo do pico de velocidade da partícula (PPV). O máximo PPV deve ser avaliado a partir do pico de velocidade em três eixos ortogonais na superfície do terreno das estruturas em questão. Os valores máximos de referência apresentados na Tab. 5.4 são propostos para riscos mínimos de danos por conta de vibrações.

Tab. 5.4 Orientações empíricas de acordo com o Hong Kong Practical Note, APP-137, Apêndice A (Hong Kong Buildings Deparment, 2012)

Tipo de estrutura	Valores máximos de PPV (mm/s)	
	Vibrações transientes (ex.: bate-estaca)	Vibração contínua (ex.: martelo vibratório)
Robusta e estável em geral	15	7,5
Sensível a vibrações/ estruturas dilapidadas	7,5	3,0

O documento indica que se deve ter atenção especial a edificações sensíveis a vibrações vizinhas ao local em que ocorre o estaqueamento, como hospitais, instituições de ensino, monumentos, edifícios antigos com fundações rasas, túneis antigos, edifícios com equipamentos sensíveis, muros de contenção em alvenaria, locais com histórico de instabilidade, estruturas com significado histórico, etc. Um controle mais rigoroso nos valores limites admissíveis de PPV para esses tipos de estruturas deve ser especificado com base no local e nas condições dos prédios/estruturas, juntamente com a duração e a frequência da fonte de vibração.

Como diferentes estruturas possuem diferentes tolerâncias de movimentos de suas fundações, estimativas de deformações admissíveis devem ser consideradas caso a caso, baseadas na integridade, estabilidade e funcionalidade da estrutura que suportam.

Nas situações em que não exista nenhuma estrutura especial na vizinhança, a Tab. 5.5 pode ser utilizada como ponto de partida, de acordo com Hong Kong Practical Note APP-137.

Tab. 5.5 Orientações empíricas de acordo com o Hong Kong Practical Note, APP-137 (Hong Kong Buildings Department, 2012)

Instrumento	Critério	Alerta	Alarme	Ação
Indicador de deformação do terreno	Deformação total	12 mm	18 mm	25 mm
Indicador de deformação de serviço	Deformação total e distorção angular	12 mm ou 1:600	18 mm ou 1:450	25 mm ou 1:300
Inclinômetro na estrutura	Distorção angular	1:1.000	1:750	1:500

Norma sueca

Publicada em 1999, a norma sueca SS 025211, "Vibração e choque", fornece indicação de níveis e medidas de vibrações em edifícios devido à execução de estacas, estacas-prancha, escavações e compactação para estimar níveis de vibração permitidos. Essa norma, segundo Massarsch e Fellenius (2014), foi particularmente desenvolvida para regular atividades de construção. Foram estabelecidos níveis de vibrações aceitáveis levando em conta o potencial de dano da edificação, baseados em mais de 30 anos de experiência prática em diversas condições de subsolo. Para a norma sueca, a análise de risco deve ser feita para projetos de edificações, envolvendo a previsão do nível de vibração máxima causada e determinação de valores admissíveis para diferentes tipos de estruturas vizinhas. Os efeitos das vibrações em equipamentos/maquinários sensíveis não são considerados nessa norma. Os níveis de vibração presentes na norma sueca são baseados na experiência medida em campo (parcela vertical da componente da velocidade) e em danos observados em estruturas, com fundações em condições similares.

O nível de vibração, v, é expresso como o valor de pico da vibração vertical da velocidade. É medido na fundação do edifício localizada mais próxima da fonte de vibração e é determinada de acordo com a seguinte relação:

$$v = v_0 \cdot F_b \cdot F_m \cdot F_g$$

em que: v_0 = componente vertical da velocidade de vibração não corrigida (em mm/s); F_b = fator de estrutura; F_m = fator de material; e F_g = fator da fundação. Valores para v_0 são apresentados na Tab. 5.6 para diferentes condições de subsolo e atividades construtivas e são os valores máximos admissíveis na base da estrutura. Dentro da faixa de variação da frequência de vibração causada pela cravação de estacas e compactação de solo, a frequência dominante geralmente varia dentro de uma pequena faixa de valores.

Tab. 5.6 Velocidade de vibração não corrigida, v_0

Condição de fundação	Estacas, estacas-prancha ou escavações	Compactação de solo
Argila, silte, areia ou solo granular	9 mm/s	6 mm/s
Rocha	15 mm/s	12 mm/s

As estruturas são distribuídas em cinco classes de acordo com sua sensibilidade à vibração (Quadro 5.2). Classes 1 a 4 se aplicam a estruturas em boas condições. Caso as estruturas se encontrem em condições precárias, um fator correspondente à estrutura menor deve ser adotado.

Quadro 5.2 Fator de estrutura, F_b

CLASSE	TIPO DE ESTRUTURA	F_b
1	Estruturas pesadas, como pontes, cais, diques, etc.	1,70
2	Edifícios comerciais ou industriais	1,20
3	Edifícios residenciais normais	1,00
4	Edifícios com alta sensibilidade e edifícios com alto valor ou elementos estruturais muito extensos (como igrejas ou museus)	0,65
5	Edifícios históricos em estado sensível bem como edifícios históricos certamente sensíveis (ruínas)	0,50

O material estrutural é identificado por quatro classes, considerando sua sensibilidade à vibração (Quadro 5.3). O material mais sensível da estrutura determina a classe a ser utilizada.

Quadro 5.3 Fator de material, F_m

CLASSE	TIPO DE ESTRUTURA	F_m
1	Concreto armado, aço ou madeira	1,20
2	Concreto simples, tijolos, blocos de concreto com vazios, elementos leves de concreto	1,00
3	Blocos de concreto leve e gesso	0,75
4	Calcário, arenito	0,65

O Quadro 5.4 define o fator de fundação. Fatores baixos são usados nas estruturas em fundação direta, enquanto que para estruturas em fundações profundas são propostos fatores maiores devido à menor sensibilidade a vibrações no terreno.

Quadro 5.4 Fator de fundação, F_g

CLASSE	TIPO DE ESTRUTURA	F_m
1	Radier	0,60
2	Estacas transferindo carga predominantemente por atrito lateral	0,80
3	Estacas com transferência majoritária de carga pela resistência de ponta	1,00

Este exemplo ilustra a aplicação prática da norma sueca: estacas projetadas em região vizinha a um edifício residencial, com paredes de tijolos, suportadas por fundações em estacas transferindo carga ao solo majoritariamente em resistência de ponta, em argila. Se os seguintes fatores fossem adotados de acordo com a Tab. 5.6 e com os Quadros 5.2 a 5.4: $v_0 = 9$ mm/s, $F_b = 1,00$, $F_m = 1,00$ m, $F_g = 1,00$, a velocidade de vibração vertical máxima admissível medida na base da fundação, v, seria igual a 9 mm/s.

U.S. Bureau of Mines (Estados Unidos)

Nos Estados Unidos as indicações referentes às vibrações são baseadas em experiência e dados estatísticos, principalmente de danos de origem vibratória causados por detonações. Um critério para vibrações amplamente utilizado para avaliação de danos a estruturas é o limite de vibração dependente da frequência, proposto pelo U.S. Bureau of Mines, baseado em um amplo estudo de danos causados a estruturas residenciais devido a detonações. Siskind et al. (1980) identificaram que o pico de velocidade horizontal medido na superfície do terreno da estrutura possui boa correlação com o "limiar de dano", definido como danos estéticos (fissuras). Ainda que outros mecanismos de movimento do subsolo fossem considerados, o pico de velocidade da partícula foi escolhido dado sua eficácia e simplicidade. Esses critérios de vibrações são apresentados na Tab. 5.7 e na Fig. 5.44, com transições entre faixas de frequências.

Tab. 5.7 Critério simplificado USBM para pico de velocidade que cause danos estéticos (Siskind et al., 1980)

Tipo de estrutura	Vibração	
	Baixa frequência (< 40 Hz)	Alta frequência (> 40 Hz)
Casas modernas (Drywall)	19,1 mm/s	50,8 mm/s
Casas antigas (Gesso)*	12,7 mm/s	50,8 mm/s

*padrão construtivo americano
Nota: desenvolvido para vibrações originárias de detonações

Norma inglesa

Os efeitos de vibrações em estruturas no Reino Unido são abordados pela norma inglesa BS 7385-2 (1993), "Avaliação e medições para vibrações em estruturas – Parte 2: Guia para níveis de dano para vibrações no nível do terreno". Essa parte da norma inglesa fornece diretrizes para a avaliação da possibilidade de dano induzido por vibrações devido a diferentes fontes e indica valores de referência para vibrações em estruturas baseados nos menores níveis de vibração, acima dos quais foram identificados danos. Também propõe um procedimento padrão para medição, registro e análise de vibrações em estruturas juntamente com um preciso registro de dano causado. Os critérios de vibração publicados em BS 5228-2 (2009), "Códi-

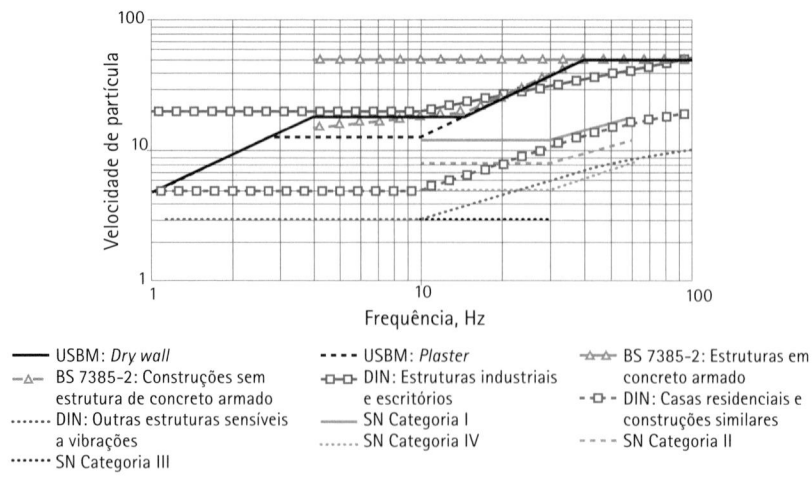

Fig. 5.44 *Comparação de parâmetros de vibração dependentes da frequência*

go de prática para controle de ruído e vibração em canteiros de obra – Parte 2: vibração" são idênticos aos contidos na BS 7385. Fontes de vibração consideradas incluem detonações (realizadas durante extração de minério ou escavação para construção), demolições, estaqueamento, tratamento de solo (compactação), equipamentos de construção, de túneis, de rodovias, de ferrovias e maquinário industrial. A Tab. 5.8 apresenta os limites de vibração para danos estéticos, expressos como o máximo valor medido de velocidade da partícula em qualquer um dos eixos ortogonais. Na norma, é utilizado o valor resultante da vibração nos três eixos.

Os valores da Tab. 5.8 são relacionados a vibrações transientes, sendo o carregamento dinâmico causado por vibração contínua. Deve-se levar em conta que ocorre um aumento na magnitude dinâmica devido à ressonância, especialmente a baixas frequências em que valores de referência menores se aplicam, dessa forma, os valores

Tab. 5.8 Valores de referência para transientes de vibração aplicados a danos estéticos, medidos na base da estrutura

Tipo de estrutura	Componente de pico da velocidade na faixa de frequência predominante	
	4 a 15 Hz	15 Hz ou mais
Estruturas industriais ou edifícios comerciais de grande porte	50 mm/s a 4 Hz ou mais	50 mm/s a 4 Hz ou mais
Estruturas leves residenciais ou comerciais	15 mm/s a 4Hz até 20 mm/s a 15 Hz	20 mm/s a 15 Hz até 50 mm/s a 40 Hz ou mais

apresentados na Tab. 5.8 devem ser reduzidos em até 50%. Para estruturas leves, abaixo de 4 Hz, o deslocamento máximo de 0,6 mm (zero até o pico) não deve ser excedido.

Valores limites de vibração que causem danos estruturais são maiores que os valores para danos estéticos, porém, não são abordados nessa norma.

Norma alemã

A norma alemã DIN 4150-3 (1999), "Vibrações em estruturas – Parte 3: efeitos nas estruturas", avalia os efeitos de vibrações causadas por construções em estruturas, para eventos vibratórios de curto prazo e contínuos. Para carregamento de curto prazo, a velocidade de vibração deve ser medida na fundação da estrutura e baseada no valor máximo das três componentes. Para vibrações contínuas, a componente horizontal da vibração deve ser medida no nível mais

Tab. 5.9 Valores referência para velocidade de vibração para avaliação de danos a estruturas para curto e longo prazo (DIN 4150-3/1999)

TIPO DE ESTRUTURA	FREQUÊNCIA Hz	VELOCIDADE DE PICO		LOCAL DE MEDIÇÃO
		mm/s Curto prazo	mm/s Longo prazo	
Estruturas comerciais e industriais	1	20	-	Fundação
	10	20	-	
	10	20	-	
	50	40	-	
	50	40	-	
	100	50	-	
	1	-	10	Nível mais alto da estrutura, horizontal
	100	-	10	
Casas residenciais e construções similares	1	5	-	Fundação
	10	5	-	
	10	5	-	
	50	15	-	
	50	15	-	
	100	20	-	
	1	-	5	Nível mais alto da estrutura, horizontal
	100	-	5	
Estruturas sensíveis a vibrações	1	3	-	Fundação
	10	3	-	
	10	3	-	
	50	8	-	
	50	8	-	
	100	10	-	
	1	-	2,5	Nível mais alto da estrutura, horizontal
	100	-	2,5	

alto do edifício (último piso) e deve ser independente da frequência de vibração. A Tab. 5.9 apresenta valores de referência dependentes da frequência para a velocidade de pico da partícula para diferentes tipos de estruturas.

A DIN 4150-3/1999 também apresenta valores de referência levando em conta a execução das medições de vibração nas estruturas. Se for esperada ressonância na estrutura, as medições devem ser realizadas em diversos níveis (pisos – não apenas no mais alto). No caso de vibrações de piso, deve ser feito uso da amplitude de vibração vertical. A norma ainda aponta o risco do efeito de dano cumulativo devido a vibrações em edifícios com tensões preexistentes. Edifícios que estejam submetidos a recalques diferenciais são considerados sensíveis a vibrações no terreno.

5.3.6 Choque de embarcações

São frequentes os acidentes causados pelo impacto de embarcações em cais, ancoradouros e pontes, danificando as estacas que suportam tais estruturas, apesar da existência de eventuais proteções. A Fig. 5.45 mostra uma ocorrência dessa natureza, no porto de Rio Grande, RS. Houve um deslocamento de aproximadamente 25 cm de toda a estrutura, com a constatação de dano permanente nas fundações por estacas. O dano foi constatado por meio de ensaio de integridade (PIT).

Após um choque de embarcação numa estrutura, é necessária uma investigação cuidadosa para a avaliação do

Fig. 5.45 *Impacto de embarcação danificando estaca*

Fig. 5.46 *Choque de embarcação em ponte*

dano causado pelo impacto, nem sempre visível na região exposta do elemento de fundação.

5.4 Desafios para Melhoria – Eventos Pós-conclusão

- ↘ Identificar as fundações (sistema e condições) e sensibilidade das edificações e serviços vizinhos à nova obra.
- ↘ Avaliar sempre os possíveis efeitos da instalação de obra nova nas estruturas vizinhas.
- ↘ Envolver todos os atores da construção de grandes escavações no entendimento do projeto, suas implicações, seus riscos, suas responsabilidades e seus papéis no processo.
- ↘ Programar acompanhamento de edificações vizinhas e exigir sua execução.
- ↘ Usar solução de fundações e contenções com menores efeitos previsíveis na vizinhança ou mais segura.
- ↘ Jamais contar com a sorte.

DEGRADAÇÃO DOS MATERIAIS

Todos os projetos de engenharia com elementos enterrados ou em contato com o solo e a água devem considerar os aspectos de permanência e integridade a longo prazo. A ação dos elementos naturais sobre os materiais das fundações obriga à verificação da existência de materiais agressivos e seus possíveis efeitos, cuja avaliação deve ser prevista nas etapas de coleta de dados do solo (investigação), análise, projeto e execução.

Na etapa de investigação do subsolo, devem ser identificados materiais agressivos ou contaminantes para que se considere, adequadamente a solução do problema. As fundações de unidades industriais são casos típicos de ocorrência de problemas de degradação. Seu projeto necessita informações referentes a processos e elementos envolvidos; nos casos de ampliação, é na fase de investigação do subsolo que as implicações ambientais existentes devem ser identificadas.

Em condições usuais, um ambiente agressivo pode ser identificado pela resistividade do solo, pH, teor de sulfatos e cloretos.

Na presença de aterros com rejeitos industriais, locais de depósito de elementos potencialmente agressivos ou de natureza desconhecida, é necessária uma avaliação abrangente das possíveis substâncias agressivas. Indústrias, em geral, objeto de problemas especiais são as de celulose e papel, química e petroquímica, de fertilizantes, laticínios, açucareira e vitivinícola.

Caso de especial interesse relatado por Costa Filho e Jucá (1996) e Lima e Costa Filho (2000) identifica a ação de soda cáustica infiltrada no terreno como causa de alteração do comportamento do solo, afetando as fundações diretas apoiadas sobre o mesmo. Segundo os autores, após realização de ensaios oedométricos (de adensamento) em laboratório com amostras indeformadas, elas foram contaminadas, e ocorreu mudança de comportamento atribuída à dissolução/lixiviação de compostos cimentantes entre as partículas do solo. O solo ensaiado, descrito como arenossiltoso, fofo, apresentou colapso quando exposto ao contaminante.

Assa'ad (1998) estudou o efeito do vazamento de ácido fosfórico de tanques de armazenamento de uma indústria de fertilizantes na cidade de Aquaba, na Jordânia. O contato do ácido com o solo local induziu a ocorrência de reações químicas que causaram a expansão do solo e problemas na fundação dos tanques.

A apresentação deste capítulo se dará pela classificação dos materiais envolvidos nos elementos de fundação, com ênfase em concreto, onde as patologias ocorrem com maior frequência em obras correntes, seguido de considerações sobre outros materiais: aço, madeira e rocha. Identificam-se casos típicos de problemas de deterioração em cada material.

6.1 Concreto

A durabilidade do concreto de cimento Portland é definida como a sua capacidade de resistir à ação das intempéries, ataques químicos ou quaisquer outros processos de deterioração (Mehta e Monteiro, 1994). Em sólidos porosos, sabe-se que a água é a causa de vários processos físicos de degradação. Como veículo para o transporte de íons agressivos, ela também pode ser fonte de processos químicos de degradação. Os fenômenos físico-químicos associados com os movimentos da água em sólidos porosos são determinados pela porosidade capilar do sólido. Por exemplo, a taxa de deterioração química dependerá de o ataque químico ser restrito à superfície do concreto ou também atuar no interior do material. Mehta e Monteiro (1994) afirmam que a redução da permeabilidade do concreto deve ser a primeira linha do sistema de defesa contra qualquer processo físico-químico de deterioração. A deterioração do concreto será tanto menor quanto menores forem seus índices de permeabilidade e porosidade. Para tanto, duas condições principais devem ser satisfeitas: reduzida relação água/cimento (influência da relação água/cimento na permeabilidade do concreto é apresentada na Fig. 6.1) e maior tempo possível de impedimento de evaporação na água de

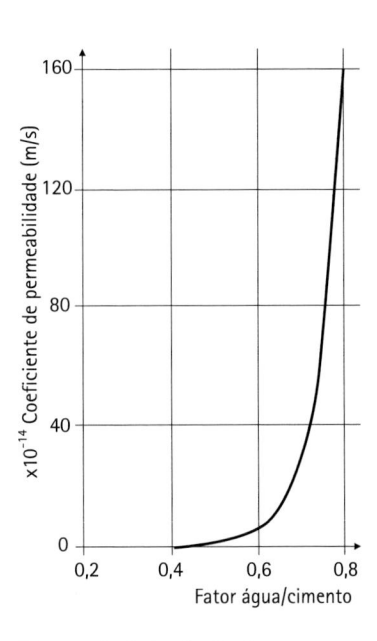

Fig. 6.1 *Influência do fator água-cimento no coeficiente de permeabilidade dos concretos*

hidratação da pasta (cura). Um exemplo da redução da permeabilidade da pasta de cimento com a evolução da hidratação é apresentado na Tab. 6.1. Helene (1992) também ressalta que a vulnerabilidade ao ataque químico depende basicamente da permeabilidade do concreto, alcalinidade e reatividade dos compostos hidratados de cimento (quando um aglomerante alcalino como o cimento Portland hidratado reage com substâncias ácidas, tais reações são, frequentemente, iniciadas por formação e remoção de produtos solúveis, seguindo-se à desintegração do concreto. Todavia, se os produtos de reação forem insolúveis, são formadas deposições na superfície do concreto que podem ser consideradas redutoras da velocidade dessas reações). A taxa de deterioração é afetada pelo tipo de concentração de íons na água e pela composição química do sólido. Ao contrário de minerais e rochas naturais, o concreto é um material básico (porque compostos alcalinos de cálcio constituem os produtos de hidratação da pasta de cimento Portland); portanto, águas ácidas tendem a ser particularmente prejudiciais. Algumas causas químicas de deterioração do concreto são reações de origem expansiva, tais como a reação álcalis-agregados, que resulta da interação entre a sílica reativa de alguns tipos de minerais utilizados como agregados e os íons álcalis (Na^+ e K^+) presentes nos cimentos e liberados durante sua hidratação. Tais reações formam sólidos adicionais em meio confinado, provocando a fissuração da superfície do concreto. Um estudo aca-

Tab. 6.1 Redução na permeabilidade da pasta de cimento (relação água/cimento = 0,7) com a evolução da hidratação (Mehta e Monteiro, 1994)

IDADE (dias)	COEFICIENTE DE PERMEABILIDADE (cm/s X 10^{-11})
Fresca	4.000
5	1.000
6	1.000
8	400
13	50
24	10
Final	6

dêmico foi divulgado pela primeira vez por Stanton (1940), mas esse assunto já é bastante difundido no meio científico atualmente. Esses fenômenos ocorrem mais comumente em grande peças de concreto armado que são submetidas à umidade frequentemente (por exemplo, blocos de fundação, estacas, pontes, barragens e pavimentos rígidos). Um exemplo de um bloco de fundações atacado por esse tipo de reação é mostrado na Fig. 6.2.

Fig. 6.2 (A) Bloco de fundação com padrão de fissuração típico de RAA (Pecchio et al., 2006); (B) bloco de fundação de pilar de ponte com padrão típico de RAA; (C) detalhe do bloco de fundação de pilar de ponte com padrão típico de RAA

De acordo com FHWA (2013), as reações álcali-agregados são divididas em dois grupos principais: reações álcali-sílica e reações álcali-carbonatos. As reações álcali-sílica consistem na interação entre hidróxidos e certos tipos de silicatos presentes em alguns agregados. O produto formado por essa reação é um gel álcali-silicoso que possui uma grande tendência à absorção de água e variação volumétrica e que fica acumulado nos poros do concreto. Para que ocorram essas reações, são necessárias três condições:

↘ quantidade suficiente de sílica reativa nos agregados;
↘ concentração suficiente de álcalis provenientes do cimento;
↘ umidade.

Sem qualquer uma dessas condições, as reações de expansão devidas a esse fenômeno não irão se apresentar. A Fig. 6.3 ilustra esquematicamente como ocorre essa interação entre os materiais. As reações

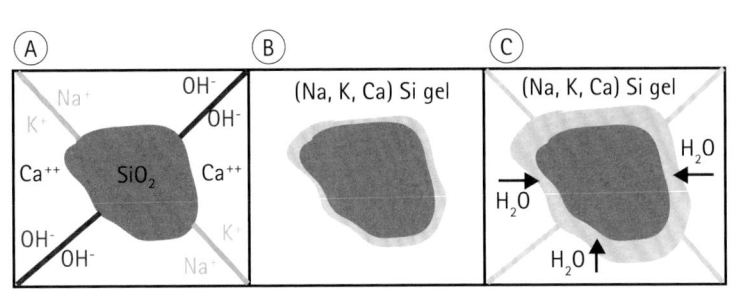

Fig. 6.3 *Etapas das reações álcali-sílica. (A) Nos poros do concreto existe uma solução que é formada principalmente por Na, K, OH e uma pequena quantidade de Ca. Se a sílica for reativa, esses componentes irão reagir com ela. (B) O produto dessa reação é o gel álcali-silicoso, que fica acumulado no entorno do agregado, encapsulando-o. (C) Esse gel se expande ao absorver água, gerando tensões que podem ser maiores que a resistência à tração do concreto (FHWA, 2013)*

álcali-carbonatos consistem na interação entre álcali-hidróxidos (NaOH e KOH) e rochas carbonáceas, principalmente calcitas e dolomitas presentes nos agregados. Essa reação provoca uma expansão do agregado gerando tensões no concreto que podem se tornar maiores que a resistência à tração do material. Esse tipo de interação entre os materiais não é tão estudada como a reação álcali-sílica, pelo fato de sua ocorrência não ser tão frequente. Existem ainda muitas divergências sobre o processo que determina esse comportamento. Em virtude dessa interação não é recomendada a utilização de rochas carbonáceas como agregado de concreto. De acordo com FHWA (2013), existem alguns sintomas visuais característicos da ocorrência de reações álcali-agregados. As principais são:

- fissuras;
- deformações devido à expansão;
- quebra localizada do concreto;
- extrusão de juntas;
- desprendimentos pontuais;
- descoloração superficial;
- exsudação de géis.

Sendo assim, além de fragilizar as estruturas de concreto, as reações álcali-agregados facilitam o acesso a outros produtos que degradam os elementos estruturais, diminuindo drasticamente a sua vida útil.

Outros constituintes do cimento podem ser expansivos, tais como o óxido de magnésio (MgO) quando na forma de pericálcio, que irá hidratar de forma muito lenta após o endurecimento do concreto, resultando no aumento do volume. A cal livre é também um constituinte presente no cimento Portland cuja hidratação é expansiva. Segundo CIRIA Report C569 (2002), o mais significativo agente agressivo ao concreto de fundações é o sulfato, que tem ocorrência natural nos solos e em suas águas. De acordo com o BRE (2001), os fatores que influenciam o ataque por sulfato são (1) a quantidade e natureza do sulfato presente (quanto maior a concentração de sulfatos no solo ou na água subterrânea, mais severo será o ataque), (2) o nível da água e sua variação sazonal, (3) o fluxo da água subterrânea e porosidade do solo, (4) a forma da construção e (5) a qualidade do concreto. Se a água com sulfato não pode ser impedida de alcançar o concreto, a única defesa contra o ataque consiste no controle de sua qualidade. Segundo Mehta e Monteiro (1994), a taxa de ataque em uma estrutura de concreto com todas as faces expostas à água com sulfato é menor do que se a umidade for perdida por evaporação a partir de uma ou mais superfícies. Portanto, elementos de fundação que se encontram abaixo do nível do lençol freático são menos vulneráveis ao ataque de sulfatos. As reações que ocorrem com a pasta de cimento hidratada também são acompanhadas de variação volumétrica (expansão) e desintegração do concreto. Além disso, o ataque não ocorrerá se o sulfato não estiver dissolvido em água, e para continuidade da desintegração deverá haver uma fonte repositora do sulfato. A determinação das condições de agressividade (pH, SO_4, Mg etc.) do subsolo é um requisito importante para todas as construções subsuperficiais. Como orientação, a Tab. 6.2 apresenta a classificação de agressividade a partir da análise química de solo e água proposta pela norma alemã DIN 4030 (1998). Segundo o Comité Euro-Internacional du Béton (1993), os limites dos teores de substâncias agressivas são os apresentados na Tab. 6.3. Segundo a ABNT NBR 6118/2003, em razão da forte correspondência entre a relação água/cimento e a resistência à compressão do concreto e sua durabilidade, é permitido adotar requisitos mínimos nessa relação, tais como os expressos na Tab. 6.4.

Tab. 6.2 Agressividade natural segundo DIN 4030 (1998)

Aspecto Avaliado	Grau de Agressividade		
	Leve	Severo	Muito Severo
pH	6,5 – 5,5	5,5 – 4,5	< 4,5
Dissolução do óxido de cálcio (CaO) em anidrido carbônico (CO_2), em mg/ℓ	15 – 30	30 – 60	> 60
Amônia (NH_4) em mg/ℓ	15 – 30	30 – 60	> 60
Magnésio (Mg) em mg/ℓ	100 – 300	300 – 1.500	> 1.500
Sulfato (SO_4) em mg/ℓ	200 – 600	600 – 3.000	> 3.000

Tab. 6.3 Classificação da agressividade do ambiente na durabilidade do concreto (Comité Euro-Internacional du Béton, 1993)

CLASSE DE AGRESSIVIDADE	pH	CO_2 AGRESSIVO em mg/ℓ	AMÔNIA (NH_4) em mg/ℓ	MAGNÉSIO (Mg) em mg/ℓ	SULFATO (SO_4) em mg/ℓ	SÓLIDOS DISSOLVIDOS em mg/ℓ
I	> 5,9	< 20	< 10	< 150	< 400	> 150
II	5,9 - 5,0	20 - 30	100 - 150	150 - 250	400 - 700	150 - 50
III	5,0 - 4,5	30 - 100	150 - 250	250 - 500	700 - 1.500	< 50
IV	< 4,5	> 100	> 250	> 500	> 1.500	< 50

Tab. 6.4 Correspondência entre classe de agressividade e qualidade do concreto (Ibracon, 2003)

CONCRETO	TIPO	CLASSE DE AGRESSIVIDADE (Tab. 6.3)			
		I	II	III	IV
Relação água/ cimento em massa	Concreto armado	≤ 0,65	≤ 0,60	≤ 0,55	≤ 0,45
	Concreto protendido	≤ 0,60	≤ 0,55	≤ 0,50	≤ 0,45

O ACI Building Code 318-83 (1993) classifica a exposição ao sulfato em quatro graus de severidade, com os seguintes requisitos:

↘ Ataque negligenciável: quando o conteúdo de sulfato está abaixo de 0,1% no solo, ou abaixo de 150 mg/ℓ na água, não há restrição quanto ao tipo de cimento e relação água/cimento.

↘ Ataque moderado: quando o conteúdo de sulfato está entre 0,1 e 0,2 %, ou no intervalo de 150 a 1.500 mg/ℓ na água, devem ser usados cimento pozolânico ou Portland de alto forno, com uma relação água/cimento menor que 0,5.

↘ Ataque severo: quando o conteúdo de sulfato no solo é de 0,2 a 2,0%, ou de 1.500 a 10.000 mg/ℓ na água, deve ser usado cimento Portland contendo menos de 5% de C3A, com uma relação água/cimento menor que 0,45.

↘ Ataque muito severo: quando o conteúdo de sulfato no solo está acima de 2,0%, e acima de 10.000 mg/ℓ na água, deve ser usado cimento Portland contendo menos de 5% de C3A e adição pozolânica, com uma relação água/cimento menor que 0,45. Para concreto com agregado leve, especifica-se uma resistência mínima à compressão com 28 dias de 28 MPa para ataque de sulfatos severo ou muito severo.

Segundo Helene e Pereira (2003) e Gjorv (2009), o ataque por sulfatos a estruturas de concreto provenientes de águas marinhas é extremamente prejudicial. Esse ataque cria condições que permitem uma ação mais acentuada dos cloretos ao aço presente nas armaduras. Estruturas marinhas de concreto armado devem ter recobrimentos de armadura de mais de 50 mm e baixa relação água/cimento para reduzir ao mínimo a permeabilidade do concreto. A Fig. 6.4 mostra um caso onde o efeito da corrosão em estacas de concreto armado se fez presente de forma significativa.

Fig. 6.4 *Efeito significativo da corrosão em estacas de concreto armado em plataforma marítima*

Estruturas de concreto armado também sofrem com a corrosão de armaduras (Helene, 1992). Tal fenômeno tem natureza eletroquímica, podendo ser acelerado pela presença de agentes agressivos externos (causada pela ineficiente proteção do concreto, seja pela alta permeabilidade ou elevada porosidade, pelo cobrimento insuficiente ou pela má execução) ou internos (incorporados ao concreto). Para que a corrosão se manifeste, é necessário que haja oxigênio e umidade (água). Conforme CIRIA Report C569 (2002), o potencial de corrosão da armadura em fundações de concreto imersas no solo é maior na região de solo parcialmente saturada, uma vez que o oxigênio é mais abundante do que em regiões de solo saturado (ou somente em água). A presença de cloretos no concreto, adicionados involuntariamente a partir da utilização de aditivos aceleradores do endurecimento, de agregados e de águas contaminadas, acelera o processo de corrosão das armaduras. Portanto, não é recomendado o uso de água do mar (contendo cloreto de sódio) em concretos que conterão armadura, por causa do risco de corrosão. No entanto, seu uso é possível em concreto massa (Tomlinson, 1996). Como citado por Helene e Pereira (2003), um dos agentes mais agressivos quando a questão é a corrosão da armadura das estruturas de concreto armado são os cloretos. A quantidade para que ocorra a corrosão de maneira mais acentuada depende de vários fatores, como pH do concreto, conteúdo de aluminatos de tricálcio e teor de umidade da mistura. Em geral, assume-se que o valor crítico de cloretos para haver uma deterioração acentuada da armadura é de 0,4% da massa de cimento na mistura.

Vários tipos de ácidos são perigosos para o concreto, sejam inorgânicos (clorídrico, sulfídrico, sulfúrico, nítrico, carbônico etc.) ou orgânicos, normalmente encontrados na terra (acético, láctico, tânico, etc.). A ação do íon hidrogênio nos ácidos provoca a formação de produtos solúveis, que ao serem transportados pelo interior do concreto começam a deteriorá-lo. Fundações de obras industriais com dejetos potencialmente agressivos (indústria de celulose e papel, química, petroquímica, fertilizantes, laticínios, açucareira, vitivinícola, entre outras – de forma geral, ácidos orgânicos e minerais podem atacar o concreto) devem ter tratamento especial, com acompanhamento de químicos desde a etapa de concepção, para prevenção/solução dos problemas. Helene e Pereira (2003), como mostrado no Quadro 6.1, citam diversos componentes químicos que podem vir a atacar o concreto, dividindo-os em velocidade de ataque à temperatura ambiente.

Os principais mecanismos de degradação das superfícies de concreto (Helene, 1992) são listados no Quadro 6.2, estabelecendo a natureza dos diversos processos e as alterações físico-químicas observadas.

Outro ponto a ser ressaltado é a importância da limitação de fissuras no concreto, relacionadas à agressividade do meio. Conforme CIRIA Report C569 (2002), fissuras relacionadas à variações de temperatura e redução volumétrica por perda de água são pouco prováveis em fundações profundas, uma vez que abaixo do nível do terreno a variação térmica é geralmente pequena e as condições de umidade relativamente constantes. Além disso, segundo os mesmos autores, juntas de deslocamento são pontos frágeis nas estruturas e podem causar problemas de durabilidade, devendo ser evitadas, se possível, no sistema de fundações. Outras informações sobre formas de evitar fissuras, bem como suas dimensões aceitáveis, podem ser encontrados em CIRIA Report 91 (1992), CIRIA Report 135 (1995) e ABNT NBR 6118/2003.

Segundo BRE (2001) e CIRIA Report C569 (2002), as relações água/cimento máximas (e seus respectivos teores de cimento mínimos)

Quadro 6.1 Componentes químicos que podem vir a atacar o concreto em função da velocidade de ataque à temperatura ambiente (Helene; Pereira, 2003)

Velocidade de ataque à temperatura ambiente	Ácidos inorgânicos	Ácidos orgânicos	Soluções alcalinas	Sais	Substâncias diversas
Rápida	Ácido clorídrico Ácido fluorídrico Ácido nítrico Ácido sulfúrico	Ácido acético Ácido fórmico Ácido láctico	-	Cloreto de Alumínio	-
Moderada	Ácido fosfórico	Ácido tânico	Hidróxido de sódio solução com mais de 20%	Nitrato e sulfato de amônio Sulfatos de sódio, magnésio e cálcio	Gás Bromo Sulfito líquido
Lenta	Ácido carbônico	-	Hidróxido de sódio solução com entre 10 e 20% Hipoclorito de sódio	Cloreto de amônio e magnésio Cianeto de sódio	Gás Cloro Água do mar Água doce
Desprezível	-	Ácido oxálico Ácido tartárico	Hidróxido de sódio solução com menos de 10% Hidróxido de amônio	Cloreto de cálcio e sódio Nitrato de zinco Cromato de sódio	Amoníaco líquido

Quadro 6.2 Principais mecanismos de degradação das superfícies de concreto (Helene, 1992)

	Agressividade	Consequências inerentes ao processo	
Natureza do processo	Condições particulares	Alterações de cor/ manchas	Alterações físico-químicas
Carbonatação	Umidade relativa do ar entre 60 e 85%	Em geral mais clara	Redução do pH Corrosão das armaduras Fissuração superficial
Lixiviação	Atmosfera ácida, águas moles	Escurece com manchas	Redução do pH Corrosão das armaduras Desagregação superficial
Retração	Molhagem/secagem e ausência de cura	Manchas e fissuras	Fissuração Redução do pH Corrosão das armaduras
Fuligem	Atmosferas urbanas e industriais (zonas úmidas)	Manchas escuras	Redução do pH Corrosão das armaduras
Fungos	Zonas úmidas e salinas	Manchas escuro--esverdeadas	Redução do pH Desagregação superficial Corrosão das armaduras
Concentração salina	Atmosferas marinhas e industriais	Branqueamento	Despassivação da armadura Desagregação superficial

utilizadas em concreto para resistir a ataques de agentes químicos variam entre 0,35 (400 kg/m³) a 0,55 (300 kg/m³) em ambientes muito agressivos e agressivos, respectivamente. Detalhes sobre o problema do uso de elementos de concreto em meio agressivo, abordando aspectos que incluem a determinação da agressividade do meio e as especificações para evitar problemas nas aplicações e usos em peças pré-moldadas e moldadas *in situ*, são apresentados na publicação do BRE (2001).

6.2 Aço

Estacas metálicas executadas em solos naturais, em contato com água e ar podem essar sujeitas à corrosão e devem ser adequadamente projetadas. A corrosão do aço também pode ocorrer se os elementos de fundação estiverem em contato com solos contendo materiais agressivos ou aterros, se estiverem localizados em ambiente marinho ou submetidos aos efeitos de variação de nível de água. A ação da corrosão é função da temperatura ambiente, pH, acesso ao oxigênio e da química do ambiente circundante ao elemento de fundação.

Elementos metálicos para sempre enterrados em solo natural usualmente não são afetados de forma significativa por degradações (Beavers e Durr, 1998). Corus Construction Centre (2003) ratifica a afirmação anterior, estabelecendo que a corrosão de estacas metálicas em solos não perturbados é negligenciável em razão dos baixos níveis de oxigênio apresentados nesses ambientes. Para objetivos de cálculo, uma taxa de corrosão de 0,015 mm/face/ano pode ser definida em tais casos. Somente circunstâncias de aterros contaminados, zonas industriais com efluentes agressivos ou ocorrência de corrente elétrica caracterizam risco, cabendo estudo específico por especialista metalúrgico. Sob condições atmosféricas, a taxa de corrosão do aço, segundo Corus Construction Centre (2003), aproxima-se de valores médios em torno de 0,035 mm/face/ano. Morley e Bruce (1983) relatam os seguintes valores de taxa de corrosão de estacas metálicas em diferentes ambientes: corrosão negligenciável em solos naturais, 0,05 mm/ano em água doce, 0,08 mm/ano imersa em água salgada, 0,1 a 0,25 mm/ano em ambiente marinho com variação da maré e respingos e 0,1 a 0,2 mm/ano em condições atmosféricas industriais. As taxas de corrosão utilizadas em anteprojeto de estruturas metálicas no solo, acima ou abaixo do lençol freático, e em água doce ou salgada são apresentadas nas Tabs. 6.5 e 6.6.

Tab. 6.5 Corrosão (mm) de estacas metálicas em solos, acima e abaixo do lençol freático (European Standard EN 1993-5, 2003)

Vida útil	5 anos	25 anos	50 anos	75 anos	100 anos
Solos naturais não perturbados	zero	0,30	0,60	0,90	1,20
Solos poluídos e com contaminação industrial	0,15	0,75	1,50	2,25	3,00
Solos naturais agressivos (pantonosos, turfosos etc.)	0,20	1,00	1,75	2,50	3,25
Aterros de solos não compactados	0,18	0,70	1,20	1,70	2,20
Aterros de materiais agressivos (cinzas, resíduos etc.) não compactados	0,50	2,00	3,25	4,50	5,75

Os valores para 5 e 25 anos são baseados em medidas, enquanto que os demais são extrapolações.

Tab. 6.6 Corrosão (mm) de estacas metálicas em água doce e água do mar (European Standard EN 1993-5, 2003)

Vida útil	5 anos	25 anos	50 anos	75 anos	100 anos
Água doce (rios, canais etc.) na zona de alto ataque (linha de água)	0,15	0,55	0,90	1,15	1,40
Água doce muito poluída (efluentes industriais, esgoto etc.) na zona de alto ataque (linha de água)	0,30	1,30	2,30	3,30	4,30
Água do mar em clima temperado nas zonas de alto ataque (zonas de maré baixa e respingo)	0,55	1,90	3,75	5,60	7,50
Água do mar em clima temperado nas zonas de imersão permanente ou de variação de maré	0,25	0,90	1,75	2,60	3,50

Os valores para 5 e 25 anos são baseados em medidas, enquanto que os demais são extrapolações.

Estruturas de fundação metálica em situações marinhas (cais, plataformas, pontes etc.) ou ambientes fluviais merecem atenção específica, devendo ser consideradas as seguintes regiões (Tomlinson, 1994):

↘ Zona atmosférica – acima do contato com a água, inclusive respingos.
↘ Zona de variação – exposto à flutuação do contato.
↘ Zona de imersão – abaixo do nível mínimo de variação de água.

A zona mais afetada é usualmente a de variação entre nível de água e presença de oxigênio, havendo recomendações específicas de projetos por Manning e Morley (1981). Estudos relatando a experiência europeia são apresentados por Morley e Bruce (1983); Tomlinson (1994), Camitz (2001) e European Standard EN 1993-5 (2003). A Fig. 6.3 mostra que a taxa de corrosão não é uniforme ao longo das estacas metálicas em ambiente marinho. O European Standard EN 1993-5 (2003) ressalta que a distribuição das taxas de corrosão e as zonas de agressividade da água do mar podem variar consideravelmente desse exemplo, dependendo das condições que prevalecem no local da estrutura. Estudos conduzidos em estacas tubulares pela Japanese Association for Steel Pipe Piles (1991) mostram que o efei-

Fig. 6.5 *Taxas de corrosão de zonas de estacas de aço em ambiente marinho (European Standard, 2003)*

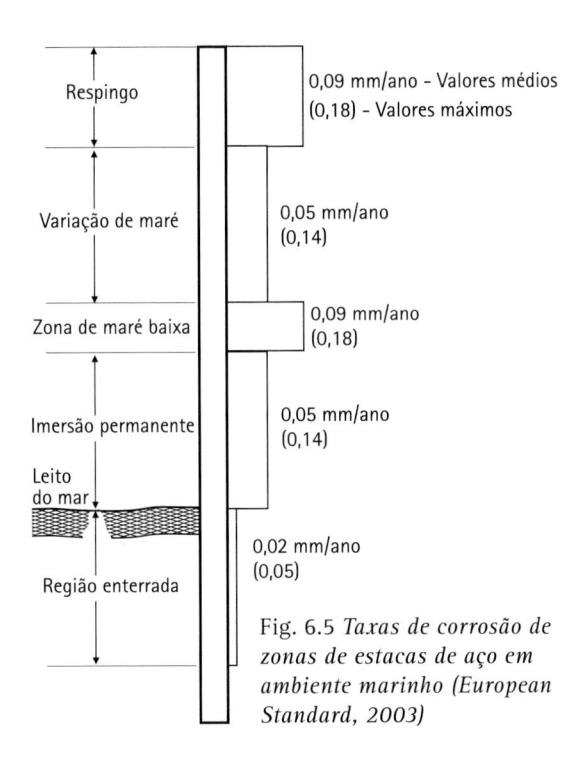

- Respingo: 0,09 mm/ano - Valores médios (0,18) - Valores máximos
- Variação de maré: 0,05 mm/ano (0,14)
- Zona de maré baixa: 0,09 mm/ano (0,18)
- Imersão permanente: 0,05 mm/ano (0,14)
- Leito do mar
- Região enterrada: 0,02 mm/ano (0,05)

to da corrosão em estacas observado ao longo dos anos tem efeito limitado, e não progride indefinidamente.

A Fig. 6.6A apresenta valores específicos de corrosão de estacas metálicas e os locais, no Japão, onde foram feitos os ensaios. A Fig. 6.6B apresenta intervalo de variação da taxa de corrosão de um grande número de estacas metálicas testadas em todo o Japão (Japanese Association for Steel Pipe Piles, 1991).

Segundo a ABNT NBR 6122/2010, quando por inteiro enterradas em terreno natural, as estacas de aço dispensam tratamento especial, independentemente da situação do lençol freático. Havendo, porém, trecho desenterrado ou imerso em aterro com materiais capazes de atacar o aço, é obrigatória sua proteção com encamisamento de concreto ou outro recurso adequado (pintura, proteção catódica etc.). Segundo a mesma norma, quando a estaca estiver total e permanentemente enterrada em solo natural, deve ser descontada da sua espessura 1,5 mm por face que possa vir a entrar em contato com o solo, excetuando-se as estacas que dispõem de proteção especial de eficiência comprovada à corrosão.

6.3 MADEIRA

As estacas de madeira são utilizadas no Brasil de modo mais intenso como fundações de estruturas provisórias, mas em certas regiões e circunstâncias têm uso como elementos de suporte permanente. Em estruturas de cais e ancoradouros seu uso é bastante difundido.

Além dos ataques biológicos de insetos, no caso de estruturas totalmente imersas em solo (besouros e cupins), ou por moluscos *Teredo navalis* e crustáceos *Cheluria* quando encontram-se na água (Goodell, 2000; Goodell et al., 2003; Highley, 1999), estacas de ma-

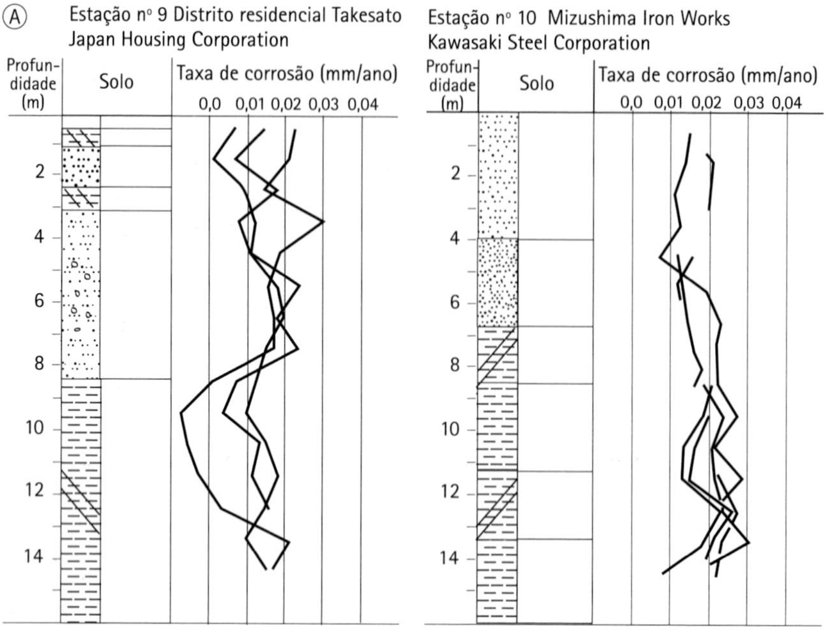

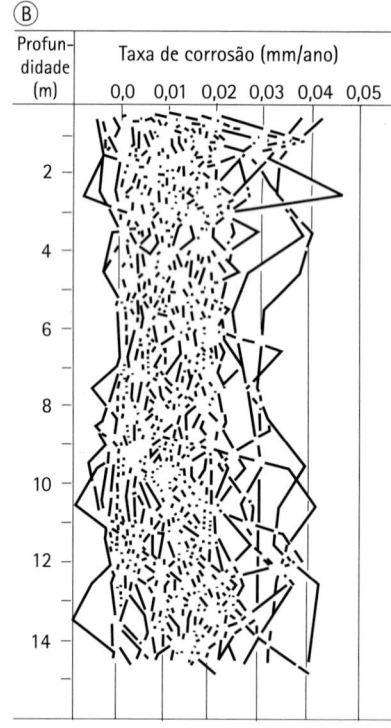

Fig. 6.6 *Valores medidos de corrosão de estacas metálicas no Japão: (A) valores específicos de corrosão e locais no Japão onde foram feitos os ensaios; (B) intervalo de variação da taxa de corrosão de um grande número de estacas metálicas testadas (Japanese Association for Steel Pipe Piles, 1991)*

deira totalmente enterradas em solo podem ser afetadas pela variação do nível de água, que provoca o apodrecimento e a degradação do material.

A degradação da madeira ocorre com mudanças físicas e químicas, podendo apresentar mudança de coloração, amolecimento, variação de densidade, com consequente redução de módulo de elasticidade e resistência (Wilcox, 1978), redução significativa de seção ou mesmo perda total de integridade.

É oportuno mencionar que a simples inspeção visual externa pode não revelar a presença de ataque biológico no caso de presença de moluscos e crustáceos. Externamente as peças podem apresentar a mesma coloração e serem aparentemente íntegras, mas com danos internos severos, como relatado por Lopez-Anildo et al. (2004).

Caso de obra convencional executada no Brasil em que estacas de madeira utilizadas como fundação permanente apresentaram problema de desempenho causado pela degradação foi apresentado por Ferreira et al. (2000). As estacas sofreram degradação biológica por variação do lençol freático, tendo sido necessária execução de reforço para garantir a estabilidade da estrutura apoiada nas estacas.

Como recomendação de projeto, para estacas de madeira projetadas totalmente enterradas no solo devem ser usados blocos até uma cota tal que garanta que a variação do nível de água não afetará as estacas, ou seja, com sua base abaixo do nível freático mínimo.

Estacas em estruturas fluviais (rios ou lagos) e em ambiente marinho sofrem ataque biológico acelerado e, necessariamente, devem ter proteção especial para evitar sua degradação, como referido por Lopez-Anildo et al. (2004) para o caso de ambiente marinho.

Estacas para píers e outras estruturas marinhas são cravadas através do material superficial existente até profundidades adequadas e se estendem até o *deck* ou estrutura por elas suportadas, ficando parte totalmente enterradas no solo, parte na água e parte no ar. A variação vertical das condições de exposição foi objeto de publicações tais como U.S. Army Corps of Engineers et al. (2001). As variações microambientais afetam o tipo e a extensão dos danos produzidos pelos organismos marinhos; da mesma forma, as estacas enterradas em ambiente não marinho têm amplitude de agressão dependente da ocorrência e variação do nível de água.

Na Fig. 6.7A é apresentado um caso de degradação e ataque a elementos de madeira. A Fig. 6.7B apresenta a influência das condições locais na possível degradação de estacas, segundo Peek e Willeitner (1981). A Fig. 6.7C de Lopez-Anildo et al. (2004) apresenta o perfil típico de degradação em estaca de madeira no porto de Portland, Mayne, nos EUA.

Segundo AWPI Timber Pile Manual Technical Committee (2002), estacas de madeira sempre devem ser tratadas contra ataques de insetos, pois eles diminuem consideravelmente a vida útil destas. Além disso, o pior ambiente possível para elas é na zona onde ocorre

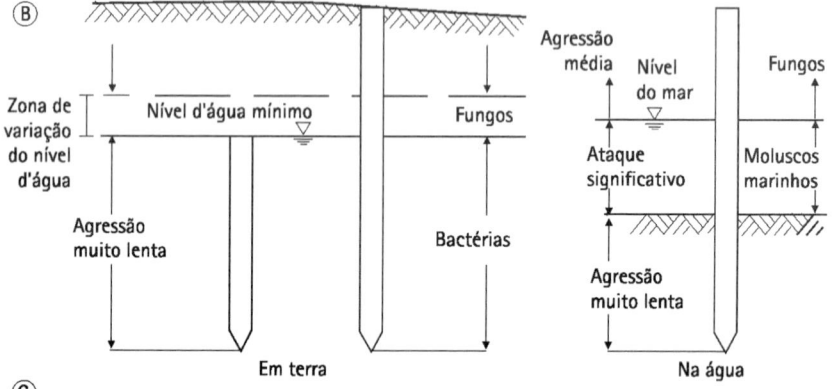

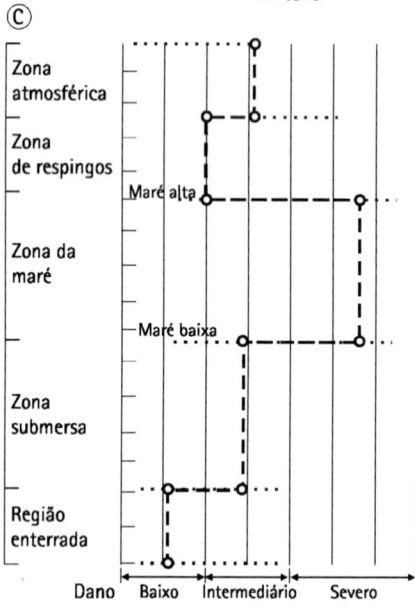

Fig. 6.7 *Degradação e ataque a elementos de madeira: (A) exemplo de ocorrência; (B) influência das condições locais na degradação e ataque a estacas (apud Peek e Willeitner, 1981); (C) grau de dano em estaca no mar (Lopez-Anildo et al., 2004)*

a variação do nível de água, facilitando a ação de microrganismos. Como citado nessa referência, a durabilidade desses elementos de fundação é função de diversos fatores. Nela são descritas as seguintes conclusões sobre a durabilidade desses materiais nestas condições:

↳ estacas de madeira totalmente submersas em um solo sempre saturado duram indefinidamente;

- estacas de madeira tratadas, com uma proteção de concreto na parte que se encontra acima do nível da água feita em concreto, tendem a durar 100 anos ou mais;
- em águas puras, as estacas de madeira tratada tendem a durar entre 5 e 10 anos menos que a madeira utilizada no resto da estrutura;
- para determinar a durabilidade de estacas de madeira utilizadas em águas salobras, sempre é necessário levar em conta a experiência local;
- na experiência americana, estacas de madeira tratadas em ambientes marinhos tendem a durar em torno de 50 anos em ambientes frios (norte) e 25 anos em ambientes quentes (sul).
- Conforme Vargas (1955 apud Miná, 2005), as seguintes observações sobre a deterioração de estacas de madeira são importantes:
- as três principais causas de deterioração da madeira são o apodrecimento (fungos são os maiores causadores), o ataque por insetos e o ataque por animais marinhos;
- para ocorrer o apodrecimento da madeira, só ocorre na presença de ar, umidade e temperatura favorável; quase todas madeiras são suscetíveis ao ataque de cupins, que podem ser subterrâneos ou aéreos;
- as estacas de madeira sem tratamento não devem ser utilizadas em obras terrestres em zonas com variação de nível de água e nunca devem ser utilizadas em obras marinhas;
- as estacas de madeira podem ter uma curta vida útil, por exemplo, uma estaca de eucalipto não tratada, em condições favoráveis, pode ter vida útil de até 5 anos.

Referências relativas ao ataque e degradação de elementos de fundação de madeira, bem como cuidados na manutenção e reabilitação, alem das já citadas, são: Chellis (1961); Grefsheim (1979); Haswell e Newman (1981); Lundstrom (1981); U.S. Army (1990); Mitchell et al. (1991); U.S. Army Corps of Engineers et al. (2001).

6.4 Rochas

Fundações diretas executadas em blocos de pedra de monumentos históricos antigos ou construções utilizando rochas brandas podem apresentar degradação das rochas a longo prazo por agressividade do meio, como apresentado por Schrefler e Delage (2001) e ASTM (2010). Relato de caso específico encontrado na recuperação das fundações do Arco do Triunfo, em Paris, em que a elevada degradação dos elementos constituintes das fundações diretas induziu ao aparecimento do mau comportamento verificado, relatado por Justo (2003).

Nos trabalhos de análise das Ruínas de São Miguel (Milititsky, 2002) estudos petrográficos realizados nas rochas das fundações do monumento (basaltos e arenitos) apresentaram sinais significativos de agressão aos materiais, especialmente os arenitos, embora essa não tenha sido a causa determinante do mau comportamento das fundações. O carreamento do material argiloso colocado como argamassa entre os blocos, resultante da percolação de água da chuva, expôs a face das pedras e criou caminho preferencial de percolação (Fig. 5.28), o que deve ter acelerado o processo.

Embora não haja registro em publicações técnicas, é do conhecimento da prática regional no Rio Grande do Sul a ocorrência de alguns casos localizados de problemas de integridade no uso de elementos de arenito em fundações superficiais, numa condição muito branda e expostos à circulação de água, sem proteção.

CONSIDERAÇÕES FINAIS

O relato de casos de patologia tanto em obras de grande como de pequeno porte não é frequente, dificultando a avaliação estatística de suas ocorrências. Não existe no Brasil nenhum mecanismo de registro e acompanhamento sistemático de problemas em obras que identifique a ocorrência relativa ao número total de empreendimentos e problemas, como mostraremos a seguir, mas o aumento de casos de patologias e a necessidade de intervenção em determinada etapa das obras é do conhecimento de profissionais e de entidades de classe. Somente os casos catastróficos chegam ao conhecimento da opinião pública, fazendo com que não se tenha uma avaliação quantitativa da real extensão do problema.

Para explicitar a abrangência dos casos patológicos em obras correntes de pequeno porte, apresenta-se na Fig. 7.1 a estatística de 318 eventos estudados por Silva (1993) no Rio Grande do Sul.

A estatística francesa (Logeais, 1982) mostra que, em 2 mil casos estudados no país, cerca de 80% dos problemas foram decorrentes do desconhecimento das características do solo. Publicação mais recente (Socotec, 1999), citando os casos registrados de patologias de todas as naturezas em obras na França, indica o crescimento do número de problemas na década de 1990, como identificado na Fig. 7.2, mesmo com o aprimoramento da técnica e com a implantação de programas de qualidade e acompanhamento.

Fig. 7.1 *Origem dos problemas em fundações correntes no Estado do Rio Grande do Sul (adaptado de Silva; 1993)*

Na Fig. 7.3 é apresentada estatística (O'Neill e Sahran, 2004) do Departa-

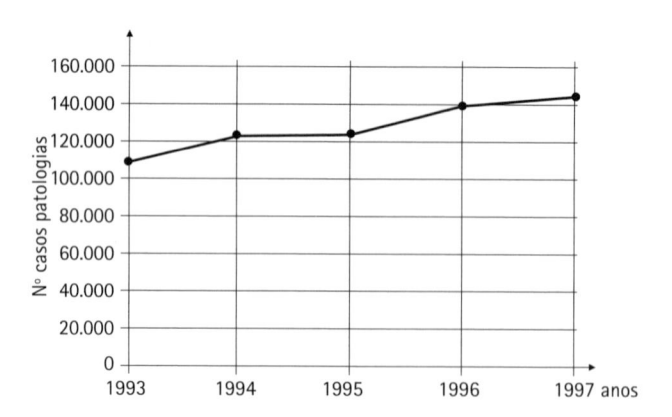

Fig. 7.2 *Casos registrados de patologias de todas as naturezas em obras na França (apud Socotec, 1999)*

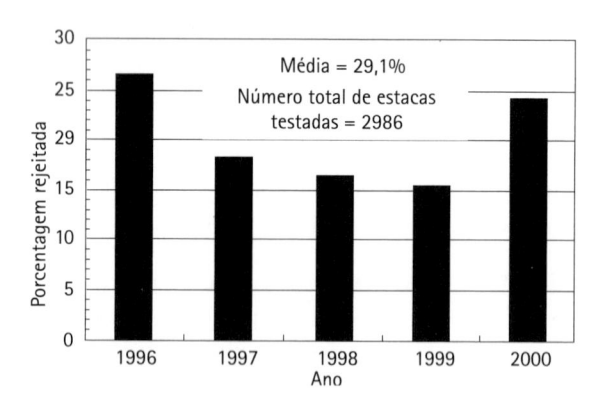

Fig. 7.3 *Gráfico com número total de estacas 2986*

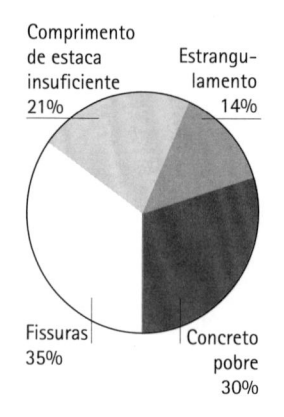

Fig. 7.4 *Gráfico mostrando problemas com estacas testadas*

mento de Transportes da Califórnia (Caltran) de resultados de ensaios realizados entre 1996 e 2000 em estacas executadas com fluido estabilizador (lama), mostrando a abrangência expressiva de problemas encontrados e rejeição de fundações.

A experiência alemã relatada por Knigmuller e Kirsch (2004), referente a 25 anos de ensaios de integridade (*low strain tests*) naquele país indica 15% das estacas ensaiadas como resultados que levantam dúvidas e 5% com indicação de problemas acima de qualquer discussão e necessitando medidas de remediação. A Fig. 7.4 indica a estatística de ocorrências de problemas detectados. Na Fig. 7.5 é indicada por tipo de estaca, a natureza das conclusões, sendo as classes assim descritas:

Classe 1 - estaca em condições

Classe 2 - estaca com problemas não muito significativos

Classe 3 – estacas com sérios problemas de qualidade

Classe 4 – sinal obtido não utilizável

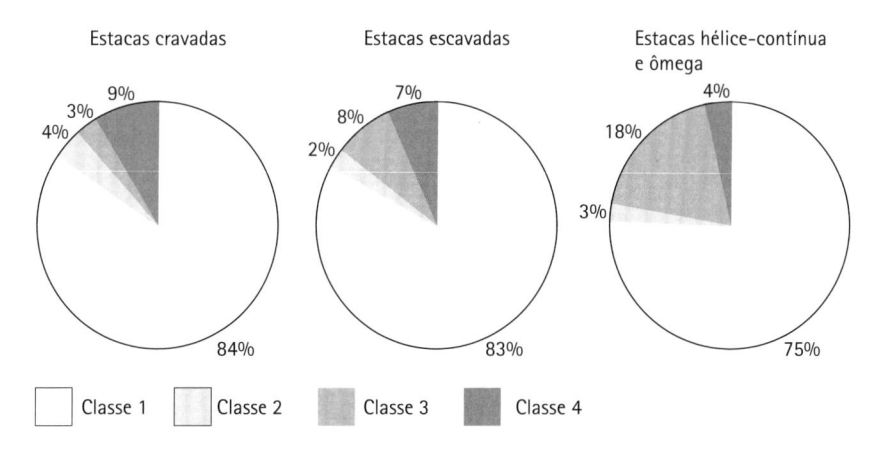

Fig. 7.5 *Três gráficos com indicação de classes 1, 2, 3 e 4*

Patologias em fundações e edificações são, portanto, frequentes, envolvem análise de risco e comprometem recursos expressivos dos setores público e privado. Causas e consequências de patologias de fundações em obras de engenharia foram discutidas neste livro, buscando-se pelo relato de casos substanciar a ação de engenheiros e desenvolver indicadores capazes de mediar o relacionamento entre o setor produtivo e os organismos de regulamentação e fiscalização.

7.1 Controle de Recalques

Quando existem dúvidas referentes ao comportamento de uma fundação, o projeto apresenta aspectos especiais, e quando é necessário acompanhar seu desempenho, em razão da escavação de grande porte próxima, recomenda-se a realização do controle de recalques da área.

O procedimento consiste na medida de forma regular, com equipamento topográfico de precisão (Fig. 7.6) ligado a um *bench mark* ou marco de referência, da evolução dos recalques com o tempo ou com os estágios de carregamento. A Fig. 7.7 mostra uma instalação

Fig. 7.6
Equipamento topográfico de precisão, no caso, nível com placa micrométrica

de controle (ABNT NBR 9061/1981) com o detalhe de um marco de referência e dos pinos usualmente utilizados, nos quais é apoiado, por ocasião de cada leitura, uma régua invar. As medidas são realizadas, sendo os resultados apresentados em gráficos tempo *versus* recalque, como ilustrado na Fig. 7.8. O primeiro cuidado a ser tomado é o da escolha da posição do *bench mark*, que necessariamente deve ficar localizado em local livre de eventuais deslocamentos medidos e não apresentar nenhum tipo de deslocamento relativo. Os pontos de medição também devem ser escolhidos de forma a facilitar as leituras e fornecer os dados necessários ao acompanhamento do problema suscitado. A periodicidade das medidas relaciona-se com os efeitos a serem acompanhados. Podem ser diárias em casos especiais ou situações de risco, semanais nos casos de escavações e execução de tirantes para controle de seus efeitos, mensais ou bimensais como condição de rotina, semestrais ou anuais quando os efeitos a serem verificados são de longo prazo.

Tão importante quanto o valor absoluto dos recalques medidos é sua velocidade de ocorrência. A unidade na qual se explicita a velocidade é micras por dia, µ/dia, representando milésimo de milímetro por dia. Os valores observados na prática dependem de inúmeros fatores, o mais relevante deles o comportamento do solo sob carga. Considere-se a seguinte indicação genérica de valores usuais:

↘ Prédios com mais de 5 anos, velocidade menor que 10 µ/dia.
↘ Prédios entre 1 e 5 anos, entre 10 e 20 µ/dia.
↘ Prédios em fundações diretas, fase construtiva, até 200 µ/dia.
↘ Prédios em fundações profundas, fase construtiva, até 80µ/dia.

Nos casos de controle realizado para acompanhar efeito de escavação próxima, os valores são muito variados, em função, entre

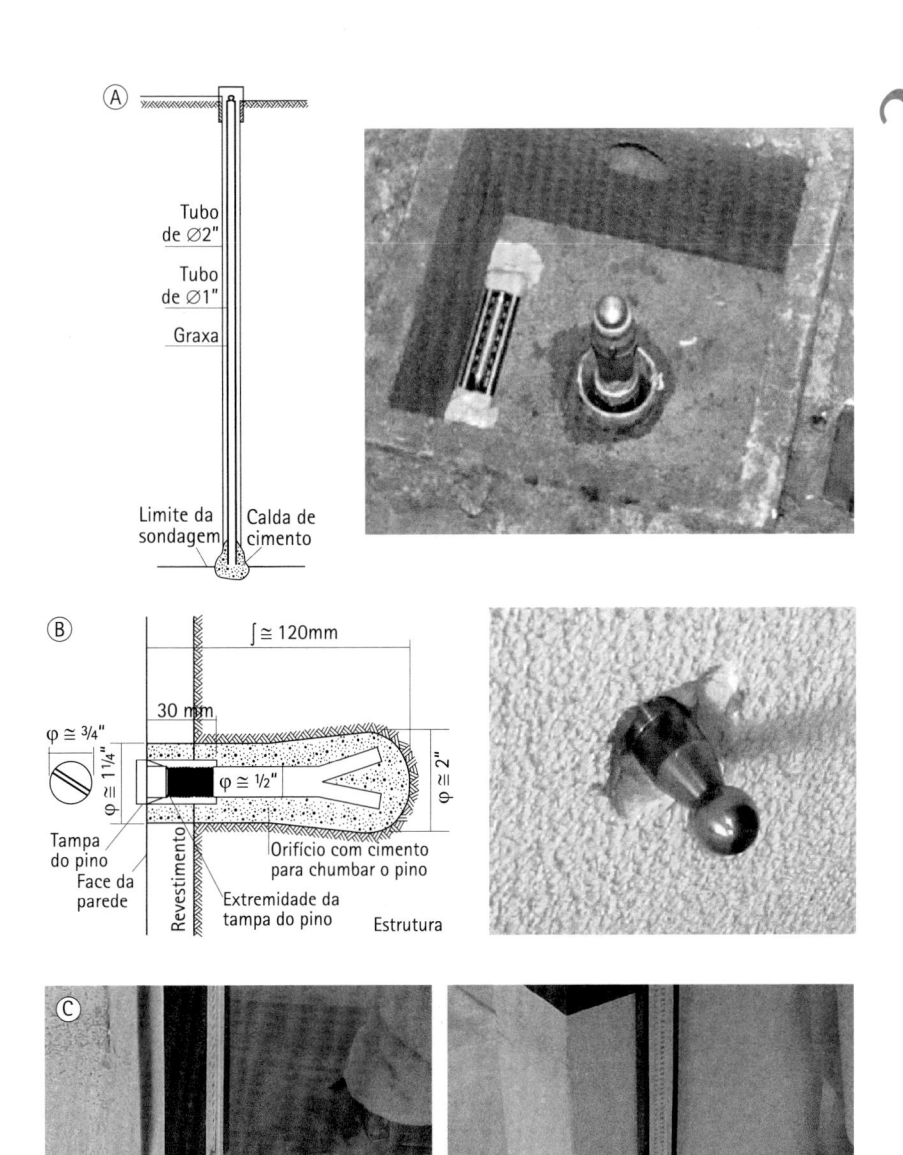

Fig. 7.7 *Instalação de controle com o detalhe de (A) um marco de referência; (B) pinos usualmente utilizados; e (C) régua invar (ABNT NBR 9061/1981)*

outros, do solo sendo escavado, do tipo e geometria da fundação sobre a qual se apoia a estrutura, da magnitude da escavação, da velocidade e qualidade de execução e do tipo de escoramento. Os valores abaixo são indicados como orientação geral (Milititsky, 2000):

↘ Até 50 µ/dia: seguro.

(A) Quadro de controle de recalques

Pinos	Data 08/07/97 Leitura nº 1 Cota de referência (m)	Data 29/04/98 Leitura nº 32 Cota de observada (m)	ΔT$_P$ = dias 7 Recalque parcial (mm)	ΔT$_T$ = dias 295 Recalque total (mm)	Velocidade de recalque (μm/dia)	Data 08/07/97 Leitura nº 33 Cota de observada (m)	ΔT$_P$ = dias 7 Recalque parcial (mm)	ΔT$_T$ = dias 295 Recalque total (mm)	Velocidade de recalque (μm/dia)
P1	7,6239	7,6121	0,3	11,8	43	7,6121	0,0	11,8	0
P2	7,6248	7,6103	0,0	14,5	0	7,6100	0,3	14,8	43
P3	7,6106	7,5947	0,2	15,9	29	7,5944	0,3	16,2	43
P4	7,6008	7,5856	0,1	15,2	14	7,5853	0,3	15,5	43
P5	7,5934	7,5775	0,0	15,9	0	7,5771	0,4	16,3	57

BM-1 (*bench-mark*) - cota = 2,0000m
Prédio "A"   Anexo 1

Local: Porto Alegre / RS	Engº	Calc.	Folha nº 1	Ref.
	Data 06/05/98	Rel.		

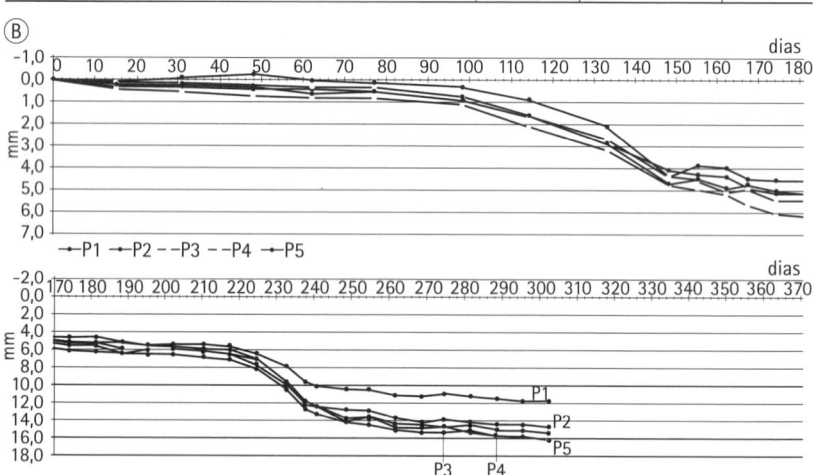

Fig. 7.8 *(A) Planilha com resultados de controle de recalques; (B) apresentação da evolução das medições em gráfico tempo versus recalque*

↘ Até 100 μ/dia e atenuando: razoável, usual.

↘ Entre 100 e 200 μ/dia e constantes: necessária a adoção de medidas corretivas no processo executivo, cautela e aumento da regularidade de medidas.

↘ Acima de 200 μ/dia: situação de urgência, reaterro ou adoção de medidas cautelares.

↘ Acima de 400 μ/dia: emergência e risco de acidente.

É importante ressaltar que podem ser observados valores diários de velocidade elevados sem problema para a estrutura. A magnitude, isoladamente, não é indicador absoluto a considerar; a tendência, ou seja, aceleração, constância ou redução, é aspecto fundamental. As medições devem ser acompanhadas pelos executantes dos serviços e pelo projetista para tomada de decisão.

A Fig. 7.9 mostra um exemplo de acompanhamento de desempenho, pelo controle de recalques, das fundações de um silo onde havia suspeita de problemas construtivos. O silo vertical contava com oito apoios, os quais transferiam carga para estacas escavadas de 0,8 m de diâmetro e 9 m de comprimento, que tiveram seu comportamento monitorado durante o enchimento do silo. Fica evidente, nos resultados apresentados na Fig. 7.9, que os recalques medidos são incompatíveis com o nível de carregamento aplicado, com deformações muito desiguais das estacas, superiores a 20 mm para carregamento de apenas 30% do total da carga acidental. Face ao desempenho medido, foi necessária a realização de reforço das fundações do silo para garantir sua segurança.

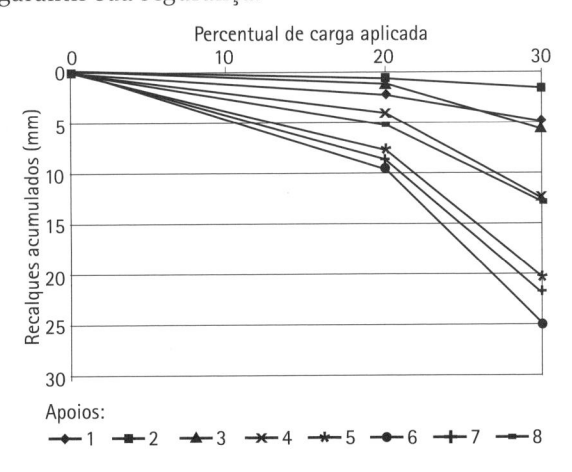

Fig. 7.9 *Exemplo de acompanhamento de desempenho, pelo controle de recalques, das fundações de um silo onde havia suspeita de problemas construtivos (Milititsky, 2003)*

7.2 Controle de Verticalidade

Quando se executam escavações nas proximidades de edificações, é comum a realização de controle de verticalidade dos prédios, como forma de acompanhar os efeitos produzidos. Trata-se de leitura periódica de verticalidade realizada com aparelho topográfico de precisão, sempre nos mesmos pontos, resultando em planilhas e gráficos como os mostrados na Fig. 7.10.

O trabalho deve ser realizado com muito cuidado e de forma criteriosa, para não produzir resultados incoerentes. Sempre mais de uma direção e todas as paredes opostas devem ser objeto das medições, para evitar conclusões equivocadas. A leitura inicial deve ser realizada antes do início das atividades cujo efeito se quer avaliar. A

Vértice	Data 12/12/97 Leitura nº 01 Leitura de referência (m)	Data 29/04/98 Leitura nº 23 Leitura observada (m)	AT_P = dias 7 Deslocamento parcial (mm)	AT_T = dias 138 Deslocamento total (mm)	data 06/05/98 Leitura nº 24 Leitura observada (m)	AT_P = dias 7 Deslocamento parcial (mm)	AT_T = dias 145 Deslocamento total (mm)
V1	0,0250	0,0320	0,0	7,0	0,0310	-1,0	6,0
V2	0,0000	0,0030	0,0	3,0	0,0150	0,0	3,0
V3	0,0040	0,0120	-4,0	8,0	0,0150	3,0	11,0

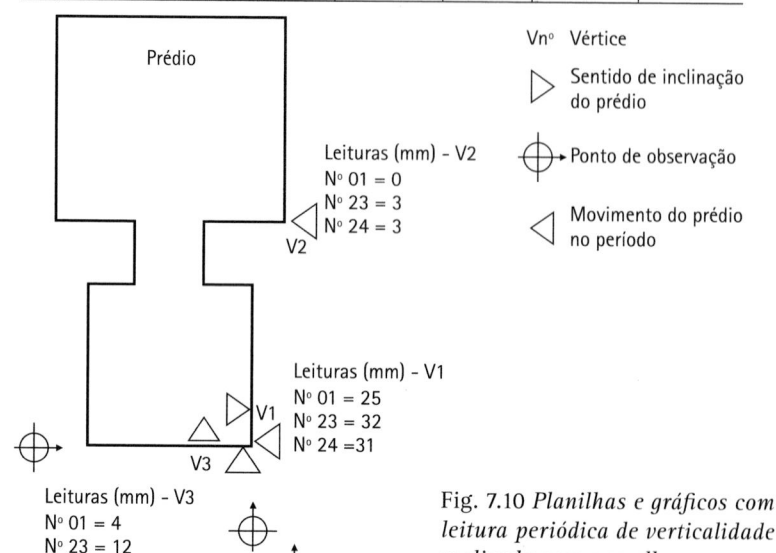

Fig. 7.10 *Planilhas e gráficos com leitura periódica de verticalidade realizada com aparelho topográfico de precisão*

partir de valores iniciais de desaprumo, não necessariamente provocados pela escavação, mas resultantes de problemas construtivos da própria obra observada, as leituras posteriores são comparadas e analisadas frente aos efeitos da escavação. No monitoramento, devem ser considerados os efeitos da temperatura nos elementos da obra, sendo preferível que as leituras sejam sempre realizadas pelo mesmo operador, na mesma hora, podendo haver caso contrário uma superposição de efeitos de difícil avaliação.

Os resultados das medições devem ser submetidos imediatamente aos profissionais envolvidos, para que eventuais efeitos nocivos ou agravamento de risco sejam imediatamente identificados.

7.3 Controle de Trincas

Outra forma usual de acompanhamento de patologias é o controle sistemático de abertura e extensão de trincas, como forma de caracterizar a gravidade do problema e seu aspecto ativo ou estabilização. As medidas podem ser realizadas com paquímetros ou fissurômetros.

Os resultados devem ser apresentados, preferencialmente, na forma de estereogramas, para melhor caracterizar o tipo de patologia, e tabelas de progressão sistemática dos valores medidos.

É importante acompanhar a progressão das trincas e sua dimensão utilizando várias propostas de descrição de sua severidade, como apresentado nas Tabs. 7.1 e 7.2, típicas da prática inglesa. A análise da gravidade ou origem de trincamento em edificações não é trivial, pela usual complexidade que envolve o comportamento dos materiais, sua conectividade e possíveis origens e causas. Trincamento e sua progressão em elementos portantes são indicadores de risco e devem ter tratamento emergencial, com participação de especialista.

Tab. 7.1 Classificação de danos em paredes (National Coal Board, 1975; Boscardin e Cording, 1989; Burland, 1995; CIRIA, 2003)

Classe de danos	Descrição de danos	Largura aproximada das trincas (mm)	Limite de defomação por tração (%)
Desprezíveis	Trincas capilares	< 0,1	0 - 0,05
Muito pequenos	Trincas estreitas de fácil reparo. Trincas na alvenaria externa, visíveis sob inspeção detalhada	< 1	0,05 - 0,075
Pequenos	Trincas facilmente preenchidas. Várias fraturas pequenas no interior da edificação. Trincas externas visíveis e sujeitas à infiltração. Portas e janelas emperrando um pouco nas esquadrias	< 5	0,075 - 0,15
Moderados	O fechamento das trincas requer significativo preenchimento. Talvez necessária a substituição de pequenas áreas de alvenaria externa. Portas e janelas emperradas. Redes de utilidade podem estar interrompidas	de 5 a 15mm ou várias trincas com mais de 3mm	0,15 - 0,3
Severos	Necessidade de reparos envolvendo remoção de pedaços de parede, especialmente sobre portas e janelas substacialmente fora do esquadro. Paredes fora do prumo, com eventual deslocamento de vigas de suporte. Utilidades interrompidas	de 15 a 25mm e também em função do número de trincas	> 0,3
Muito severos	Reparos significativos envolvendo reconstrução parcial ou total. Paredes requerem escoramento. Janelas quebradas. Perigo de instabilidade	Usualmente > 25mm, mas depende do número de trincas	–

Tab. 7.2 Classificação inglesa de danos em edifícios (Thornburn e Hutchinson, 1985)

ABERTURA DE FISSURA (mm)	GRAU DE DANO			EFEITO NA ESTRUTURA E USO DA EDIFICAÇÃO
	RESIDENCIAL	COMERCIAL OU PÚBLICO	INDUSTRIAL	
< 0,1	Insignificante	Insignificante	Insignificante	Nenhum
0,1 a 0,3	Muito leve	Muito leve	Insignificante	Nenhum
0,3 a 1	Leve	Leve	Muito leve	Estético apenas
1 a 2	Leve a moderado	Leve a moderado	Muito leve	Estético; acelera efeitos da ação climática externa
2 a 5	Moderado	Moderado	Leve	O uso da edificação será afetado; valores no limite superior
5 a 15	Moderado a severo	Moderado a severo	Moderado	
15 a 25	Severo a muito severo	Severo a muito severo	Severo a muito severo	podem pôr em risco a estabilidade
>25	Muito severo a perigoso	Severo a perigoso	Severo a perigoso	Cresce o risco da estrutura tornar-se perigosa

7.4 Recomendações e Comentários Finais

O avanço recente em procedimentos experimentais para caracterização do comportamento dos solos e o desenvolvimento de ferramentas de análise; a evolução técnica de equipamentos e procedimentos especializados na execução de fundações; os métodos modernos de avaliação de integridade e resistência de elementos construídos; a experiência organizada de resultados de instrumentação e acompanhamento; tudo isso faz com que a engenharia de fundações apresente na atualidade um panorama completamente diverso daquele descrito nas publicações clássicas, em que a experiência e a condição de "arte" caracterizavam o domínio do conhecimento e prática da época.

Problemas complexos e especiais resolvidos atualmente não poderiam ser enfrentados com o conhecimento e os equipamentos da década de 1970. Entretanto, considerando as obras correntes e a média da atividade profissional, observa-se o crescimento do número de patologias de fundações. Tal fato é decorrente de inúmeras causas e condições propícias, quais sejam:

↘ A proliferação de empresas de investigação do subsolo e de execução de fundações, muitas das quais sem a devida qualificação. Prática da terceirização dos serviços por empresas não especializadas.

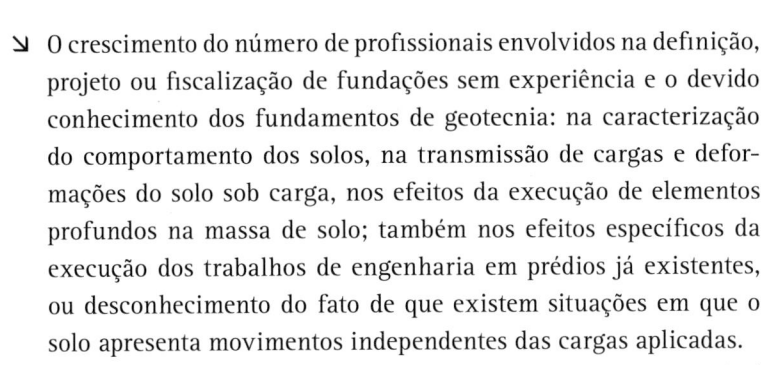

- O crescimento do número de profissionais envolvidos na definição, projeto ou fiscalização de fundações sem experiência e o devido conhecimento dos fundamentos de geotecnia: na caracterização do comportamento dos solos, na transmissão de cargas e deformações do solo sob carga, nos efeitos da execução de elementos profundos na massa de solo; também nos efeitos específicos da execução dos trabalhos de engenharia em prédios já existentes, ou desconhecimento do fato de que existem situações em que o solo apresenta movimentos independentes das cargas aplicadas.
- Crescimento das cargas e de sua complexidade, caráter esbelto/frágil das estruturas modernas.
- Construções em áreas consideradas inadequadas no passado ou típicas de solos de baixa resistência.
- Contratação de profissionais e empresas pelo menor preço, sem exigir comprovação de competência e experiências compatíveis com o problema.
- Licitação de obras sem projeto de engenharia completo, em que os proponentes apresentam, na forma de estudo preliminar ou anteprojeto, as soluções consideradas padrão. Ao serem contratadas as obras, os custos da solução ficam limitados ao valor da proposta e acabam, contrariamente à boa técnica e ao bom senso, condicionando a solução executada.
- Desmonte de equipes técnicas de empresas públicas e privadas, decorrente da falta de investimentos em infraestrutura e falta de renovação dos quadros técnicos por longo período, tornando a avaliação de soluções impossível pela falta de competência instalada dos contratantes.

Para que houvesse conscientização quanto aos riscos e frequência dos insucessos, seria desejável que o meio profissional tivesse acesso a estatísticas nacionais e houvesse ampla divulgação dos casos que são objeto de ação das seguradoras, empresas e projetistas de diagnósticos e trabalhos de reforços. Este trabalho visa contribuir na formação de todos os profissionais envolvidos em obras de engenharia de qualquer porte, apresentando a tipologia mais abrangente dos possíveis problemas e indicando caminhos para que se adotem procedimentos adequados em todas as etapas da vida de uma fundação, e assim resultem soluções adequadas e seguras.

Na concepção, investigação do subsolo, caracterização do comportamento do solo, projeto, especificação de serviços, execução, fiscalização de uma fundação, sempre devem ser tomados cuidados especiais de forma a atingir o sucesso pretendido, o de executar uma obra de desempenho seguro e satisfatório, considerando não apenas a obra propriamente dita, mas também seus possíveis efeitos em estruturas próximas.

Durante o processo construtivo, caso não houver condições objetivas de assegurar o bom desempenho e segurança de uma fundação, devem ser realizados ensaios específicos para dirimir todas as dúvidas, e se for preciso, providenciar o reforço, bem mais simples e menos traumático nessa etapa do que após executada a superestrutura a que a fundação deve suportar. Ao ser constatada a presença de mau desempenho na fundação, sua solução requer o conhecimento, por parte de quem enfrenta o problema, de todas as possíveis alternativas, cabendo-lhe sempre a identificação das reais condições de implantação das fundações e das características relevantes do solo das condições para as quais o projeto foi desenvolvido e de todos efeitos capazes de interferir ou provocar o mau comportamento. Somente após a determinação das causas do problema é que sua solução deve ser definida.

Com a ampliação do escopo e a inclusão do item "Desafios para melhoria" para a boa prática nas diversas etapas da solução de problemas de fundações, esperamos contribuir para a melhoria do nível das atividades da prática profissional, promovendo a modernização do setor e a conscientização dos colegas para seu aprimoramento e para a adoção de procedimentos e cultura de excelência, tão necessários para o desenvolvimento desta fascinante área da Engenharia Civil.

A abrangente lista de referências apresentada ao final desta publicação serve como indicação de material bibliográfico para aprofundar o conhecimento sobre os diversos temas apresentados, e também permitir que se avaliem os problemas com divulgação de conhecimento, que em geral é restrito.

Encerrando, fazemos nossas as palavras ouvidas de experiente mestre de obras ao lhe ser apresentada a avaliação complexa e fundamentada das razões técnicas que causaram o problema na obra:

"Doutor, ser sabido depois que aconteceu o problema é fácil, difícil é ser sabido antes..."

ÍNDICE REMISSIVO

A
acidentes 14, 163, 165, 177, 181, 196, 206
ácido fosfórico 210
aço 96, 101
adensamento 28, 96, 97
agressividade 214, 215, 217, 218, 220, 225
água 33, 40, 60, 97, 100, 102
água na concretagem 140
ambiente agressivo 91, 209
amolgamento 107, 126, 141
amortecedores 191, 192
armadura de fretagem 117, 120
armaduras de estacas 90
artesianismo 141, 147
árvores 37, 38, 39, 96
aterro 95, 96, 98, 100, 101
aterro assimétrico 79
aterro sobre solos moles 97
aterros sanitários 95, 100, 101
atividades de pós-construção 12
atrito negativo 59, 84, 100, 101
ausência de pressurização 147

B
bulbo de tensões 74, 99

C
cabeça das estacas 106, 153
camada betuminosa 100
camada mole 99
canalizações 102, 103, 108, 180
canalizações enterradas 180
carga nas fundações 94, 163
cargas horizontais 59
choques 16, 190
chuvas 108, 180, 182
cinemática de ruptura 75
classificação de danos 235
cloretos 101, 209, 216
colapsibilidade 32, 40
colapso 40, 60, 107, 111, 114, 144, 151, 185, 198, 210
colocação de armadura 149
compactação 95, 96, 99, 108, 190, 194, 196
compactação dinâmica 97, 195, 196
compactação do solo 122, 191
compactação vibratória 166, 193, 195
concreto 14, 26, 93, 96, 101, 106, 109, 110, 118, 119, 122, 125, 128, 134, 136, 138, 139, 141, 142, 144, 146, 153, 154, 181, 192, 194, 196, 210, 211, 214, 215, 217, 221
concreto autonivelante 151
concreto de baixa resistência 129
concreto fresco 141
conexões 102, 103, 174
containers 164
continuidade da estaca 140, 144
controle de integridade 156
controle de recalques 18, 175, 229, 232, 233
controle de trincas 234
controle de verticalidade 233
correlações empíricas 59, 61
corrosão 216, 219, 220, 221, 222
corrosão da armadura 216
corrosão no aço 101
cortes 95, 107
cravação de estacas 122, 135, 166, 191, 192, 193

D
dano 19, 20, 38, 126, 133, 135, 149, 153, 175, 195, 198, 206, 224, 236
defeito executivo 11
deformações admissíveis 18
degradação 9, 16, 100, 110, 119, 151, 209, 210, 222, 223, 224
degradação de estacas 11, 223
descontinuidade do fuste 147
deslocamentos 13, 22, 29, 102, 166, 167, 169, 170, 171, 173, 174, 175, 179, 181, 184, 187, 193, 194, 230
desmoronamento 108, 138, 140, 142
desvios de execução 115
detonações 193, 196, 197
dimensionamento de elementos estruturais 89
distorções angulares 17, 20
durabilidade do concreto 210

E
edificações vizinhas 174
efeitos de sobreposição 75
efeito Tschebotarioff 79
emenda de armadura 147
emenda de estacas metálicas 127
emendas 133, 135
enrijecedores de armadura 140

ensaios de campo 28, 34, 58
ensaios dinâmicos 156, 157
equipamento à percussão 33
equipamentos industriais 190, 191
erosão 174, 179, 182, 185, 186
erros de locação 114, 115
escavações 16, 166, 167, 169, 170, 173, 174, 175, 177, 179, 188, 189, 230, 233
espaçadores 138, 140
especificações construtivas 59, 60
estabilização 174, 235
estabilizantes químicos 45
estaca de madeira 223
estaca Franki 122, 124, 135
estaca hélice contínua 149
estaca pré-moldada 133
estacas broca 142
estacas cravadas 94, 97, 101, 114, 117, 119, 122, 129, 134, 135, 193
estacas escavadas 101, 102, 114, 137, 146, 171, 195, 233
estacas escavadas mecanicamente 143, 145
estacas injetadas de pequeno diâmetro 146, 189, 190
estacas Mega 137
estacas metálicas 56, 127, 219, 220, 221
estacas moldadas in situ 119, 156
estacas Ômega 135
estacas tracionadas 118, 121, 135
estaca Strauss 143, 144
estado limite 19
estado limite de serviço 19
estado limite último 19
estrangulamento de seção 111, 112
estrangulamento do fuste 139, 147
estrutura de fundação 60
estruturas vizinhas 32
excesso de energia de cravação 121, 128
expansibilidade 32
explosões 166, 190, 191, 194, 196, 197
extravasamento 181, 182

F

falhas de execução 105
falsa nega 124, 128
falta de energia de cravação 119
fator água/cimento 142
ferramentas numéricas 18
flambagem de estacas 128
flexão dos elementos 126
fundações de pontes 22
fundações diretas 22, 29, 93, 106, 107, 109, 110, 166, 168, 180, 181, 182, 183, 184, 185, 190, 193, 210, 225, 230
fundações isoladas 20, 22
fundações profundas 29, 55, 96, 100, 106, 113, 114, 127, 153, 158, 159, 166, 180, 182, 217, 230
fundações superficiais 13, 14, 21, 24, 97, 100, 106, 107, 109, 176, 177, 182, 183, 187, 226

G

grupo de estacas 99

I

integridade 91, 101, 105, 109, 110, 111, 112, 127, 134, 137, 138, 139, 141, 142, 144, 146, 147, 151, 152, 153, 156, 198, 206, 209, 222, 226, 228, 236
integridade do fuste 141
interação solo x estrutura 16, 18
investigação de subsolo 15, 29

J

junta 29, 83, 144, 166, 167
junta de dilatação 113

L

laboratório 14, 28, 33, 34, 40, 58, 210
lama bentonítica 139, 145
lençol freático 166, 171, 177, 183, 184, 195, 196, 214, 219, 221, 223
levantamento de elementos já cravados 122
limpeza da cava 108
lixões 95, 100, 101

M

martelo 94, 119, 128, 133, 134
martelo de cravação 94
matacões 55, 115, 127
mau comportamento 29, 60, 111, 226
mecânica dos solos 13
mecanismos de ruptura 59
método dos elementos finitos 190
métodos numéricos 59
mineração 29, 174
momentos fletores 59
movimento das fundações 24, 36
mudanças volumétricas 35

N

nega 94, 120, 124, 127, 133
nível de água 96, 142, 171, 183, 184, 219, 220, 222, 223
norma 59, 133, 159, 166, 196, 198, 214, 221
NSPT 33, 34, 61

O
  obras vizinhas 106
P
  parede diafragma 168, 171, 172
  patologias de fundações 10, 11, 13
  PDA 106, 124
  permeabilidade 40, 97, 102, 184, 210, 211, 216
  pH 209, 214, 215, 218, 219
  PIT 106, 206
  poropressões 98, 99
  potencial de colapso 41
  presença de obstruções 128
  proteção na cabeça da estaca 126, 133
  provas de carga 106, 122, 157, 159
  provas de carga estática 125, 156
  puncionamento 110
R
  radiers 20
  raízes 38, 39, 96
  rebaixamento do nível de água 183
  recalques 13, 15, 17, 18, 20, 26, 29, 40, 41, 95, 96, 97, 98, 99, 100, 102, 103, 108, 164, 165, 166, 167, 168, 171, 174, 181, 182, 183, 184, 192, 193, 196
  recalques admissíveis 13, 18, 174
  recalques diferenciais 11, 17, 20, 29, 96, 100, 107
  recalques totais 17, 20, 95, 97
  recobrimento 101, 102, 110, 112, 127, 141
  recobrimento de armadura 111
  reforços 116
  revestimento 138, 139, 141, 143, 144, 146, 147
  rocha 33, 111, 127, 146, 179, 196, 210
  rocha calcária 48
  rochas 40, 143, 190, 196, 211, 225, 226
  rompimento de canalizações enterradas 180
  ruptura do solo 11, 134
S
  sapatas adjacentes 93
  segregação 138
  slump 142, 144, 146
  sobrecarga assimétrica 168
  soda cáustica 209
  soil grouting 49
  solapamento 181, 182, 185
  soldagem 127
  solos argilosos 20, 21, 95, 126, 184, 195
  solos compressíveis 29
  solos granulares 20, 148, 171, 184, 190, 193, 196
  solos moles 29, 95, 97, 98, 108, 127, 128, 138
  solos não saturados 40
  sondagem mista 33, 35, 36
  SPT 28
  subpressão 183
  subsidência 29
  subsolo 9, 16, 28, 29, 30, 33, 34, 58, 60, 105, 113, 141, 184, 189, 28, 209
  substâncias ácidas 211
  substâncias agressivas 209, 214
  sulfatos 101, 209, 214, 215
  superposição de pressões 168
T
  tala 135
  taludes 126, 177, 179
  tensões admissíveis 61
  torque 94, 136, 148
  tremonha 145
  tubulões 151, 152, 183, 185
U
  umidade 39, 40, 96, 196, 214, 216, 217, 218
V
  variação de carregamento nas fundações 165
  variações sazonais 43
  vegetação 38
  vibrações 16, 171, 190, 191, 193, 194, 195, 196, 197
  vinculação 117, 118, 121, 135, 137
Z
  zonas cársticas 29

SOBRE OS AUTORES

O Prof. Jarbas Milititsky é formado em Engenharia Civil na UFRGS em 1968, Ph.D. em Engenharia Civil pela Universidade de Surrey, Inglaterra, professor titular de Geotecnia da Universidade Federal do Rio Grande do Sul, UFRGS. Atua em consultoria em projetos nas áreas de investigação geotécnica, fundações, contenções e patologia de fundações. Participou em projetos industriais, fundações de estruturas especiais, grandes subsolos, reforço de fundações de prédios históricos, entre outros. Atuou em ensino e pesquisa, tendo orientado teses de mestrado e doutorado, com inúmeras publicações nacionais e internacionais, co-autor de vários livros, entre os quais a publicação na Inglaterra de Earth Pressure and Earth Retaining Structures. Membro de comissões de elaboração de normas da ABNT. Recebeu o Premio Terzaghi da ABMS por sua contribuição ao conhecimento na área. Foi presidente da ABMS e é o vice presidente da ISSMGE para a América do Sul (2014-2017).

O Prof. Nilo Cesar Consoli, Ph.D. em Engenharia Civil pela Universidade Concordia, Canadá, e Pós-Doutorado pela Universidade de Western Austrália, é hoje professor do Departamento de Engenharia Civil e pesquisador/orientador de mestrado e doutorado do Programa de Pós-Graduação em Engenharia Civil da UFRGS. Atua como pesquisador do CNPq (categoria IA) e dedica-se a atividades de ensino, pesquisa e consultoria nas áreas de fundações, melhoramento de solos e geotecnia ambiental, com ênfase em análise numérica de fundações e obras de terra. Na UFRGS coordena Laboratório de Resíduos, Novos Materiais Geotécnicos e Geotecnia Ambiental (ENVIRONGEO), tendo orientado mais de 35 teses de mestrado e doutorado. É professor visitante de universidades na Inglaterra, Escócia, Portugal, Austrália, Canadá e EUA. Sua produção envolve ainda mais de 100 artigos em periódicos internacionais e nacionais com corpo editorial, além de 100 artigos publicados em conferências nacionais e internacionais. O Prof. Consoli foi agraciado com o Telford Prize 2001 pelo Instituto de Engenheiros Civis da Inglaterra, devido à publicação de um artigo no periódico Géotechnique, da Thomas Telford, que foi escolhido entre os melhores artigos no ano 2000 no Reino Unido. Atuando também como revisor dos periódicos internacionais *Géotechnique* (ICE - UK), *Journal of geotechnical and geoenvironmental engineering* - ASCE (USA), *Canadian geotechnical journal* (Canadá), *Environmental modelling and software*, entre outros

O Prof. Fernando Schnaid, Ph.D. em Engenharia Civil pela Universidade de Oxford, Inglaterra, e Pós-Doutorado pela Universidade de Western Austrália, é hoje professor da UFRGS. Atua como pesquisador do CNPq e dedica-se a atividades de ensino, pesquisa e consultoria nas áreas de investigação geotécnica, fundações e geotécnica ambiental. Na UFRGS coordenou o Programa de Pós-Graduação em Engenharia Civil e o Laboratório de Ensaios Geotécnicos e Geoambientais, tendo orientado mais de 60 teses de mestrado e doutorado. É professor visitante de universidades na Inglaterra, Escócia, Austrália, Argentina e Uruguai. Autor de outros 4 livros, sua produção envolve ainda mais de 100 trabalhos técnicos publicados nacional e internacionalmente, incluindo o estado da arte em Propriedades de Solos na Conferência Internacional de Mecânica dos Solos e Engenharia Geotécnica de Osaka, 2005.

ABEF (ASSOCIAÇÃO BRASILEIRA DE EMPRESAS DE ENGENHARIA DE FUNDAÇÕES E GEO-TECNIA). *Manual de execução de fundações e geotecnia:* práticas recomendadas. São Paulo: ABEF, 2012. 499 p.

ABNT (ASSOCIAÇÃO BRASILEIRA DE NORMAS TÉCNICAS). *NBR 12131/2006:* estacas – prova de carga estática. Rio de Janeiro, 2006. 8 p.

_____. *NBR 13208/2007:* estacas – ensaio de carregamento dinâmico. Rio de Janeiro, 2007. 12 p.

_____. *NBR 6122/2010:* projeto e execução de fundações. Rio de Janeiro, 2010.

_____. *NBR 9061/1981:* segurança de escavações a céu aberto. Rio de Janeiro, 1981. 48 p.

_____. *NBR 8036/1983:* programação de sondagens de simples reconhecimento dos solos para fundações de edifícios. Rio de Janeiro, 1983.

_____. *NBR 9653/1986:* guia para avaliação dos efeitos provocados pelo uso de explosivos nas minerações em áreas urbanas. Rio de Janeiro, 1986. 8 p.

_____. *NBR 6484/2001:* solo: sondagens de simples reconhecimento com SPT: método de ensaio. Rio de Janeiro, 2001.

ADSC/DFI. *Drilled shaft inspector's manual, joint caisson-drilled shaft committee of the ADSC.* Dallas, Texas: The International Association of Foundation Drilling and DFI; The Deep Foundations Institute,1989.

ALMEIDA, M. S. S. *Aterros sobre solos moles:* da concepção à avaliação do desempenho. Rio de Janeiro: UFRJ, 1996. p. 216.

ALONSO, E. E.; GENS, A.; JOSA, A. A constitutive model for partially saturated soils. *Géotechnique*, London, v. 40, n. 3, pp. 405-430, 1990.

ALONSO, U. R. *Execução de fundações profundas* – estacas pré-moldadas, fundações, teoria e prática. São Paulo: ABMS/ABEF; Pini,1996. pp. 373-399.

AL-RAWAS, A. A., GOOSEN, M. F. A. *Expansive soils:* recent advances on characterization and treatement. London: Taylor & Francis, 2006.

AMERICAN CONCRETE INSTITUTE BUILDING CODE 318-83. Building code requirements for reinforced concrete. Reported by ACI Committee 318. *ACI Manual of Concrete Practice*, Detroit, 1993.

AMIR, J. Single tube ultrasonic testing of pile integrity. In: ASCE DEEP FOUNDATIONS CONGRESS, 2002, Orlando. *Proceedings...* Reston: American Society of Civil Engineers, 2002. p. 836-850.

AOKI, N.; ALONSO, U.R. Instabilidade dinâmica na cravação de estacas em solos moles da Baixada Santista. In: SIMPÓSIO DEPÓSITOS QUATERNÁRIOS DAS BAIXADAS LITORÂNEAS BRASILEIRAS. CE-RJ: ABMS/IPR, 1988. pp. 501-510.

ASSA'AD, A. Differential upheaval of phosphoric acid storage tanks in Aqaba – Jordan. *Journal of Performance of Constructed Facilities*, New York: ASCE, v. 12, n. 2, pp. 71-76, 1998.

ASTM (AMERICAN SOCIETY FOR TESTING AND MATERIALS). *Building Stones:* annual book of Standards. Philadelphia, 2010. (sections 04.08 Soil & Rock (I) and 04.09 Soil & Rock (II))

_____. *D1143:* Standard test methods for deep foundations under static axial compressive load, West Conshohocken, PA, 2007a, 15 p.

_____. *Standard test method for integrity testing of deep foundations by cross-hole testing ASTM D6760.* West Conshohocken, PA, 2008.

_____. *Standard test method for low-strain integrity testing of piles ASTM D5882.* West Conshohocken, PA. 2007b.

ASTRACHAN, S.; BOCK, E.I. Recalques provocados por cravação de estacas. In: CUNHA, A.J.P.; LIMA, N.A.; SOUZA, V.C.M. (Ed). *Acidentes estruturais na construção civil.* São Paulo: Pini, 1996. v. 1, pp. 43-47.

AWPI TIMBER PILE MANUAL TECHNICAL COMMITTEE. *Timber pile design and construction manual.* American Wood Preservers Institute, 2002.

AZEVEDO JÚNIOR, N.; MORAES, J.T.L.; CAMPOS, G.C. Provas de carga em estacas de pequeno diâmetro: casos de ruptura por flambagem. In: IX COBRAMSEF, Salvador, 1990, v. 2. pp. 513-517.

BADILLO, E. J.; RODRÍGUEZ, A. R. *Mecânica de suelos:* fundamentos de la mecânica de suelos. 3. ed. (6. reimp.) México: Editorial Limusa, 1980. p. 642.

BACHMANN, H. Vibration problems in structures: practical guidelines. Berlin: Birkhauser Verlag, 1997.

BAKER, C.N. Drilled piers and caissons II: construction under slurry: non-destructive integrity evaluation. *Load testing - ASCE*, New York, 1985. p. 154.

_____. Load carrying capacity characteristics of drilled shafts constructed with the aids of drilling fluids. *Research Report 89-6*, Austin: Center for Highway Research; University of Texas, 1970.

BAKER, C.N.; KHAN, F. Caisson construction problems and correction in Chicago. New York: JSMFED; ASCE, v. 97, No SM2, February 1971. pp. 417-440.

BAKER, C.N. et al. Drilled shafts for bridge foundations. *Report FHWA-RD-92-004*, Washington. D.C.: Federal Highway Administration, 1993.

_____. Use of nondestructive testing to evaluate defects on drilled shafts. *Results of FHWA Research, Transportation Research Record 1331*, Washington. D.C.: TRB, 1991, pp. 28-35.

BARDEN, L; McGOWN, A.; COLLINS, K. The collapse mechanics on partly saturated soil. *Journal of Eng. Geology*, Amsterdam, v. 7, pp. 49-60, June 1973.

BEAVERS, J. A.; DURR, C. L. Corrosion of steel piling in non-marine applications. *NCHRP Report 408*, Washington, D.C.: National Cooperative Highway Research Program, TRB, 1998.

BECK, B. F. Sinkholes and the engineering and environmental impacts of karst. *Geotechnical Special Publication*, New York: ASCE, n. 122, 2003. p. 737.

BECKHAUS, K. Are specifications for deep foundations concrete up-to-date? In: DFI-EFFC INTERNATIONAL CONFERENCE PILING & DEEP FOUNDATIONS, 2014, Stockholm. *Conference Proceedings*. Stockholm, 2014. p. 889-900.

BELL, F. G.; CULSHAW, M. G. Problem soil: a review from a British perspective. In: PROBLEMATIC SOILS SYMPOSIUM, 2001, Nottingham. *Proceedings...* Nottingham, 2001. p. 1-35.

BIARREZ, J. Comunicação pessoal. 1974.

BIDDLE, P. G. *Tree root damage to buildings*. 2 v. Wantage: Willowmead, 1998.

BILFINGER, W; SANTOS, M. S.; HACHICH, W. Improved safety factor assessment of pile foundations using field control method. In: 18TH INTERNATIONAL CONFERENCE ON SOIL MECHANICS AND GEOTECHNICAL ENGINEERING, 2013, Paris. *Proceedings...* Paris, 2013. p. 2687-2690.

BJERRUM, L.; EGGESTAD, A. Interpretation of loading tests on sand. In: 3th ECSMFE, Wiesbaden, 1963

BJERRUM, L.; Johannessen, T. Pore pressure resulting from driving piles in soft clays. In: CONFERENCE ON PORE PRESSURE AND SUCTION IN SOILS, London, 1960. *Proceedings...*

BOONE, S. J. Ground movement related building damage. *ASCE, JGED*, New York, v. 122, n. 11, 1996. pp. 886-896.

BOSCARDIN, M. D. Building response to construction activities. In: EARTH RETAINING SYSTEMS 2003, New York: ASCE, May 6-7 2003. *Proceedings...* pp. 171-188.

BOSCARDIN, M. D.; CORDING, E. J. Building response to excavation-induced settlement. *ASCE, JGED*, New York, v. 115, n. 1, 1989. pp. 1-21.

BOSELA, P. A.; BRADY, P. A.; DELATTE, N. J.; PARFITT, M. K. (Ed.). *Failure case studies in Civil Engineering*: structures, foundations, and the geoenvironment. 2nd ed. New York: ASCE Publications, 2012.

BOYLE, S. The effect of piling operations in the vicinity of computing systems. *Ground Engineering*, June 23-27, 1990.

BOZOZUK, M. Bridge foundations move. *Transportation Research Record*, New York, n. 678, pp. 17-21, 1978.

BRE (BUILDING RESEARCH ESTABLISHMENT). Concrete in aggressive ground. Part 1: Assessing the aggressive chemical environment, 28 p.; Part 2: Specifying concrete and additional protective measures, 25 p.; Part 3: Design guides for common applications, 28 p.; Part 4: Design guides for specific precast products, 26 p. *Special Digest 1*, Garston, UK: BRE, 2001.

_____. Damage to structures from ground-born vibrations. *BRE Digest*, Garston, UK, 1995a.

_____. Design and site procedures: defects and repairs. *BRE Digest*, Garston, UK, v. 4, p. 226, 1983.

_____. *Digest 251*: Assessment of damage in low-rise buildings. Garston: CRC Ltd, 1995b.

_____. *Digest 298*: Low-rise buildings foundations: the influence of trees in clay soils. Garston: CRC Ltd, 1999.

_____. *Digest 412*: Desiccation in clay soils. Garston: CRC Ltd, 1996.

_____. *Digests 240 and 241*: Low-rise buildings on shrinkable clay soils: parts 1 and 2. Garston: CRC Ltd, 1993.

BRETTMANN, T. T.; NESMITH, W. M. Advances in auger pressure grouted piles: design, construction and testing. In: GEO-FRONTIERS CONFERENCE AND ADVANCES IN DESIGNING AND TESTING DEEP FOUNDATIONS, 2005. *Geotechnical Special Publication*, n. 129, Reston: Geo-Institute of the American Society of Civil Engineers, 2005. p. 262-274.

BRIAUD, J. L. Introduction to geotechnical engineering: unsaturated and saturated soils. Hoboken, New Jersey: John Wiley & Sons, 2013.

BROMS, B. B.; FREDRIKSSO, A. *Failure of pile-supported structures by settlements*. In: 6th ECSMFE, Viena, 1976.

BROWN, D. A.; MORRISON, C.; REESE, L. C. Lateral load behaviour of pile group in sand. *Journal of Geotechnical Engineering* - ASCE, v. 114, n. 11, p. 1261-1276, 1988.

BROWN, D. A.; SHIE, C. F. Numerical experiments into group effects on the response of piles to lateral loading. *Computers and Geotechnics*, v. 10, n. 3, p. 211-230, 1990.

BSI (BRITISH STANDARDS INSTITUTION). BS 5228-2/2009: *Code of practice for noise and vibration control on construction and open sites* – part 2: vibration. London, 2009. 98 p.

_____. *BS 7385/1993: Evaluation and measurement for vibration in buildings* – part 2: guide to damage levels from groundborn vibration. London, 1993.16 p.

BURFORD, D.; CHARLES, J. A. Long-term performance of houses built on opencast mining backfill at Corby, 1975-1990. In: 4TH INTERNATIONAL CONFERENCE ON GROUND MOVEMENTS AND STRUCTURES, London: Pentech Press, 1992. *Proceedings...* pp. 54-67.

BURGESS, I. W. The stability of slender piles during driving. *Géotechnique*, v. 26, n. 2, p. 281-292, 1976.

BURLAND, J. B. Risk of damage due to tunneling and excavation. In: IS-TOKIO, FIRST INT. CONFERENCE, EARTHQUAKE GEOTECHNICAL ENGINEERING, Tokio, 1995. *Invited Special Lecture*. 14 p.

BURLAND, J. B.; BURBIDGE, M. C. Settlement of foundations on sand and gravel. In: *Proceedings of the Centenary Celebrations of Glasgow and West of Scotland Associates of ICE*, 1984. pp. 5-66. Also found on *Proceedings of the Institution of Civil Engineers*, Part 1, Dec. 1985, 78. pp. 1325-1381.

BURLAND, J. B.; BROMS, B. B; DE MELLO, V. F. B. Behaviour of foundations and structures: state of the art report. In: 9th ICSMFE, Tokyo, 1977. *Proceedings...* v. 2, pp. 495-546.

BURLAND, J. B.; WROTH, C. P. Settlement of buildings and associated damage. In: CONFERENCE ON SETTLEMENT OF STRUCTURES, Cambridge. *Proceedings, Review Paper, Session V.* London: Pentech Press, 1975. pp. 611-654.

BUTTERFIELD, R.; BANERJEE, P. K. The problem of pile group – pile cap interaction. *Géotechnique*, v. 21, n. 2, p. 135-142, 1971.

BUZZI, O.; FITYUS, S.; SLOAN, S. W. Use of expanding polyurethane resin to remediate expansive soil foundations. *Canadian Geotechnical Journal*, 47, p. 623-634, 2010.

CAMITZ, G. Corrosion and protection of steel piles and sheet piles in soil and water. *Swedish Commission on Pile Research, Report 93*, Stockholm, 2001.

CANOVAS, M. F. *Patologia e terapia do concreto armado*. São Paulo: Pini, 1988. 399 p.

CARDER, D.R. Ground movements caused by different embedded retaining wall construction techniques. *Report 172*, Crowthorne: TRL, 1995.

CHAUDHRY, A. R. *Static pile-soil-pile interaction in offshore pile groups*, 1994. Thesis (PhD) – University of Oxford, Oxford, 1994.

CHELLIS, R.D. *Deterioration and preservation of piles*. New York: Pile Foundation; McGraw-Hill, 1961. pp. 339-372.

CINTRA, J. C. A. *Fundações em solos colapsíveis*. São Carlos: Rima Editora, 1998. 106p.

CINTRA, J. C. A.; AOKI, N. *Projeto de fundações em solos colapsíveis*. São Carlos: EESC-USP, 2009. 99 p.

CINTRA, J. C. A.; AOKI, N.; TSUHA, C. H. C.; GIACHETI, H. L. *Fundações:* ensaios estáticos e dinâmicos. São Paulo: Oficina de Textos, 2013.

CIRIA (Construction Industry Research and Information Association) C569. London: CIRIA, 2002. 83 pg.

CIRIA C580. *Embedded retaining walls: guidance for economic design*. London: CIRIA, 2003. 390 p.

CLAYTON, C.R.I; MILITITSKY, J.; WOODS, R.I. *Earth pressure and earth retaining structures*. 2. ed. Glasgow, Scotland: Blackie Academic and Professional, 1993. 398 p.

CLAYTON, C.R.I.; WOODS, R.I.; BOND, A.J.; MILITITSKY, J. *Earth pressure and Earth retaining structures*. 3rd ed. Boca Raton, FL.: CRC Press, 2013. 587 p.

CLAYTON, C. R. I.; XU, M.; WHITER, J. T.; HAM, A.; RUST, M. Stresses in cast-iron pipes due seasonal shrink-swell of clay soils. *Proceedings of the Institution of Civil Engineers:* water Management, v. 163 (WM3), p. 157-162, 2010.

CLARK, J.I. Failure during construction and subsequent rehabilitation and performance of a dynamically cast-in-place concrete pile foundation. In: SYMPOSIUM ON BEHAVIOR OF DEEP FOUNDATIONS, Boston, Mass.: ASTM, June 1978. *Proceedings... pp.* 209-130.

CLARKE, A; GEORGE, M.J.; WAITE, D. *Welding of steel bearing piles, piles and foundations.* UK:, Thomas Telford, 1981. pp. 208-222.

CLEMENCE, S. P.; FINBAN, A. B. Design considerations for collapsible soils. *JGED,* New York: ASCE, n. 107, GT 3, 1981. pp. 305-316.

CLOUGH, G.W.; O'ROURKE, T.D. Construction induced movements of in situ walls. In: CONFERENCE ON DESIGN AND PERFORMANCE OF EARTH RETAINING STRUCTURES, New York, ASCE, 1990. *Proceedings... Geotechnical Special Publication*, n. 25, pp. 439-470.

CLOUGH, G.W.; SMITH, E.M.; SWEENEY, B.P. Movement control of excavation support systems by iteractive design, In: ASCE FOUNDATION ENG. CURRENT PRINCIPLES AND PRACTICE, New York: ASCE, vol 2, 1989. *Proceedings...* pp. 869-884.

COGNON, J.M.; LIAUSU, P.; JUILLIE, Y. Comportement de reservoirs sur sols améliorés. *Comptes rendus 10éme Conference Europeenne de Mecanique des Sols et des Travaux de Fondations*, v. 1, pp. 377-380, 1991.

COLEMAN, D. M.; ARCEMENT, B. J. Evaluation of design methods for auger cast piles and mixes soil conditions. In: INTERNATIONAL DEEP FOUNDATIONS CONGRESS, 2002 Feb. 14-16, Orlando, Florida. *Proceedings...* Orlando: ASCE, 2002. p. 1404-1420.

COLLET. *O aterro II do IPR: da sua concepção a uma análise de recalques*. Niterói: UFF,1985. Tese (Concurso de Professor Titular).

COMITE EURO-INTERNACIONAL DU BETON. *CEB-FIP model code 1990: design code*. Lanne: CEB, May 1993. Bulletin l'Information, pp. 213-214, 437 p.

CONSOLI, N.C.; SILLS, G.C. Soil formation from tailings: comparison and field measurements. *Géotechnique*, London, 50 (1), 2000. pp. 25-33.

CONSOLI, N. C.; THOMÉ, A.; CERATTI, J. A. P. Engineering properties of organic soil – lime mixtures. *Recent Developments in Soil and Pavement Mechanics*, Rio de Janeiro: Balkema, 1997. pp. 217-222.

CONSOLI, N. C. et al. Behavior of compacted soil: fly ash: carbide lime mixtures. *Journal of Geotechnical and Geoenvironmental Engineering*, New York: ASCE, n. 127 (9), pp. 774-782, 2001.

COOK, D. A.; LEDBETTER, S.; RING, S.; WENZEL, F. Masonry crack damage: its origins, diagnosis, philosophy and a basis for repair. *Proceedings of the Institution of Civil Engineers:* Structures & Buildings, v. 140, p. 39-50, 2000.

CORDING, E.J. et al. Case histories and analysis of excavation-induced building distortion and damage using a strain based criterion. In: CONFERENCE OF RESPONSE OF BUILDINGS TO EXCAVATION-INDUCED GROUND MOVEMENTS. London: CIRIA, 2001. *Proceedings...*

CORUS CONSTRUCTION CENTRE. *Corus piling handbook*. 2003 (disponível em www.corusconstruction.com).

COSTA FILHO, L. M.; JUCÁ, J. F. T. Um caso de recalques devidos a vazamentos em área industrial. In: 3. SEFE, São Paulo, 1996. *Anais...* v. 2, pp. 233-239.

CRAMMOND, N. J., NIXON, P. J. Deterioration of concrete foundation piles as a result of thaumasite formation. In: SIXTH INTERNATIONAL CONFERENCE ON THE DURABILITY OF BUILDING MATERIALS, 1993, Omiya, Japan. *Proceedings...* v. 1. Omiya, Japan: E & F SPM, 1993. p. 295-305.

CRILLY, M. S.; DRISCOLL, R. M. C. The behavior of lightly loaded piles in swelling ground and implications for the design. *Proceedings of the Institution of Civil Engineers:* Geotechnical Engineering, v. 143, p. 3-16, 2000.

CUTLER, D. F.; RICHARDSON, I. B. K. *Tree roots and buildings*. London: Construction Press, 1981. p. 94.

D'APPOLONIA, D. J. Effects of foundation construction on nearby structures. In: 4th PANAMERICAN CONFERENCE ON SOIL MECHANICS AND FOUNDATION ENGINEERING, 1, 1971. *Proceedings...* pp. 189-236.

DAVIE, J. R.; BELL, K. R. A pile relaxation case history. In: INT. CONF. FONDATIONS PROFONDES, Paris: Presses de L'École Nationale des Ponts et Chaussées, 19-21 mar. 1991. *Proceedings...* pp. 421-429.

DAVISSON, M. T. Estimating buckling loads for piles. Proc. 2nd Pan-Amer. *Conf. on Soil Mech. and Found. Eng.*. v. 1. Brazil. 1963. p. 351-371.

DAVISSON, M. T.; ROBINSON, K. E. Bending and buckling of partially embedded piles. In: 6th ICSMFE, Montreal, 1965. Proceedings... v. 2, pp. 243-246.

DÉCOURT, L.; ALBIERO, J. H.; CINTRA, J. C. A. Análise e projeto de fundações profundas, In: *Fundações: Teoria e Prática*. São Paulo: ABMS/ABEF, cap. 8, 1998. pp. 265-327.

DFI (DEEP FOUNDATIONS INSTITUTE). *Guideline for interpretation of nondestructive integrity testing of augered cast-in-place and drilled displacement piles*. 1st ed. New Jersey: DFI, 2012.

_____. *Manual for non destructive testing and evaluation of drilled piles*. Hawthorne: Deep Foundations Institute, 2004.

DIN 4030. *Beurteilung betonangreifender wässer, böden und gäse*. Berlin, 113, 1998. p. 192-212.

DISMUKE, T. D. Behavior of steel piles during installation and service. In: SYMPOSIUM ON BEHAVIOR OF DEEP FOUNDATIONS, Boston, Mass.: ASTM, June 1978. pp. 282-299.

DNER. *Manual de Pavimentação*. 2. ed. Rio de Janeiro: Departamento Nacional de Estradas de Rodagem, Ministério dos Transportes, 1996. p. 320.

D'ORAZIO, T. B.; DUNCAN, J. M. Differential settlements in steel tanks. *JGED*, New York, n. 113, pp. 967-983, 1987.

DRISCOLL, R. The influence of vegetation on the swelling and shrinking of clay soils in Britain. In: SYMPOSIUM - THE INFLUENCE OF VEGETATION ON THE SWELLING AND SHRINKING OF SOILS, London: ICE, Sept. 1983. *Proceedings...* pp. 93-l06.

DRISCOLL, R. M. C.; SKINNER, H. *Subsidence damage to domestic buildings*: a good technical practice guide. Garston: BRE Press, 2007.

DUDLEY, J. H. Review of collapsing soils. *JSMFD*, New York: ASCE, n. 96, SM3, 1970. pp. 925-943.

DUNN, R. J. Design and construction of foundations compatible with solid wastes. *GeoEnvironment 2000*, Y.B. Acar and D.E. Daniel editors. New York: ASCE, 1995. pp. 139-159. Special Technical Publication n 46.

ELDRIDGE, H. J. *Common Defects on Buildings*. London: The Property Services Agency – Department of the Environment – UK Government, 1976. p. 486.

EUROCODE 7. Geotechnics, preliminary draft for the European Communities. *Geotechnik*, London, n. 1, 1990. pp. 1-40.

EUROPEAN STANDARD EN 1993-5. *Eurocode 3: Design of steel structures*. 2003. Part 5: Piling, p. 102.

EWING, R. C. Foundations repair due to expansive soils: Eudora Welty House, Jackson, Mississippi. *Journal of performance of constructed facilities*, v. 25, n. 1, p. 50-55, 2011.

FEDERAL HIGHWAY ADMINISTRATION. Bridge scour and stream instability, countermeasures, experience, selection and design guidance. 2nd Ed. *Pub. FHWA – NHI-01-003*, Washington, D.C.: Department of Transportation, 2001.

_____. Recording and coding guide for the structure inventory and appraisal of the nation bridges. *Report n. FHWA-PD-96-001*, Washington, D.C.: Department of Transportation, 1995.

_____. Technical advisory n. 5140.23: evaluating scour of bridges. Washington, DC: Department of Transportation, 1991.

FEDERICO, F.; SILVAGNI, G.; VOLPI, F. Scour vulnerability of bridge piers. *Journal of Geotechnical and Geoenvironmental Engineering*, New York: ASCE, v. 129, n. 10, pp. 890-899, 2003.

FELLENIUS, B. H. *Basics of foundation design*. Electronic Edition, 2014. 410 p .Disponível em: <www.fellenius.net>.

_____. Downdrag of piles in clay due to negative skin friction. *Canadian Geotechnical Journal*, v. 9, n. 4, pp. 323-337, 1972.

FERNIE, R.; SUCKLING, T. Simplified approach for estimating lateral wall movement of embedded walls in UK ground. In: INT. SYMP. GEOASPECTS OF UNDERGROUND CONSTRUCTION IN SOFT GROUND, City University, London, 1996. *Proceedings...* pp. 131-136.

FERREIRA, S. R. M.; LACERDA, W. A. Variações de volume em solo colapsível medidas através de ensaios de laboratório e campo. *Solos e Rochas*, São Paulo, v.16, n.4, 1993. p. 245-253.

FERREIRA, C. D. et al. Reforço de fundações: um caso de obra. In: SEFE IV, São Paulo, 2000. *Anais...* v. 2, pp. 222-231.

FERREIRA, R. C. et al. Some aspects on the behavior of brazilian collapsible soils: Contributions complementary. In: XII ICSMFE, Rio de Janeiro, 1989. pp. 117-120.

FINNO, R. J.; ATMATZIDIS, D. K.; NERBY, S. M. Ground response to sheet pile installation in clay. In: 2nd INT. CONF. ON CASE HISTORIES IN GEOTECH. ENGNG., S. Prakash ed., St. Louis, USA, 1988. *Proceedings...* pp. 1297-1301.

FHWA (FEDERAL HIGHWAY ADMINISTRATION). *Alkali-Aggregate Reactivity (AAR) Facts Book (FHWA-HIF-13-019)*. Washington DC, 2013.

_____. *Geot. Eng. Circular nº 8:* design and construction of continuous flight auger piles. Washington: FHWA, 2007. 293 p.

FIFTH INTERNATIONAL CONFERENCE ON FORENSIC ENGINEERING: Informing the future with lessons from the past, 16-17 apr. 2013, London. Conference papers. London, 2013.

FINNO, R. J. et al. Analysis of performance of pile groups adjacent to deep excavation, *J. Geotechnical Eng. Division*, New York: ASCE, 117(6), pp. 934-955, 1991.

FIRST INTERNATIONAL CONFERENCE ON SCOUR OF FOUNDATIONS. ISSMGE, Texas, Transportation Institute Publications Department, 2002. *Proceedings...* p. 1221.

FLEMING, W. K. The understanding of contiguous flight auger piling, it monitoring and control. In: INST. CIV. ENG. GEOTECH. ENGNG., 113, July 1985. *Proceedings...* pp.157-165.

_____. The use and influence of bentonite in bored pile construction. *Report PG3*, London: CIRIA, 1977.

FLEMING, K.; WELTMAN, A.;, RANDOLPH, M.; ELSON, K. Problems in pile construction. In: FLEMING, K.; WELTMAN, A.;, RANDOLPH, M.; ELSON, K. *Piling engineering*. 3rd ed. New York: Taylor & Francis, 2009. (cap. 7).

FEDERATION OF PILING SPECIALISTS (FPS). *The essential guide to the ICE specification for piling and embedded retaining walls.* London: Thomas Telford, 1999. 104 p.

FRANK, R. State of the art: shallow foundations. In: ECSMFE, Florence, 1991. v. 4, pp. 1115-1141.

FREEMAN, T. J.; BURFORD, D.; CRILLY, M. S. Seasonal foundation movements in London clay. In: 4th INTERNATIONAL CONFERENCE ON GROUND MOVE-MENTS AND STRUCTURES, Cardiff, London: Pentech Press, 1991. *Proceedings... pp.* 485-501.

FRIZZI, R. P.; MEYER, M. E. Augercast piles: South Florida experience. In: DENNIS, N. D.; CASTELLI, R.; O'NEILL, M. W. (Ed.). Geote*chnical special publication no. 100.* Denver: ASCE, 2000. p. 382-396.

GEDDES, J. D. Structural design and ground movements. In: ATTEWELL, P.B.; TAYLON, R.K (Eds.). *Ground movements and their effects on structures.* London: Surrey University Press; Chapman and Hall, n. 4, 1984. pp. 243-265.

GEIGER, J. Estimating the risk of damage to buildings from vibrations. *Bauningenieur,* 34. 1959.

GJORV, O. E. *Durability design of concrete structures in severe environments.* London, Talor & Francis, 2009.

GOBLE, G. G.; RAUSCHE, F.; LIKINS, G. E. Dynamic determination of pile capacity. ASCE *J. Geot. Eng. Div.,* 111, p. 367-383, 1985.

_____. *The analysis of pile driving –* a state-of-the-art. Proc. Int. Conf. on Stress-Wave Theory on Piles. Stockholm, 1980. p. 131-161.

GOLOMBEK, S. Casos de obras: técnicas construtivas. In: SIMPÓSIO TEORIA E PRÁTICA DE FUNDAÇÕES PROFUNDAS, Porto Alegre: CPGEC/UFRGS, 1985. *Anais...* v. 1, pp. 187-210.

GONÇALVES, C.; BERNARDES, G. P.; NEVES, L. F. S. *Estacas pré-fabricadas de concreto.* São Paulo: Editora Pini, 2010. 294 p.

GOODELL, B. Wood products: deterioration by insects and marine organisms. *Encyclopedia of Materials Science and Technology,* New York: Elsevier, 2000.

GOODELL, B.; NICHOLAS, D.; SCHULTZ, T. Wood deterioration and preservation: advances in our changing world. *American Chemical Society Series,* New York: Oxford Univ. Press, 2003.

GRANT, R.; CHRISTIAN, J. T.; VANMARCKE, E. H. Differential settlements of buildings. *JS MFED,* v. 100, GT 9, pp. 973-991, Sept. 1974.

GREFSHEIM, F. D. Timber pile study. In: EXISTING STRUCTURE, SYMPOSIUM ON DEEP FOUNDATIONS, Atlanta, ASCE, 1979. pp. 116-181.

GRIGORIAN, A. A. *Pile foundations for buildings and structures in collapsible soils.* Rotterdam, The Nederlands: Balkema Publishers, 1997. p. 158.

GROVER, R. A. Movements of bridge abutments and settlements of approach pavements in Ohio. *Transportation Research Record,* New York, n. 678, pp. 12-17, 1978.

GUIDICINI, G.; NIEBLE, C. M. Estabilidade de taludes naturais e de escavações. São Paulo: Edgard Blucher, 1984. 196 p.

GUPTA, S. N. Discussion of relaxation of piles in sand and inorganic silt. *JSMFD,* New York, v. 96, nov. 1970.

HAMBLY, R. Bridge foundations and substructures. *Building Research Establishment Report,* Garston, Watford, p. 93, 1979.

HASWELL, C. K.; NEWMAN, K. Materials for piles. *Piles and Foundations,* UK: Thomas Telford, 1981, pp. 193-199.

HEALY, P. R.; HEAD, J. M. Construction over abandoned mine workings. *Special Publication 32,* London: CIRIA, 1984.

HEALY, P. R.; WEALTMAN, A. J. Survey of problems associated with the installation of displacement piles. CIRIA (Construction Industry Research and Information Association), *Report UK,* 1980.

HENDERSON, N. A. et al (Eds.). Concrete technology for cast in-situ foundations. *Report C569,* London: CIRIA, 2002. p. 83.

HELENE, P. *Manual para reparo, reforço e proteção de estruturas de concreto.* São Paulo: Pini, 1992. p. 213.

HELENE, P.; PEREIRA, F. *Manual de rehabilitación de estructuras de hormigón:* reparación, refuerzo y protección. São Paulo: Cyted, 2003.

HERTLEIN, B. H.; DAVIS, A. G. *Non destructive testing of deep foundations.* Chichester, UK: John Wiley & Sons, 2006. 270 p.

HIGHLEY, T. L. Biodeterioration of wood. In: *Wood handbook: wood as an engineering material.* Madison, Wis.: USDA; Forest Products Laboratory, Chap. 13, 1999.

HILLER, D. M.; CRABB, G. I. Groundborne vibration caused by mechanized construction works. *Report 428,* Washington, D.C.: TRL, 2000.

HOLCK, C.H. Dois problemas relacionados a cravação de estacas. In: CUNHA, A. J. P.; LIMA, N. A.; SOUZA, V. C. M. (Eds.). *Acidentes estruturais na construção civil*. São Paulo: Pini, v. 1, 1996. pp. 51-53.

HOEK, E.; BRAY, J. *Rock slope engineering*. London: Institution of Mining and Metallurgy, 1974. 309 p.

HOLTZ, R. D.; BOMAN, P. A new technique for reduction of excess pore pressure during pile driving. *Canadian Geotechnical Journal*, v. II, n. 3, 1974.

HOLTZ, W. G. The influence of vegetation of the swelling and shrinking in the United States of America. In: SYMPOSIUM - THE INFLUENCE OF VEGETATION ON THE SWELLING AND SHRINKING OF SOILS, London: ICE, 1983. *Proceedings...* pp. 159-163.

HONG KONG BUILDINGS DEPARTMENT. *Practice Note PNAP APP-137: Ground-borne vibrations and ground settlements arising from pile driving and similar operations.* Hong Kong, 2004. 7 p. (Revision 2012 (AD/NB2))

HONG KONG GOVERNMENT. Review of design methods for excavations. *Publication 1/90*, Hong Kong: Geotechnical Control Office, 1990.

HOUSTON, S. L.; DYE, H. B.; ZAPATA, C. E.; WALSH, K. D.; HOUSTON, W. N. Study of expansive soils and residential foundations on expansive soils in Arizona. *Journal of performance of constructed facilities*, v. 25, n. 1, p. 31-44, 2011.

HUNT, R; DYER, R. H.; DRISCOLL, R. *Foundation movement and remedial underpinning in low-rise buildings* (BR 184). Garston: CRC Ltd, 1991. (BRE Report)

HURREL, M.R.; ATTEWELL, P.B. Deep trenches and excavations in soil. In: ATTEWELL, P.B.; TAYLON, R.K (Ed.). Ground movements and their effects on structures. London: Surrey University Press; Chapman and Hall, n. 4, 1984, pp. 76-109.

HYNDMAN, D.; HYNDMAN, D. *Natural Hazards and Disasters*. California: Cengage Learning, 2009.

IBRACON. Prática recomendada Ibracon: comentários técnicos. *NBR 6118*, Instituto Brasileiro do Concreto, 2003. p. 70.

ICE (INSTITUTION OF CIVIL ENGINEERS). *Specification for piling and embedded retaining walls*. London: ICE, 1996. 236 p.

INNOVATIONS and uses for lime. *Special Technical Publication STP-1135*, Philadelphia: ASTM, 1992.

ISE (INSTITUTION OF STRUCTURAL ENGINEERS). *Soil-structure interaction, the real behaviour of structures*. London, 1989. 120 p.

JAIME, A; ROJAS, E.; LEGORRETE, H. Static behavior of floating piles in soft clays: Raul Marsal volume. México, Soc. Mexicana de Mecánica de Suelos, 1992. pp. 19-30.

JALINOOS, F.; MEKIC, N.; HANNA, K. Defects in drilled shaft foundations: identification, imaging and characterization. *FHWA Report 27 CFL/TD-05-003*. Lakewood, CO: Federal Highway Administration. 2005.

JAPANESE ASSOCIATION FOR STEEL PIPE PILES. *Steel Pipe Piles*. Tokyo, Japan, 1991.

JENNINGS, J. E.; KNIGHT, K. A guide to construction on or with materials exhibiting additional settlement due to collapse of grain structure. In: REGIONAL CONFERENCE FOR AFRICA ON SOIL MECHANICAS AND FOUNDATION ENGINEERING, 6, Durban, Rotterdam: A. A. Balkema, 1975. *Proceedings...* v.1, pp. 99-105.

JOHNSON, L. D.; SNETHEN, D. R. Prediction of potential heave of swelling soil. *Geotechnical Testing Journal*, New York: ASTM, n. 1 (3), pp. 117-124, 1978.

JONES, G. M.; CASSIDY, N. J.; THOMAS, P. A.; PLANTE, P. A.; PRINGLE, J. K. Imaging and Monitoring tree-induced subsidence using electrical resistivity imaging. *Near Surface Geophysics*, v. 7, n. 3, p. 191-206, 2009.

JONES, L. D.; JEFFERSON, I. Expansive soils. In: BURLAND, J. (Ed.) *ICE Manual of Geotechnical Engineering*. v. 1 (Geotechnical Engineering principles, problematic soils and site investigation). London: ICE Publishing, 2012. p. 413-441.

JONES, L. D.; VENUS, J.; GIBSON, A. D. Trees and foundations damage. *British Geological Survey Commissioned Geology*, 44, p. 1-15, 2006.

JUCÁ, J. F. T. Disposição final dos resíduos sólidos urbanos no Brasil. In: V CONGRESSO BRASILEIRO DE GEOTECNIA AMBIENTAL (REGEO 2003), Porto Alegre, 2003. pp. 443-470.

JUSTO, J. L. La patologie des fondations. In: SYMPOSIUM INTERNATIONAL SURLES FOUNDATIONS SUPERFICIELLES, Paris 5-7 novembre 2003.

_____. *Some applications of the finite element method to soil-structure interaction problems*. Paris: Presses LNPC, 1987. 41 p. Actes Coll. Int. Interactions Sols-Structures.

KEECH, M.A. Design of civil infrastructure over landfills. *GeoEnvironment 2000*, Y.B. Acar and D.E Daniel editors. New York: ASCE, 1995, pp. 160-183. Special Technical Publication n. 46

KEENE, P. Tolerable movements of bridge foundations. *Transportation Research Record*, n. 678, pp. 1-6, 1978.

KLEPIKOV, S. N.; ROSENFELD, I. A. *Deformations admissibles et degradations des ouvrages.* Paris: LCPC, 1989. Traduzido do russo.

KNIPE, C. V.; LLOYD, D. N.; GRESWELL, R. *Rising groundwater levels in Birmingham and the engineering implications.* London: CIRIA Publications, 1993.

KNIGMULLER, O. e KIRSH, F. A Quality and safety issue for cast-in-place piles: 25 years of experience with low-strain integrity testing in Germany – from scientific peculiarity to day-to-day practice, Proc. Current Practices and future trends in deep foundations, ASCE, Geotechnical Special Publication, Reston, Virginia: Ed. DiMaggio and Hussein, n. 125, pp. 202 – 221, 2004.

KRATZ DE OLIVEIRA, L. A.; RIDLEY, A. M.; SCHNAID. F. Rainfall and evaporation effects on matric suctions in a granite residual soil. In: XI PANAMERICAN CONFERENCE ON SOIL MECHANICS AND GEOTECHNICAL ENGINEERING, Foz do Iguaçu, 1999.

KUWABARA, F.; POULOS, H. G. Downdrag forces in groups of piles. *JGED,* ASCE, 115 (GT6), 1989, pp. 806-818.

KYFOR, Z. G. et al. Static testing of deep foundations. *FHWA SA-91-042,* Feb. 1992. 174 p.

LACY, H.; MOSKOWITZ, J.; MERJAN, S. Reduced Impact on Adjacent Structures Using Augered Cast-in-place Piles. *Transportation Research Record 1447,* 1994. pp. 19-26.

LAEFER, D. Prediction and assessment of ground movement and building damage induced by adjacent excavation. Urbana, Dep. Civil; Environmental Eng.; University of Illinois, 2001. PhD Thesis, 903 p.

LAWSON, W. D. A survey of geotechnical practice for expansive soils in Texas. In: FOURTH INTERNATIONAL CONFERENCE ON UNSATURATED SOILS, 2-6 April 2006, Carefree, Arizona, United States. *Proceedings...* Reston: ASCE, 2006. p. 304-314.

LCPC (Laboratoire Centrale des Ponts et Chaussées). *Les pieux forées, recueil de regles de l'art.* Paris, 1978. Publicado também em inglês: *FHWA T5-86-206,* 1986.

LEIBICH, B. A. Acceptance testing of drilled piles by gamma-gamma logging. [200-]. Disponível em: <http://www.dot.ca.gov/hq/esc/geotech/gg/geophysics2002/ggl_geophysics.pdf>. Acesso em: 6 jan. 2001.

LIMA, S. P.; COSTA FILHO, L. M. Reforço de fundações de estrutura de prédio industrial, In: 4º SEFE, São Paulo, 2000. *Anais...* v. 2, pp. 391-401.

LOBO, B. *Método de previsão de capacidade de carga de estacas:* aplicação dos conceitos de energia do ensaio SPT. 2005. 121 f. Dissertação (Mestrado) – Universidade Federal do Rio Grande do Sul. Porto Alegre, 2005.

LOGEAIS, L. *La Pathologie des Foundations.* Paris: Edition du Moniteur, 1982.

LONG, M. Database for retaining wall and ground movements due to deep excavations, *JGED,* New York: ASCE, v. 124, n. 4, 2001. pp. 339-352.

LOPES, N. A. F.; MOTA, J. L. C. P. A method to analize the behaviour of batter piles in settling soils In: XI PANAMERICAN CONFERENCE ON SMGE, v. 3, Foz do Iguaçu, Brasil, 1999. *Proceedings....* pp. 1379-1386.

LOPEZ-ANILDO, R. et al. Assessment of wood pile deterioration due to marine organisms. *Journal of Waterway, Port, Coastal and Ocean Engineering,* New York, ASCE, pp. 70-76, March/April 2004.

LUTENEGGER, A. J.; SABER, R. T. Determination of collapse potential of soils. *Geotechnical Testing Journal,* New York, n. 11 (3), pp. 173-178, 1988.

MAIA, C. M. M. et al. Execução de fundações profundas. In: Fundações: teoria e prática. São Paulo: ABMS/ABEF, 1998. cap. 9, pp. 329-408.

MAÑÁ, F. *Patologia de las cimentaciones.* Blume, 1978. 117 p.

MANDOLINI, A. *Curso sobre estacas hélice contínua.* Brasília, D.F.: Univ. Brasília, 2005. Trabalho não publicado.

MANNING, J. T.; MORLEY, J. Corrosion of steel piles. *Piles and Foundations,* UK: Thomas Telford, 1981. pp. 223-231.

MARQUES, A. C. M.; FILZ, G. M.; VILAR, O. M. Composite Compressibility Model for Municipal Solid Waste. *Journal of Geotechnical and GeoEnvironmental Engineering,* New York: ASCE, n. 129, v. 4, pp. 372-378, 2003.

MASSAD, F. *Obras de terra: curso básico de geotecnia.* São Paulo: Oficina de Textos, 2003. p. 170.

MASSARSCH, K. R.; BROMS, B. B. Soil Displacement Caused by Pile Driving in Clay. In: INTERN. CONF. ON PILING AND DEEP FOUNDATIONS, London, 15-18 May 1989. *Proceedings...* pp. 275-282.

MASSARSCH, K. R.; FELLENIUS, B. H. Ground vibrations from pile and sheet pile driving Part 2 – Review of vibration Standards. In: DFI-EFFC INTERNATIONAL CONFERENCE PILING & DEEP FOUNDATIONS, 2014, Stockholm. *Conference Proceedings,* 2014. p. 487-502.

MCVAY, M. et al. Centrifuge modeling of laterally loaded pile groups in sands. *Geotechnical Testing journal*, v. 17, n. 2, p. 129-137, 1994.

MEEHAN, R. L.; KARP, L. B. California housing damage related to expansive soils. *Journal of Performance of Construction Facilities*, New York: v. 8, n. 2, pp. 139-157, 1994.

MEHTA, P. K.; MONTEIRO, P. J. M. *Concreto: estrutura, propriedades e materiais*. São Paulo: Pini, 1994. p. 573.

MEYERHOF, G. G. Compaction of sands and bearing capacity of piles. In: ASCE, v. 85, SM61963. *Proceedings*...

_____. "Discussion on paper Settlement analysis of six structures in Chicago and London", by A.W. Skempton, R.B. Peck and D.H. MacDonald. *Proceedings of the Institution of Civil Engineers*, v. 5, n. 1, 1956.

MIDDENDORP, P., SCHELLINGERHOUT, J. Pile integrity in Netherlands. In: CONFERENCE 10TH INTERNATIONAL CONFERENCE ON PILING AND DEEP FOUNDATIONS, 2006, Amsterdam. *Proceedings*... Amsterdam: Deep Foundations Institute Hawthorne, 2006. p 747-755.

MILITITSKY, J. Arquivo pessoal, 2003.

_____. Fundações de edificações: recalques admissíveis. *Caderno Técnico 76*, Porto Alegre: Curso de Pós-graduação em Engenharia Civil – UFRGS/CPGEC, 1984. 42 p.

_____. Large bored piles in clays, design and behaviour. *Internal Report*, UK: University of Surrey, Civil Engineering Department,1980.129 pg.

_____. Patologia das fundações. In: SIMPÓSIO DE PATOLOGIA DAS EDIFICAÇÕES: PREVENÇÃO E RECUPERAÇÃO, Porto Alegre: CPGEC/UFRGS, 24-25 out. 1989. pp. 52-69.

_____. Provas de carga estática. In: SEFE 2, São Paulo: ABEF/ABMS, 1991. pp. 203-228.

_____. *Recuperação das fundações das Ruínas de São Miguel, lições aprendidas*. Palestra proferida no GEOSUL, ABMS, Blumenau, 2002.

_____. *Relato de caso de obra com grande escavação em ambiente urbano*. Apresentado no GEOSUL, ABMS, Porto Alegre, 2000.

MILITITSKY, J.; DIAS, R. D. Shallow foundations in lateritic soils. In: VIII CONGRESSO INTERNACIONAL DE GEOLOGIA DE ENGENHARIA, Buenos Aires, 1986. *Anais*...

MINÁ, A. J. S. *Estudos de estacas de madeira para fundações de pontes de madeira*. 2005. Tese (Doutorado) – Escola de Engenharia de São Carlos, Universidade de São Paulo, São Carlos, 2005.

MITCHELL, J. K. Practical problems from surprising soil behavior. *The Twentieth Karl Terzaghi Lecture, Journal of Geotechnical Engineering*, New York: ASCE, n. 112 (3), pp. 259-289, 1986.

MITCHELL, J. M.; COURTNEY, M.; GROSE, W. J. Timber Piles at Tobacco Dock, London. In: INT CONF. FONDATIONS PROFONDES, Paris: Presses de L'Ecole Nationale des Ponts et Chaussées, 19-21 mars 1991. *Proceedings*... pp. 245-256.

MOKWA, R. L. *Investigation of the resistance of pile caps to lateral loading*. 1999. Thesis (PhD) – Virginia Polytechnic Institute and State University, Blacksburg, VA, 1999.

MOORE, P. J. *Analysis and design of foundations for vibrations*. Rotterdam, The Netherlands: Balkema, 1985. 512 p.

MORLEY, J.; BRUCE, D. W. Survey of steel piling performance in marine environments. *Final report, document EUR 8492*, Bruxelles: Commission of the European Communities, En., 1983

MOULTON, L. K. Tolerable movement criteria for highway bridges. *Report FWHA TS-85-228*. Washington, D.C., Federal Highway Administration, 1986. 86 p.

MOULTON, L. K.; GANGARAO, H. V. S.; HALVORSEN, G.T. Tolerable movement criteria for highway bridges. *Report FHWA-RD-85/107*. Washington D.C., Federal Highway Administration, 1985. 109 p.

MULLINS, G. Thermal integrity profilling of drilled piles. *DFI Journal*, v. IV, n. 2 (December), Hawthorne, p. 54-64, 2010.

NARASHIMA RAO, S.; MURTHY, T. U. B. S. S.; VEERESH, C. Induced bending moments in batter piles in settling soils. *Soils and Foundations*, Tokyo, Japan: JSSMFE, v. 34, n. 88, 1994. pp. 127-133.

NATARAJA, M. S.; COOK, B. E. Increase in SPT N-values due to displacement piles. *Journal of Geotechnical Engineering*, New York: ASCE, v. 2, pp. 108-113, 1983.

NATIONAL COAL BOARD. *Subsidence engineers handbook*. 2. Ed. London: National Coal Board Production Department, 1975.

NELSON, J. D.; OVERTON, D. D.; DURKEE, D. B. Depth of wetting and the active zone. In: EXPANSIVE CLAY SOILS AND VEGETATIVE INFLUENCE ON SHALLOW FOUNDATIONS, oct. 2001, Texas. *Geotechnical special publications*. Reston: ASCE, n. 116, 2001. p. 95-109.

NHBC (NATIONAL HOUSE-BUILDING COUNCIL). Building near trees. In: NHBC (NATIONAL HOUSE-BUILDING COUNCIL). *NHBC Standards*. London, 2011. (Chapter 4.2).

_____. *Efficient design of foundations for low rise housing*: design guide. London: NHBS, 2010.

NIEDERLEITHINGER, E.; BAEBLER, M.; GEORGI, S.; HERTEN, M. Comparison of static and dynamic load tests on bored piles in glacial soil. In: DFI-EFFC INTERNATIONAL CONFERENCE PILING & DEEP FOUNDATIONS, 2014. Stockholm. *Conference Proceedings*, 2014. p. 159-166.

NORTHEY, R. D. Engineering properties of loess and other collapsible soils. In: 7. ICSMFE, México, 1969.

NUSIER, O. K.; ALAWNEH, A. S. Damage of reinforced concrete structure due to severe soil expansion. *Journal of Performance of Construction Facilities*, New York, v. 16, n. 1, pp. 33-41, 2002.

NIYAMA, S.; AOKI, N.; CHAMEKI, P. Verificação de desempenho. In: *Fundações: Teoria e Prática*. São Paulo: ABMS/ABEF. cap. 20, pp. 723-754. 1998.

O'NEILL, M.W. Construction practices and defects in drilled shafts. *Transportation Reseach Record 1331*, , Washington, D.C.: TRB, 1991. pp. 6-14.

O'NEILL, M.W.; REESE, L.C. Drilled shafts: construction procedures and design methods. *FHWA-IF- 99-025*, Washington, D.C: Federal Highway Administration, 1999. p. 758.

O'NEILL, M. W. e SARHAN, H. A. *Structural resistance factors for drilled shafts considering construction flaws*, Proc. Current Practices and Future Trends in Deep Foundations, ASCE, Geotechnical Special Publication, Reston, Virginia: Ed. DiMaggio and Hussein, n. 125, pp. 166 -185, 2004.

ORTIGÃO, J. A. R. *Introdução à mecânica dos solos dos estados críticos*. Rio de Janeiro: Livros Técnicos e Científicos, 1995. 374 p.

ORTIZ, J. M. R. *Curso de rehabilitacion la cimentacion*. Madrid: Colégio Oficial de Arquitetos de Madrid, 1984. p.117.

OWENS, M. J e REESE, L. C. *The influence of steel casing on the axial capacity of a drilled shaft*, Research Report 255-1F, Center for Transportation Research, Austin: The University of Texas at Austin, 1982

PADFIELD, C. J.; SHARROCK, M. J. *Settlement of structures on clay soils*. London: CIRIA, 1983.

PASSOS, P. G. O. et al. Avaliação da resistência e deformabilidade de solos melhorados com estacas de brita e areia. In: XII COBRAMSEG, São Paulo, v. 3, 2002. pp. 1679-1689.

PECCHIO, M.; KIHARA Y.; BATTAGIN A. F.; ANDRADE T. Produtos da reação álcali-silicato em concretos de edificações da região do Grande Recife - PE. In: SIMPÓSIO SOBRE REATIVIDADE ÁLCALI-AGREGADO EM ESTRUTURAS DE CONCRETO, 2, 2006, Rio de Janeiro. *Anais*... São Paulo: Ibracon, 2006. 1 CD-ROM.

PECK, R. B. Deep excavations and tunneling in soft ground, In: 7th ICSMFE, Mexico, State of the Art volume, 1969. *Proceedings*... pp. 225-290.

PECK, R. B.; HANSON, W. E.; THORNBURN, T. H. *Damage due to construction operation: foundation engineering*. 2nd ed. New York: Wiley International Edition, 1974. 514 p.

PEEK, R.D.; WILLEITNER, H. Behaviour of wooden pilling in longtime service. In: 10th ICSMFE, Stockholm, 1981. *Proceedings*... v. 3, pp. 147-152.

POLSHIN, D. E.; TOKAR, R. A. Maximum allowable non-uniform settlement of structures. In: 4th ICSMFE. London, 1957. *Proceedings*... v. 1, pp. 402-405.

POSKITT, T. Bending in driven piles. In: INT.CONF. FONDATIONS PROFONDES, Paris: Presses de L'École Nationale des Ponts et chausses, 19-21 mar 1991. *Proceedings*... pp. 497-501.

POULOS, H. G. Ground movements – a hidden source of loading on deep foundations. In: 0TH INTERNATIONAL CONFERENCE ON PILING AND DEEP FOUNDATIONS, 2006, Amsterdam. *Proceedings* (The John Mitchell Lecture). Amsterdam: DFI-EFFC, 2006. p. 2-23.

_____. Pile behavior - consequences of geological and construction imperfections. *Journal of Geotechnical and Geoenvironmental Engineering*, v. 131, n. 5, p. 538-563, May 2005.

POULOS, H. G.; CARTER, J. P.; SMALL, J. C. Foundations and retaining structures – research and practice. In: 15th INTERNATIONAL CONF. ON SOIL MECH. AND GEOTECHNICAL ENG., 2001, Istambul. *Proceedings*... Istambul: A. A. Balkema Publ., v. 4, 2001. p. 2527-2606.

POULOS, H. G.; CHEN, L. T. Pile response due to excavation-induced lateral soil movement. *Journal of Geotechnical and Geoenvironmental Engineering*, New York: ASCE, v. 123, n. 2, pp. 94-99, 1997.

PULLER, M. *Deep excavations: a practical manual*. London: Thomas Telford, 1996.

QUARESMA, A. R. et al. *Investigações Geotécnicas, Fundações*: Teoria e Prática. São Paulo: ABMS/ABEF, Pini, 1996. cap. 3, pp. 119-162.

RANZINI, S. M. T.; NEGRO JR.; A. Obras de contenção: tipos, métodos construtivos, dificuldades executivas. In: *Fundações: teoria e prática*. São Paulo: ABMS/ABEF, 1998. cap. 13, pp. 497-515.

RINNE, E. E.; DUNN, R. J.; MAJCHRZAK, M. Design and Construction Considerations for Piles in Landfills. In: V INTERNATIONAL CONFERENCE AND EXHIBITION ON PILING AND DEEP FOUNDATIONS, Bruges-Belgium: Deep Foundations Institute, 1994. Proceedings... pp. 221-225.

ROGERS, C. D. F.; GLENDINNING, S.; DIXON, N. *Lime stabilisation*. London: Thomas Telford, 1996. p. 183.

ROLLINS, K. M.; LANE, J. D.; GERBER, T. M. Measured and computed lateral response of a pile group in sand. *Journal of Geotechnical and Geoenvironmental Engineering*, v. 131, n. 1, p. 103-114, 2005.

ROLLINS, K. M.; OLSEN, K.; JENSEN, D.; GARRETT, B.; OLSEN, R.; EGBERT, J. Pile spacing effects on lateral pile group behavior: analysis. *Journal of Geotechnical and Geoenvironmental Engineering*, v. 132, n. 10, p. 1272-1283, 2006a.

ROLLINS, K. M.; OLSEN, K.; JENSEN, D.; GARRETT, B.; OLSEN, R.; EGBERT, J. Pile spacing effects on lateral pile group behavior: load tests. *Journal of Geotechnical and Geoenvironmental Engineering*, v. 132, n. 10, p. 1262-1271, 2006b.

ROLLINS, K. M.; PETERSON, K. T.; WEAVER, T. J. Lateral load behavior of full-scale pile group in clay. *Journal of Geotechnical and Geoenvironmental Engineering*, v. 124, n. 6, p. 468-478, 1998.

SAGASETA, C.; WHITTLE, A. J. Prediction of ground movements due to pile driving in clay. *Journal of Geotechnical and Geoenvironmental Engng*. New York: ASCE, 127 (1), pp. 55-66, 2001.

SCHELLINGERHOUT, A. J. G. Quantifying pile defects by integrity testing. *Proceedings of Fourth International Conference on the Application of Stress Waves on Piles*. The Hague, Balkema, 1992. p. 319-324.

SCHELLINGERHOUT, A. J. G.; MULLER, T. K. Detection limits of integrity testing. *Proceedings Stress Wave Conference*, 1996.

SCHNAID, F. *Ensaios de campo e suas aplicações à engenharia de fundações*. São Paulo: Oficina de Textos, 2000. 189 p.

SCHNAID, F e Odebrecht, E. *Ensaios de campo e suas aplicações à engenharia de fundações*. 2. ed. São Paulo: Oficina de Textos, 2012.

SCHNAID, F.; KRATZ DE OLIVEIRA, L. A.; GEHLING, W. Y. Y. Unsaturated constitutive surfaces from pressuremeter tests. *Journal of Geotechnical and Geoenvironmental Engineering*, New York: ASCE, n. 130 (2), pp. 174-185, 2004.

SCHNAID, F. *In situ testing in Geomechanics*. New York: Taylor & Francis, 2009. 329 p.

SCHNAID, F.; NACCI, D.C.; MILITITSKY, J. Aeroporto Internacional Salgado Filho: infraestrutura civil e geotécnica. Porto Alegre: Sagra Luzzato, 2001. p. 222.

SCHNAID, F. et al. Numerical simulation of a tieback diaphagm wall in residual soil. In: 12th PANAMERICAN CONFERENCE ON SOIL MECHANICS AND GEOTECHNICAL ENGINEERING, Boston, USA, v. 2, 2003. Proceedings... pp. 2027-2034.

SCHREFLER, B.; DELAGE, P. Phénomènes de subsidence. In: *Géomécanique environmentalerisques naturels et patrimoine*. Paris: Science, 2001.

SILVA, D. A. *Levantamento de problemas em fundações correntes no Estado do Rio Grande do Sul*. Rio Grande do Sul, Curso de Pós-Graduação em Engenharia Civil – UFRGS, 1993. Dissertação de Mestrado, 126 p.

SISKIND, D. E.; STAGG, M. S.; KOPP, J. W.; DOWDING, C. H. *Structure response and damage produced by ground vibration from surface mine blasting*: excerpt of U.S. Bureau of Mines RI 8507. [s.l.], 1980. 74 p.

SKEMPTON, A. W.; MACDONALD, D. H. Allowable settlement of buildings. *Proc. ICE*, part 3, v. 5, pp. 727-768, 1956.

SLIWINSKI, Z. J., FLEMING, W. G. K. The integrity and performance of bored piles. *Advances in Piling and Ground Treatement for foundations*, London, 1984.

SLOCOMBE, B. C. *Dynamic compaction. Ground improvement*. Edited by M.P. Moseley, A. P. Blackie. London, England, 1993. chapter 2, pp. 20-39.

SOARES, M. S. S. *Aterros sobre solos moles: da concepção à avaliação do desempenho*. Rio de Janeiro: Editora UFRJ, 1996. 215 p.

SOCOTEC. *Les désordres dans le bâtiment: Moniteur Référence Technique*. Paris: Éditions le moniteur, 1999. p. 321.

SOUZA PINTO, C. *Curso básico de mecânica dos solos*. São Paulo: Oficina de Textos, 2001.

_____. Primeira conferência Pacheco Silva: tópicos da contribuição de Pacheco Silva e considerações sobre a resistência não drenada das argilas. *Solos e Rochas*, São Paulo, v. 15, n. 2, 1992. pp. 49-87.

SOWERS, G. F. Failures in limestones in humid subtropics. *Journal of the Geotechnical Engineering Division*, NY: ASCE, v. 101, n. GT8, pp. 771-787, 1975.

_____. Foundations bearing in weathered rock. In: SPECIALTY CONFERENCE ON ROCK ENGNG. FOR FOUNDATIONS AND SLOPES, Boulder, Colorado: ASCE, Geotechnical Engng. Division, 1976. *Proceedings....* v. II, pp. 32-41.

_____. Settlement of waste disposal fills. In: VIII INTERNATIONAL CONFERENCE ON SOIL MECHANICS AND FOUNDATION ENGINEERING, v. 2, 1973. *Proceedings...* pp. 207-210.

STAIN, R. T. Simbat Dynamic Pile Testing – results of an independent pile capacity prediction event. In: DFI INTERNATIONAL CONFERENCE, 2005, Chicago.

STANTON, T. E. Expansion of concrete through reaction between cement and aggregate. *Proceedings of the American Society of Civil Engineers*, v. 66, n. 10, p. 1781-1811, 1940.

STARKE, W. F.; JANES, M. C. Accuracy and reliability of low strain integrity testing. In: 3RD INTERNATIONAL CONFERENCE ON THE APPLICATION OF STRESS WAVE THEORY TO PILES, 1988, Ottawa, Canada. *Proceedings...* Ottawa, 1988. p. 19-32.

ST. JOHN, H.D. et al. Prediction and performance of ground response due to construction of a deep basement at 60 Victoria Embankment. In: WROTH MEMORIAL SYMPOSIUM, PREDICTIVE SOIL MECHANICS, Oxford, UK, 1992. *Proceedings...* pp. 581-608.

SULTAIN, H. A. Collapsing soils "State-of-the Art Report". In: 7. ICSMFE, México, 1969.

SWISS STANDARD. *SN 640 312 a: Erschutterungen – Swiss Standard on vibration effects on Building.* [s.l.], 1992.

SZECHY. *Accidents des fondations.* Paris: Dunod, 1965. p. 169.

TEIXEIRA, A. H.; GODOY, N. S. Análise, projeto e execução de fundações rasas In: *Fundações: teoria e prática.* São Paulo: ABMS/ABEF, 1998. capítulo 7, pp. 227-264.

TERZAGHI, K.; PECK, R. B. *Soil mechanics in engineering practice.* New York: John Wiley; Sons, 1948.

THASNANIPAN, N.; BASKARAN, G.; ANWAR, M.A. Effect of construction time and bentonite viscosity on shaft capacity of bored piles. In: 3rd INTERNATIONAL GEOTECHNICAL SEMINAR ON DEEP FOUNDATIONS ON BORED AND AUGER PILES, Ghent, Belgium, 19-21 October 1998. *Proceedings...* pp. 171-177.

THOMÉ, A.; DONATO, M.; CONSOLI, N. C. Interpretação de provas de carga em placas sobre camadas de solo tratadas com resíduos. *Solos e Rochas*, São Paulo, n. 26 (1), pp. 51-68, 2003.

THORNBURN, S.; HUTCHINSON, J. F. *Underpinning.* London: Surrey University Press, 1985.

THORBURN, S.; THORBURN, J. Q. Review of problems associated with construction of cast--inplace concrete piles. CIRIA *Report*, London, 1977. p.46.

TOMLINSON, M. J. *Foundation design and construction.* 6th ed. Essex, England: Longman Scientific; Technical, 1996. (1. ed. 1975)

_____. *Pile design and construction practice.* London: View Point Publication, 1994. p. 415.

_____. *Shoring and underpinning: foundation design; construction.* 6th ed. Essex, England: Longman Scientific; Technical, 1996. cap. 12, pp. 491-508.

TSCHEBOTARIOFF, G. P. Retaining structures. In: *Foundation Engineering.* Edited by G.A. Leonards. New York: McGraw Hill, 1962. pp. 493.

_____. Earth pressure, retaining walls and sheet piling, General Report – Division 4. In: 3rd PCSMFE, México, v. 3, 1967. *Proceedings...* pp. 301-322.

TURNER, M. J. Integrity testing in piling practice. CIRIA *Publication R144*, UK, 1997.

TYSON, J. P. Design of reinforcement in piles. *Transport Research Laboratory, Report 144*, UK, 1995.

URIEL ORTIZ, A. Patología de las cimentaciones. *Informes de la Construcion*, Espanha, n. 350, pp. 5-35, mayo 1983.

U.S. ARMY. Chapter 8 – Pile wharves, field manual: port construction and repair *Publication Nº FM 5-480*, Washington, D.C.: US Army; Fort Leonard Wood, MO., 1990.

U.S. ARMY CORPS OF ENGINEERS, NAVAL FACILITIES ENGINEERING COMMAND; AIR FORCE CIVIL ENGINEERING SUPPORT AGENCY. Chapter 5 – Inspection, unified facilities criteria (UFC): operation and maintenance: maintenance of water front facilities. *Publication Nº 4-150-07*, Washington, D.C., 2001.

VAN IMPE, W. F.; PEIFFER, H.; HAEGEMAN, W. Considerations on the effects of installation on the displacement auger pile capacity, In: INT.CONF. FONDATIONS PROFONDES, Paris: Presses de L'École Nationale des Ponts et Chaussées, 19-21 mars 1991. *Proceedings...* pp. 319-327.

VAN WEEL, A. Cast-in-situ piles: installation methods, soil disturbance and resulting pile behaviour, In: 1st INTERNATIONAL GEOTECHNICAL SEMINAR ON DEEP FOUNDATIONS ON BORED AND AUGER PILES, Ghent, Belgium, 1988. *Proceedings...* pp. 219-226.

VARGAS, M. Engineering properties of residual soils from south-central region of Brazil. In: 2º ICAEG, São Paulo, v. IV, 1974.

_____. *Fundações: manual do engenheiro*. Porto Alegre: Ed. Globo, 1955. 4 v.

_____. Structurally unstable soils in southern Brazil. In: 8º INT. CONF. ON SOIL MECH. AND FOUND. ENGINEERING, Moscow, 1973. *Proceedings...*

VARGAS, M. et al. Expansive soils in Brasil. In: 12th ICSMEG, Rio de Janeiro, 1989. *Proceedings...* v. suplementar, pp. 77-81.

VELLOSO, D. A.; LOPES, F. R. *Fundações – vol. 2: fundações profundas*. Rio de Janeiro: COPPE-UFRJ, 2002. p. 472.

VELLOSO, D. A.; NAEGELI, C. H.; VIDEIRA, H. C. Tubulão rompe em monumento. In: CUNHA, A.J.P.; LIMA, N.A.; SOUZA, V.C.M. (Orgs). *Acidentes estruturais na construção civil*. São Paulo: Pini, 1998. v. 2, p. 95-101.

VIGGIANI, C.; MANDOLINI, A.; RUSSO, G. *Piles and pile foundations*. New York: Spon Press, 2012. xviii, 278 p.

WAHLS, H. E. Shallow foundations for highway structures. *Transportation Research Board*, NCHRP Syntesis 107, Washington, D.C., 1983. 38 p.

WAKELING, T. R. M. *Preface of the Proceedings...* In: SYMPOSIUM - THE INFLUENCE OF VEGETATION ON THE SWELLING AND SHRINKING OF SOILS, London: ICE, 1983.

WALKINSHAW, L. Survey of bridge movements in the Western United States. *Transportation Research Record*, , n. 678, 1978. pp. 6-11.

WARDHANA, K.; HADIPRIONO, F. C. P. E. Analysis of recent bridge failures in the United States. *Journal of Performance of Constructed Facilities*, v. 17, n. 3, p. 144-150, ago. 2003.

WELTMAN, A. J. Integrity testing of piles: a review. CIRIA (Construction Industry Research and Information Association), *Report PG4*, UK, 1977.

WESTERBERG, E.; MASSARSCH, K. R.; ERIKSSON, K. Soil resistance during vibratory pile driving. In: INTERNATIONAL SYMPOSIUM CONE PENETRATION TESTING, CPT 95, 1995. *Proceedings...* v. 3, pp. 241-250.

WHEELER, S. J.; SIVAKUMAR, v. An elasto-plastic critical state framework for unsaturated soil. *Géotechnique*, London, v. 45, n.1, pp. 35-53, 1995.

WILCOX, W. W. Review of literature on the effect of early stages of decay on wood strength. *Wood Fiber Science*, London, 9(4), 1978, pp. 252-257.

WILLIAMS, A. A. B.; PIDGEON, J. T. Evapo-transpiration and heaving clay in South Africa. In: SYMPOSIUM - THE INFLUENCE OF VEGETATION ON THE SWELLING AND SHRINKING OF SOILS, London: ICE, 1983. *Proceedings...* pp. 141-151.

WOLLE, C.; HACHICH, W. Requisitos de qualidade das fundações. In: *Fundações: teoria e prática*. São Paulo: ABMS/ABEF, 1998. cap. 19, pp. 639-722.

WOODS, R. D. Screening of surface waves in soil. *Journal of Soil Mechanics and Foundation Engineering Division*, New York: ASCE, 1968.

WRAY, W. *A discussion of how expansive soils affect buildings*. New York: ASCE Publication, 1975.

WYLLIE, D. C. *Foundations on Rock*. E; FN Spon, 2002.

XIAO, H. B.; ZHANG, C. S.; WANG, Y. H.; FAN, Z. H. Pile interaction in expansive soil foundation: analytical solution and numerical simulation. *International Journal of Geomechanics*, v. 11, n. 3, p. 159-166, 2011.

YANG, N. C. Relaxation of piles in sand and inorganic silt. *JSMFD*, Tokyo, v. 96 (3), 1970.

YOKEL, F. Y.; SALOMONE, L. A.; GRAY, R. E. Housing construction in areas of mine subsidence. *Journal of the Geotechnical Engineering Division*, New York: ASCE, v. 108, n.9, pp. 1133-1149, 1982.

ZEVAERT, L. *Foundation engineering for difficult subsoil conditions*. New York: Van Nostrand Reinhold Publishing, 1972.